青岛市学术年会论文集

（2023）

青岛市科学技术协会　编

中国海洋大学出版社
·青岛·

图书在版编目（CIP）数据

青岛市学术年会论文集. 2023 / 青岛市科学技术协
会编. — 青岛：中国海洋大学出版社，2023.11

ISBN 978-7-5670-3723-6

Ⅰ . ①青… Ⅱ . ①青… Ⅲ . ①科学技术—文
集 Ⅳ . ①N53

中国国家版本馆CIP数据核字（2023）第243352号

青岛市学术年会论文集（2023）

QINGDAOSHI XUESHU NIANHUI LUNWENJI（2023）

出版发行	中国海洋大学出版社
社　　址	青岛市香港东路23号　　**邮政编码**　266071
出 版 人	刘文菁
网　　址	http://pub.ouc.edu.cn
订购电话	0532-82032573（传真）
责任编辑	董　超
印　　制	日照日报印务中心
版　　次	2023 年 11 月第 1 版
印　　次	2023 年 11 月第 1 次印刷
成品尺寸	210 mm × 285 mm
印　　张	17.25
字　　数	489 千
印　　数	1～1000
定　　价	128.00元

发现印装质量问题，请致电0633-2298958，由印刷厂负责调换。

青岛市学术年会论文集（2023）

编辑委员会

目 录

第一章　聚焦科技创新引领　助推产业高质量发展

第二章 夯实城市数字基础 引领智慧城市发展

第三章 农旅融合发展 赋能乡村振兴

第一章

聚焦科技创新引领　助推产业高质量发展

胶东经济圈产业协同发展问题探析

姜　红

摘要：2021年，山东省发展和改革委印发《胶东经济圈"十四五"一体化发展规划》，对于更好推动胶东经济圈一体化发展具有十分重要的意义。当前，胶东经济圈产业协同发展存在困境，主要表现为制造业领域青岛龙头带动作用有待提升，在海洋经济领域青岛与国内先进城市差距较大，带动力仍显不足，经济圈城市产业趋同倾向明显，一体化合作重点不够突出。应通过重点加强经济圈城市制造业领域协作、打造一体化发展平台、推动机制创新，为产业协同重点领域提供更多有力政策支持等方面推进胶东经济圈产业协同高质量发展。

关键词：胶东经济圈；产业协同；发展

自从2020年1月山东省政府印发《关于加快胶东经济圈一体化发展的指导意见》以来，胶东经济圈一体化发展作为山东省区域协调发展的重要一环，被提升到新的战略高度。2020年，胶东五市常住人口已超过全省的三成，GDP产值超过全省的四成。2021年8月山东省发展和改革委印发《胶东经济圈"十四五"一体化发展规划》（以下简称《规划》），对于胶东经济圈五市提升创新能力、优化产业结构、推动要素流动和加强生态环境治理提出了近远期目标和推进措施，并首次明确胶东经济圈一体化发展的指导和推进机构，进一步确立青岛在联席会议制度中的牵头城市地位，对于更好推动胶东经济圈一体化发展具有重要意义。

1　胶东经济圈产业协同发展面临的主要问题

《规划》提出，到2025年，胶东经济圈综合实力显著增强，关键领域合作取得突破性进展，实现海洋核心竞争力全面提升，区域协调发展格局持续优化，新旧动能转换率先塑成优势。要实现上述发展目标，亟待破解胶东经济圈城市间产业同质化问题较为突出，特别是龙头城市青岛带动辐射力不足等问题。

1.1　制造业领域，青烟潍各具特色，青岛龙头带动作用有待提升

从工业经济发展状况来看，2010—2020年，青岛市工业增加值占GDP的比重逐年下降，由40.3%降为26.4%，下降13.9%，且缺乏处于全国领先地位的龙头企业，城市经济发展辐射带动力相对不足。龙头企业和单项冠军企业的数量和发展质量可以较好地反映出一座城市制造业发展的水平，促进带动当地形成及集聚效应强、分工专业化的产业集群。在胶东经济圈城市中，青岛、烟台、潍坊的制造业发展均有一定基础，各自拥有具备一定规模和市场竞争力的企业。从制造业单项冠军数量来看，到2021年10月，青岛拥有国家级制造业单项冠军企业17家，烟台有14家，潍坊有13家国家级制造业单项冠军和培育企业。据齐鲁网闪电新闻报道，山东省371家省级制造业单项冠军中，潍坊拥有57家，位列山东16个地市的第1名，烟台为36家，青岛31家。[1]可见，青烟潍在制造业领域各具自身发展特色，青岛的制造业优势并不明显。虽然目前青岛的GDP在全省居首位，但由于制造业发展的局限性，导致青岛的龙头带动作用不足。

1.2　海洋经济领域，青岛发展质量与先进城市有较大差距，带动力不足

从海洋经济发展质量与带动力来看，青岛与先进城市差距显著。笔者所在的"海洋经济新旧动能转换课题组"以2016年海洋相关数据为参考，曾将上海、广州、深圳、天津、宁波、厦门、大连7个城市与青岛的海洋经济发展质量进行评测分析，结果表明，青岛海洋经济辐射带动力不足，海洋经济活力和开放水平均处于落后状况。青岛在海洋服务业占海洋生产总值比重、海洋战略性新兴产业增加值占海洋生产总值比重、涉海企业主营业务收入利润率等方

面均处于第六或第七位[2]；青岛海洋经济引进国内外资金仅为天津的69.3%，科技成果交易额不及上海的12%；青岛单位海域面积产出率也远低于广州、天津等城市。而在开放水平方面，青岛近年来外贸进出口总额一直远低于上海、深圳、广州等先进城市。据2020年海关特殊监管区域进出口总值排名，青岛前湾保税港区全年进出口总值814.43亿元，排名第20位，不及上海外高桥保税区进出口总值的1/10，仅为成都高新综合保税区的14.83%。这一方面反映了青岛经济发展活力不足，对外开放水平亟待提升；另一方面体现出在用好海关特殊监管区域功能及政策方面，青岛需要有新的提升。

1.3 经济圈城市产业趋同倾向明显，一体化合作重点不够突出

胶东五市作为我国距离日本、韩国最近的城市群和沿黄省份及上合组织国家主要出海口，2020年，海洋生产总值约占全国的1/8。青岛、烟台、威海、日照四市同为港口城市，海洋经济占据经济发展重要位置，但产业发展同质化问题较为突出，且均与日韩的贸易交流较多，城市间竞争多于合作。当前，胶东经济圈一体化发展的推进，给五市带来各领域的广泛合作，但实际上有些联盟更具有象征意义，实际进展有限。由于各地以行政区划作为地方经济发展的界线，管理机构往往只负责本区域内经济发展状况，因而推动区域协调发展支撑力不足的问题较为突出。亟待探寻五市间实现深度融合的优先发展领域和突破口，以产业协同发展推动经济圈城市一体化取得实效。

2 进一步推动胶东经济圈产业协同高质量发展的对策

区域是经济社会发展和生产力布局的空间载体，是现代产业体系和现代化经济体系建设的重要支撑。当前，国际合作由全球化向区域全球化发展趋势日渐明晰，我国也正在加快形成以国内大循环为主体、国内国际双循环相互促进的新发展格局。在地理位置相近、产业结构互补的区域之间建立都市圈已成为更多城市提升竞争力的重要选择。随着山东省交通基础设施建设的加快，以及5G、人工智能等新型基础设施覆盖面的提升，青岛的交通枢纽功能日益凸显，这也为胶东经济圈内科技人才流动和产业协同发展奠定了良好的基础，五市间科研人才流动将更为便捷，有利于更好推动经济圈城市间

产业协同合作。当前，尽快明确一体化发展侧重点，并将重点领域的合作落到实处，从而提升经济圈五市协同发展质效，已成为经济圈五市，特别是牵头城市青岛面临的重要课题。

2.1 以制造业领域协作为重点，提升青岛城市能级和辐射带动力

经济圈经济发展提质增效与圈内城市特别是龙头城市的发展实力和带动力紧密相关。影响力是以实力作为后盾的，青岛只有尽快提升制造业发展水平，才能提升城市能级，扩大自身影响力和辐射力，并带动其他四市提升经济圈整体发展实力。为此，应深化细化产业链配套，推动产业延展协作。在引育龙头项目及企业，快速提升中心城市辐射力影响力的同时，以市场占有率为导向，一体化推动制造业单项冠军企业培育工作，为形成后发优势奠定基础。对具备核心技术的有发展潜力的企业进行重点支持，在经济圈城市间针对产业链关键环节培育标志性产业链和超大规模产业集群。鼓励经济圈企业间跨区域联合推动前沿技术攻关，尽快推动在经济圈建设多条在国内外具有较强竞争力的标志性产业链。青岛应先期加快推动青潍日一体化进程，特别是同潍坊在制造业领域的产业链协作，尽快提升制造业发展能级，把浅层次的合作联盟、合作协议推向深层次的交叉和产业链细化合作，并吸引更多头部企业前来投资，形成产业发展"溢出"效应，从而快速提升自身产业能级和对周边城市发展的辐射带动力。

2.2 提升协同发展质量，打造一体化发展平台

五市仅凭一己之力，快速增长动力不足。随着经济活动规模和范围的逐步扩大，突破原有的行政区划、延伸产业链，从而推动各类要素流动和集聚的要求越来越高。只有五市共同发展，相应中小制造业才能获得更好的发展机会，通过相互配套，相互合作创新，才能相互成全。

一是打造协同发展合作载体，推动区域内五市统筹发展。加强与国内其他经济带的融合发展，提升合作层次水平。"飞地经济"、先行区作为促使落地项目打破行政区划边界、推进产业集聚的重要途径，对于区域一体化发挥着独特的引领融合作用。通过开发区、园区、"飞地"等平台跨区域运营，建立产业合作载体，细化区域内产业分工协作，从而更好推进要素流动和联动发展，促进优势互补和功能提

升,激发区域合作发展活力。

二是打造科技创新协作平台。整合科技力量,推进科研机构、企业创新中心、创投机构等协同创新,汇聚创新合力,提升创新能级。五市应加强线上线下联络,优化产业生态,搭建跨地区创新合作平台,特别应更好发挥海洋科技创新平台对经济圈城市海洋经济发展的带动作用,尽快提升区域海洋科技创新水平与成果转化实效。以 RCEP 签署为契机,五市发挥地理优势,加大与日韩在高端制造、研发设计等领域的合作,打造五市与日韩高科技企业协同创新平台。

三是搭建内外贸对接平台。胶东经济圈区域内五市经贸往来密切,产业发展相互关联。当前,青岛正在建设国际贸易中心城市和国际交通枢纽城市,应推进胶东经济圈联动创新,搭建内外贸对接平台。以胶东机场投入运营为契机,推动青岛与潍坊等地在港航物流业项目上加强协调联动,协同胶东经济圈城市增强交通基础设施连接性,智能化改造一体化集配设施,提升物流效率,进一步推动胶东经济圈贸易一体化发展。同时,用好上合示范区、山东自贸区青岛片区等发展平台,拓展“一带一路”国际合作,提升区域对外开放水平。

2.3 创新机制,为产业协同重点领域提供更多有力政策支持

为使经济圈一体化发展取得实际进展,亟待破除区域内行政性壁垒,优化资源配置,营造规则标准互认的市场环境,提升区域经济发展质量。注重五市产业协同发展,确定重点合作领域,每年制订年度重点合作计划,加快推动务实合作和项目落地,五市协同配套生产,推动重点领域产业链协作尽早取得成效。树立大局观念,拓宽视野,经济圈的重大项目布局以有利于经济圈整体发展质效提升为出发点和突破点,以区域共同发展带动局部提升,破解当前城市间竞争多于合作的发展局面,从而为打造具有全球影响力的山东半岛城市群,以产业融合发展带动区域融合发展奠定基础。

提升协同发展、融合发展度,需要共同发展基金和考核机制作为保障。因此,应加快体制机制创新。在资金扶持方面,各市确定相应比例的出资额度,共同扶持合作项目,推动协同发展。在招商引资方面,五市的共同招商不能局限于在共同的展会上各自招商,而是将五市的全部区域作为一个整体,共同研究

项目落地的最佳地点。同时,五市共同出资作为协同招商资金,依据各市实际招商业绩作为资金调整的依据。此外,建立五市协同发展绩效考核机制。五市相关部门工作人员可以在更广泛领域加强深度合作,互派工作人员挂职,推进协同招商,把五市共同招商项目作为工作人员考核依据,定期进行考核与评价。同时,对于为五市协同发展做出贡献的工作人员在待遇、年底考核中给予相应认可、奖励,真正调动工作人员为经济圈一体化发展服务的意识,将协同发展由浅层次的联盟推进到深入协作的层面。

2.4 力促胶东经济圈城市间实现包容性发展

应树立“包容、合作、共荣”理念,互相学习,取长补短,推动胶东经济圈城市间实现包容性发展。合作各方应摒弃“小我”思想,更多体现合作魄力、包容力和奉献精神。组建一体化监督评估机构,对重点领域进行产业协同发展评估。由于每一年合作发展受益的城市可能会有所不同,城市间发展难以均衡,所以需要摒弃短期业绩观念,树立长远发展观和区域发展意识,可以以三年或五年作为一个发展周期,对五市的发展进行协同性考核,以更好地展现各个城市的工作业绩,推动区域整体竞争力的提升。做到以区域一体化发展的大视角审视各个城市发展状况,探寻更好推动胶东经济圈产业协同发展的路径。同时,运用数字化技术,一体化推动五市智慧城市建设。此外,组织成立专门的智库机构,对现有及潜在的一体化发展的重点行业、领域进行研究,培育更多在全国乃至全球市场占有率领先的不同规模的制造业企业,并在经济圈内形成完善的产业链条,从而以重点突破,带动全域提升,推动经济圈城市形成发展向心力。

参考文献:

[1] 贺晓菲.山东最新“单项冠军”版图出炉,谁是赢家?[EB/OL].凤凰网凤观齐鲁,2021-11-22. https://i.ifeng.com/c/8BN0BqrAGk3.

[2] 姜红,刘俐娜.新旧动能转换在海洋经济发展质量中的作用评析——以青岛市为例[J].海洋湖沼通报,2021,43(3):159-166.

作者简介:姜红,青岛市社会科学院研究员
联系方式:15965328636@163.com

碳达峰、碳中和背景下青岛市产业低碳转型路径研究

赵　云　乔　岳

摘要：研究在归纳我国实施碳达峰、碳中和战略的能源安全、国际政治博弈、经济转型三大内在原因的基础上，明确碳达峰、碳中和战略国家顶层设计中的青岛定位。研究整理分析了青岛市近年来的碳排放数据，对比碳排放整体发展现状与重点行业碳排放现状，在分层治理理念指导下，形成青岛市碳中和目标导向下的治理原则，构建碳排放预测模型，预测了重点行业碳排放，从产业结构调整、能源替代、能源效率提升三个方面提出青岛市碳中和的实现路径。

关键词：碳排放；碳中和；预测模型；路径

随着 2021 年《中共中央、国务院关于完整准确全面贯彻新发展理念做好碳达峰碳中和工作的意见》《国务院关于印发 2030 年前碳达峰行动方案的通知》的相继发布，党中央已经对碳达峰碳中和工作做出系统谋划，明确了总体要求、主要目标和重大举措，这两个文件是指导做好碳达峰碳中和这项重大工作的纲领性文件。当前，实现双碳目标的"1＋N"政策体系正在加速构建，各省市纷纷推出碳达峰碳中和行动路线，坚持稳中求进，稳步推进各项工作。青岛市开展碳达峰碳中和工作，需要结合我国当前的能源结构中煤占主要地位的基本情况，将高效使用煤炭资源、提高新能源占比作为重要手段，将传统能源与新能源有效组合，推动各类低碳技术突破创新，在保障能源供给的基础上实现绿色低碳化转型。能源领域是碳排放的主要领域，碳达峰工作的困难性尤为突出，需要认识到的是，青岛市完成碳达峰碳中和任务可以分为多个发展阶段，经济与社会共同构成碳排放复杂系统，无法通过单一指标的约束直接实现，需要从现状与问题分析，挖掘青岛市发展机遇，找准青岛市能源领域碳达峰路径，提出能源领域碳达峰发展建议。

碳中和问题是一个涉及社会经济各类活动的综合性问题。在当前研究中，各领域学者从不同的视角提出了对于碳达峰、碳中和路径的研究与预测。严刚等认为碳达峰需要积极发展清洁能源[1]，包括太阳能、风能、地热能等可再生能源技术的研发和应用，以减少或消除碳排放。郑琼等认为碳中和依赖碳捕获利用和储存技术，包括大规模离子交换树脂和多孔材料吸附等各种新型二氧化碳捕获技术，以及二氧化碳地下储存技术等。[2]张楠等认为碳达峰依赖于产业结构调整[3]，可以通过优化生产力结构、加大环保产业等方面的力度来达到碳中和的目标。同时，大多数学者都认为政策引导在碳中和中具有关键作用，通过制定碳税等相关政策来鼓励低碳生产、促进绿色经济发展，以达到减少碳排放的目的。[4-5]

1　面向碳达峰、碳中和的分层碳排放治理

青岛市作为经济与产业中心，其碳排放具有典型意义，在国家气候变化治理中发挥着重要的作用，青岛市需要在碳排放领域与全国各地区一同探索新道路。从 2020 年，习近平主席在联合国正式提出我国二氧化碳排放力争于 2030 年前达到峰值，努力争取 2060 年前实现碳中和的目标。国家碳中和战略路线正在形成重要机遇窗口，区域可以通过将国家未来的碳中和路径与区域发展相结合，将碳排放约束转变为碳发展机遇。

根据公共治理理论，面向多主体的复杂系统治理，需要将具有不同行为特征的主体进行分类或分群进行制度设计与模式构建。碳排放几乎涉及社会生活的各个方面。[6]根据碳排放的主体差异，可以将与碳排放相关的主体分为政府、市场与社会三个基本类别。首先是政府管理部门，科技部、生态环境部、工信部及地方主管部门都对碳排放活动具有显著影响力。政府治理的特点包括其具有明确的组织结构、明确的各个部门的职能和

工作范围,强调合理的流程设计确保工作效率和质量,追求完善的制度和规章,规范各项工作和保证管理的公正性和透明度,相对全面的人员配备等特征。在碳排放治理中,市场治理呈现出显著的动态性[7],市场治理通过市场力量和自主性机制来调节市场行为和规范市场秩序,而非政府行政手段,它是一个不断完善和逐步发展的过程,需要不断地试错和调整,需要充分开放和透明,让市场参与者和公众可以自由地获取信息和表达意见,是一种多元化的治理模式,需要联合各个社会

力量共同参与,而非单一力量掌控,一般依据法律法规和道德规范以确保市场行为违规行为得到有效惩罚,从而促进市场的公正和有序发展。市场治理需要具备预防、应对和化解风险的能力,以保证市场的稳定和安全。在社会治理方面,注重预防、化解社会矛盾,避免事后治理和应急处置,应该保障公平、公正的原则,强调广泛参与,利用各方资源和智慧,实现多元化参与。因此,碳排放的治理需要分为政府治理、市场治理、社会治理三个层次(图1)。

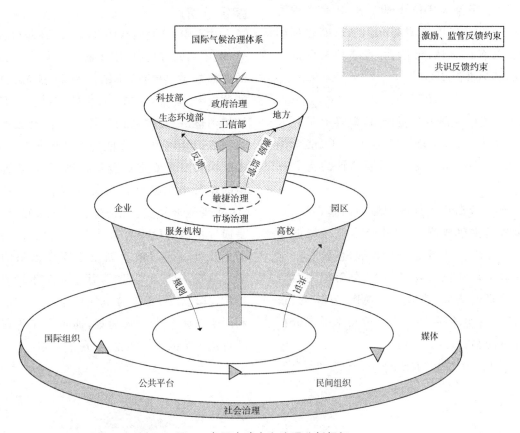

图1　多层次碳中和治理分析框架

2　青岛市碳达峰碳中和预测

确定青岛市碳排放发展目标需要研判排放趋势,基于青岛市经济社会发展态势、重点领域排放特征等驱动因素及减排潜力,再按照当前情景研判未来碳排放总量发展变化新常态。碳中和是涉及自然、社会、经济、行为、技术、能源等多系统交织耦合和多重反馈的复杂巨系统,面临跨系统跨部门耦合性、分行业异构性、技术成本动态性、技术和行为演变非线性、社会经济不确定性等诸多挑战。近期(5～10年)的参数应当充分结合对当地调研的实际情况、目前已有的政策约束、可行的增长空间,给出双碳背景下的合理趋势预估。长

期(10～40年)的参数应结合远景目标(例如2060碳中和)进行碳排放反推,同时考虑各行业低碳技术经济性和潜力,得到长期预测参数情景。

青岛市发展区域的核心目标是在促进城市经济发展的过程中,实现节能减排、保护生态,最终实现低碳发展的经济目标。预测不同情境下,青岛市碳排放量的变化趋势可以分为自上而下与自下而上两种预测模型,可以考虑自上而下的预测模型。碳排放量预测方法主要有STIRPAT模型、市场分配模型(MARKAL)、马尔科夫链、灰色系统GM(1,1)模型、反向传播(BP)神经网络等。STIRPAT模型是一种用于预测环境影响的模型,

它基于人口学转变、技术变革和经济因素来解释环境影响的变化。在预测碳排放量方面，该模型主要包括以下内容：① 人口因素：人口数量、年龄结构、城市化程度等因素对碳排放量有影响；② 技术因素：技术进步、能源利用效率等因素影响碳排放量；③ 经济因素：经济增长、收入水平等因素对碳排放量有影响；④ 政策因素：政府政策、环保法规等对碳排放量有影响。STIRPAT 模型通过收集并分析数据，使用数学方法将以上因素整合在一起，从而预测未来的碳排放量。它可以帮助政府和企业制定环保政策和管理方案，从而实现可持续发展。STIRPAT 模型是在 IPAT 模型基础上提出的，具有综合性、灵活性、可靠性及可推广性等特征，其标准形式为

$$I = aP^b A^c T^d e \quad (1)$$

式中，I、P、A、T 分别为环境压力（碳排放量）、人口规模、富裕度（人均 GDP）和技术水平（能源强度），a 为模型常数；b、c、d 为需要估计的指数；e 为误差项。

为了研究青岛市碳排放的影响因素，对未来碳排放量进行准确预测，本文中结合该区域的实际情况，对 STIRPAT 模型进行扩展，借鉴有关学者通过对数平均迪氏指数（LMDI）分解模型对碳排放影响因素的研究，选取人口规模、富裕度、技术水平、产业结构、能源结构和城镇化水平来分析对碳排放量的影响，可以得到

$$I = aP^b A^c T^d RE^e SE^f IS^l \varepsilon \quad (2)$$

式中，RE 为城镇化水平，SE 为能源结构（非化石能源比重），IS 为产业结构（第三产业比重），b、c、d、f、l 为弹性系数，表示当 P、A、T、RE、SE、IS 每变化 1% 时分别引起 I 的变化。经两边取对数可得

$$\ln I = \ln a + b\ln P + c\ln A + d\ln T + e\ln RE + f\ln SE + l\ln IS + \ln\varepsilon \quad (3)$$

针对青岛市的未来发展，模型分别设定各产业与碳排放关系，对碳排放峰值进行预测。

3 面向碳达峰、碳中和的山东省产业发展路径分析

从碳中和的路径（图 2）来看，青岛市实现碳达峰、碳中和的过程中，主要需要依靠来自四个方面的减排方式，包括产业结构调整、能源结构调整、能源效率、碳捕集。第一，去能减排主要是指产业结构调整，一般都采用关停并转活动去产能的方式完成，其影响的是高能耗产业的规模。第二，能源结构调整主要是指能替减排，是当前能源体系中的能量来源通过存量替代或者增量替代的方式，实现能源转变。第三，能源效率路径中，主要是通过各种手段进行节能并实现减排，各类效率的提升可以通过技术创新或管理创新的方式实现。第四，碳捕集主要是通过人工手段直接增加碳汇，其包含了直接对空气中温室气体的捕获和利用生态体系进行碳捕集，通过人工手段保护原有自然界中的碳汇能力，实现生态碳汇。

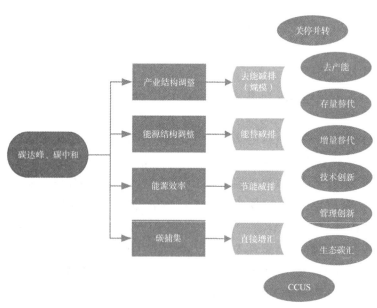

图 2 青岛市碳中和路径

3.1 优先产业结构调整，发展低能耗、低排放产业

从产业结构与碳排放趋势图（图3）可以看出，

青岛市产业结构效应既有正值也有负值，即产业结构效应对青岛市碳排放的影响既有正向促进作用，也有负向抑制作用。

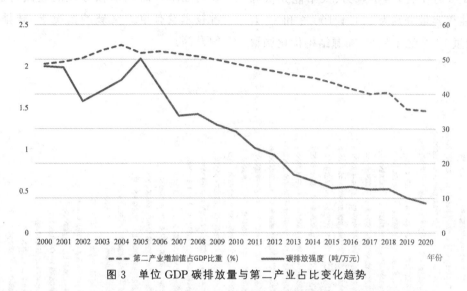

图3　单位 GDP 碳排放量与第二产业占比变化趋势

近年来，青岛市第二产业发展迅速，单位 GDP 碳排放量与第二产业占比变化趋势保持了高度的一致性，在 2005 年左右达到一个峰值后进入长期下降趋势中，第二产业增加值占比由 2000 年的 48.7% 上升到 2004 年的 54.1%，随后开始下降，到 2020 年下降到 35.2% 左右，碳排放强度也是在 2005 年出现一个峰值达到 2.09 吨/万元，随后开始下降，在 2020 年下降到 0.355 吨/万元。

随着经济发展水平的提高，优先发展第三产业，特别是高附加值产业能够有效降低经济发展

中的能耗强度，实现低碳化转型。产业结构调整路径的优势在于实现了经济增长与低碳发展（图4）的双重目标，具有较高的可持续性，有利于区域社会经济的长期稳定，在中长期中效果显著，但劣势在于短期中由于新产业与原有产业同时存在，产业替代的时间可能较长，短时间内存在碳排放持续增加的风险，另外淘汰的产能与劳动力资源转型时间可能较长，需要将产业转型政策稳定持续实施，一旦中断或遭遇重大外部事件冲击可能导致碳排放无法减少。

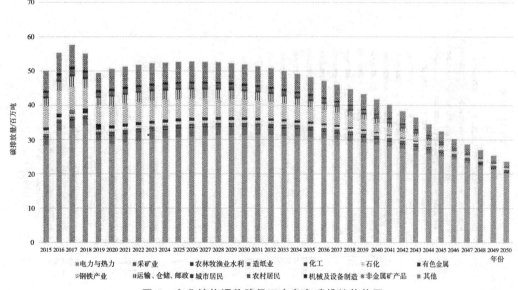

图4　产业结构调整路径下青岛市碳排放趋势图

3.2 优先能源结构调整,加速能源替代

青岛市是能源生产和消费大市,也是新能源装机与发电大市,到2020年底,全市新能源发电装机容量为251.6万千瓦,其中风力、太阳能光伏和生物质发电装机容量分别为114.4、100.2和37万千瓦,年发电量16.2亿千瓦时,能源结构优化调整步伐明显加快。优先能源结构调整的减排路径,能够更早表现出减排的效果(图5),使得碳排放的峰值更低,碳达峰时间更早,但是在中长期看,存在产业结构路径依赖导致的碳减排瓶颈,在新能源技术没有重大突破的情况下,减排的成本会大幅升高。

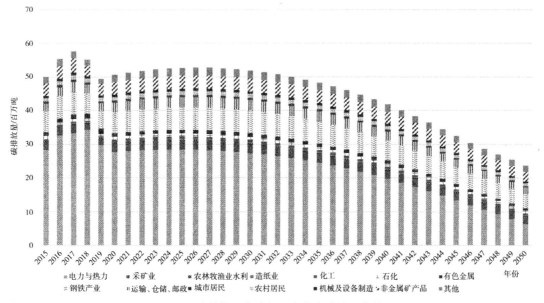

图5 能源结构调整路径下青岛市碳排放趋势图

3.3 推动技术应用与迭代,提升能源效率

青岛市已经在能源效率领域开展诸多探索,针对重点企业,组织能源审计,评估节能潜力,聘请节能专家对焦化、炼化等行业用能单位进行能源检验,针对耗能设备,实施能效提升工程,积极实施绿色照明改造工程。从预测数据可以发现,能源效率优先的碳减排路径中(图6),碳达峰时间较晚,不同产业的碳减排潜力差距显著,碳达峰后持续减排难度较大,碳中和依赖于跨地区的碳排放转移。

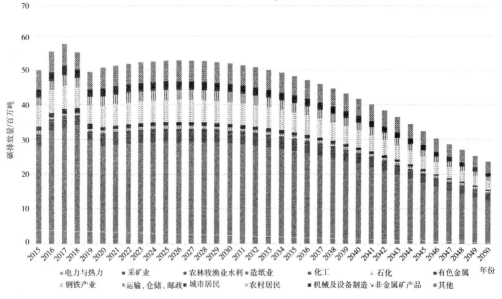

图6 能源效率提升路径下山东省碳排放趋势图

参考文献:

[1] 严刚,郑逸璇,王雪松,等.基于重点行业/领域的我国碳排放达峰路径研究[J].环境科学研究,2022,35(2):309-319.

[2] 郑琼,江丽霞,徐玉杰,等.碳达峰,碳中和背景下储能技术研究进展与发展建议[J].中国科学院院刊,2022,37(4):529-540.

[3] 张楠,张保留,吕连宏,等.碳达峰国家达峰特征与启示[J].中国环境科学,2022,42(4):1912-1921.

[4] 魏一鸣,余碧莹,唐葆君,等.中国碳达峰碳中和时间表与路线图研究[J].北京理工大学学报(社会科学版),2022,24(4):14.

[5] 于贵瑞,郝天象,朱剑兴.中国碳达峰,碳中和行动方略之探讨[J].中国科学院院刊,2022,37(4):423-434.

[6] Rahman M M, Kashem M A. Carbon emissions, energy consumption and industrial growth in Bangladesh: Empirical evidence from ARDL cointegration and Granger causality analysis[J]. Energy Policy,2017,110(11):600-608.

[7] Auffhammer M, Sun W, Wu J, et al. The decomposition and dynamics of industrial carbon dioxide emissions for 287 Chinese cities in 1998-2009[J]. Journal of Economic Surveys,2016,30(3):460-481.

作者简介:赵云,山东大学国际创新转化学院助理研究员

联系方式:yunzhao@sdu.edu.cn

数字化供应链生态协同平台在产业链中的应用

于照家　王艳慧　刘　飞　于岱汛　张荣荣　陈　岩　胡四春

摘要：本文以澳柯玛数字化供应链生态协同项目为例，分析了在数字化平台经济快速发展的时代下制造业传统供应链模式普遍存在的问题，提出了构建数字化供应链生态协同平台，链接产业链上下游生态伙伴，打造企业内外生态与业务协同一体化场景的创新业务模式，并阐述了该平台在带动全产业链条健康协同发展方面的应用成效，为各产业链供应链数字化转型提供了典型案例借鉴。

关键词：产业链链主；供应链；生态圈；生态协同；数字化

2022年青岛市聚焦"7＋10＋7"24条重点产业链，形成了战略性新兴产业引领与传统产业数字化转型相互促进、先进制造业与现代服务业深度融合的现代产业体系。邀请首批先进制造业产业链47家链主企业，发挥头雁引领和生态主导作用，推动重点产业降本增效、集聚提能、协同创新，实现全产业链条的高质量运转。澳柯玛作为青岛市智能家居产业链链条上的"链主"企业，肩负着聚合带动链上企业快速协同发展，实现整体价值链跃升，增强产业链供应链稳定性和竞争力的重任。

围绕企业核心能力协同创新，重视合作伙伴数字化能力协同，打造企业内外生态与业务协同一体化的产业链生态圈，带动全产业链上下游企业高质量协同发展，成为澳柯玛的重要任务，为实现这一目标，澳柯玛构建了链接产业链上下游的生态企业的数字化供应链生态协同平台，打通产业链供应链全业务流程，与生态企业之间互联互通，实现供应链全业务一体化闭环操作，提升企业内外部整个供应链条的协同效率，带动产业链上下游生态企业的健康持续协同发展。

1　传统供应链存在的问题

1.1　业务链各环节间衔接不畅

目前，我国供应链数字化管理水平还处于较弱的水平，供应链各环节从招投标、合同签订、计划预测、订单下达、对账结算、绩效评价等多个业务板块间业务流程衔接不畅，存在断层，容易导致供应链条上计划预测不准、订单延迟等问题，影响企业与上下游的协同效率，因此，亟须对涉及上下游业务的供应链条流程进行梳理、优化及重组，打通各环节之间的生态

壁垒，提升企业内外部整个供应链条的协同效率。

1.2　上下游生态伙伴众多，缺乏统一的"生态协同平台"

澳柯玛作为全球知名制冷装备供应商，产品种类多样化，上下游合作伙伴多，业务链条及模式复杂多样。供应商、经销商、承运商等众多类型的生态伙伴与澳柯玛在多链路的业务模式中存在生态壁垒，缺乏统一的"生态协同平台"，跨组织交流沟通、跨组织流程审批等受限。同时，生态组织缺乏完善的分级分权限管理，大量的生态伙伴维系工作繁重，与供应商沟通方式存在多样化、不统一、不标准等问题，沟通内容分散，对于重要信息及文件无法很好保存，存在信息安全风险。

1.3　信息系统烟筒式建设，无法形成企业"数据生态"

在信息化建设初期，企业信息系统的建设多为烟筒式搭建，各自为政，澳柯玛与生态伙伴涉及业务系统众多，初期建设的时候相对独立，供应商无统一访问入口，办理不同业务往往需要登录多套系统来处理，需要管理多套账号密码，体验感不够好，各系统数据源相对独立、封闭，尚未实现系统间的交流、共享和融合，导致业务数据共享程度低，亟须一套集成统一的管理平台，在全局层面沉淀关键数据做数据分析、数据整合，形成企业内部的"数据生态"，赋能供应链数字化转型。

2　解决措施

澳柯玛作为青岛市智能家居产业链链条上的"链主"企业，为了完成聚合带动链上企业快速协同发展，

实现全产业链条的高质量运转的使命,在深入分析制造业传统供应链存在问题的基础上,启动了数字化生态协同平台建设项目,致力于打通供应链全业务流程,打造链接上下游生态企业的全产业链生态圈,与生态伙伴之间互联互通,增强信息黏性度,提升企业内外部整个供应链的协同效率,实现整体价值链跃升,增强产业链供应链稳定性和竞争力。澳柯玛生态协同平台产品框架如图1所示。

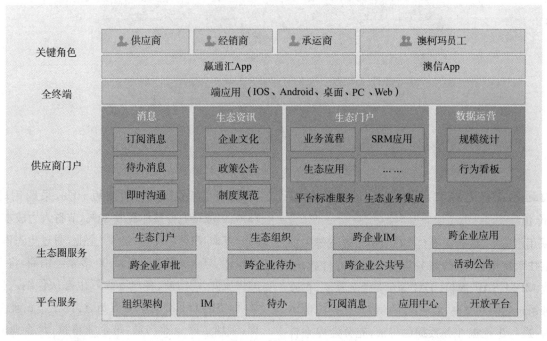

图1　澳柯玛生态协同平台框架

2.1 流程优化重组,打通供应链全业务环节

通过生态协同平台的建设,在业务协同方面,重新梳理从供应商引入、招投标、计划、订单、送货、结算等全部业务环节,对供应链上下游全业务流程进行优化重组,在将原来的线下手工业务改为线上,实现多个环节系统自动录入、核算等的同时,深度打通供应链从招投标管理、采购合同、价格管理、采购订单协同、供应商全生命管理等全部业务环节,实现供应链全业务环节协同及一体化闭环,最终实现高效、专业、规范、安全、低成本的供应链全业务场景管理。

2.2 建立生态圈,提升整个供应链条的协同效率

澳柯玛作为"链主"企业,通过生态圈建设,将企业内部员工与上下游的供应商、经销商、客户等生态伙伴纳入生态圈管理,构建网状协同型组织。澳柯玛内部通过澳信智能协同办公,补齐生态业务移动协作能力缺口,PC端、Web端、移动端三端统一,提升员工办公效率,外部通过赢通汇、赢商汇,链接上下游供应商、经销商、客户等生态伙伴,使生态协同平台的建设实现跨企业沟通、跨企业审批、跨企业应用互联、跨企业生态门户等,提升企业内外部整个供应链条上下游的协同效率,打造企业内外生态与业务协同一体化场景,如图2所示。

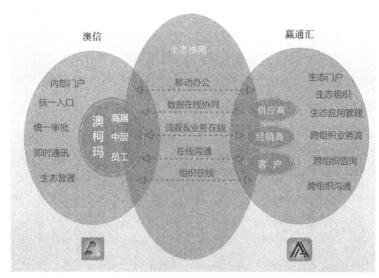

图2　内外生态与业务协同一体化

2.3 打通各业务系统之间的壁垒，进一步挖掘数据价值

采用微服务、混合云平台、SOA、电子签章等先进的数字技术将招标、采购业务与生态圈进行打通，深度集成 MDM、SAP、澳信、IDM 等众多业务系统，打破各业务系统之间的壁垒，形成统一的数字化供应链协同平台，进一步挖掘业务数据的价值，充分发挥来自各系统的业务数据的作用，用数据赋能业务，将数据采集、整理、存储、分析与应用建立完整的数据利用闭环，让数据智能无缝地嵌入业务当中，全方位协同，实现数据跨系统、跨时空的应用。

3　建设成效

澳柯玛数字化供应链生态协同平台建设项目功能范围主要包含供应商全生命管理、招投标管理、采购合同、价格管理、采购订单协同、电子合同以及无边界跨组织的内外生态圈交互协同等，实现了企业上下游体系在空间、时间、功能、结构、流程等方面的业务集成及重构，打通了数据链条，实现了协同采购、实时跟踪、快速交付、信息交互等线上线下联动的供应链协同，构建了一个真正意义上的采购协同和跨组织协同的供应链数字化协同平台，提升了全产业链供应链条的协同效率。

澳柯玛数字化供应链协同平台的建设，一方面，深度打通供应链的寻源、招采、订单、结算、供应商管理等全部业务环节，多个环节系统自动录入、核算等，实现各环节工作效率的提升，同时建立可支持多种类型的计划订单模型，分析预测准确性，为优化采购计划提供决策依据等。通过协同平台的建设，澳柯玛供应链协同方面采购周期缩短 50%，采购用时减少 75%，供应链业务整体提效 30%，节省人力成本 20%；另一方面，澳柯玛作为"链主"企业，通过生态圈建设，链接达 1000 多家供应商，2500 多家经销商，将上下游的供应商、经销商、客户等数万生态伙伴纳入生态圈管理，协同上下游组织与人员，协同上下游业务与流程，实现了跨企业沟通、跨企业审批、跨企业应用互联、跨组织的生态门户等，涉及供应商出入园、材料出园、图纸等跨组织审批流的搭建替代了企业间传统的手工纸质单据的审批签字，节约了大量的纸张和人力成本，实现业务全流程无纸化，大大提升了审批效率，流程效率提升 50% 以上。

4　结论

作为青岛市智能家居产业链链条上的"链主"企业，澳柯玛充分发挥了头雁引领和生态主导作用，打通产业链供应链全业务流程，构建了内外生态与业务协同一体的数字化供应链生态协同平台，打造了链接上下游生态企业的产业链生态圈，集聚上下游生态伙伴，提升了产业链上下游企业的业务协同效率，降低产业链业务协作成本，带动产业链上下游企业健康持续协同发展，实现全产业链条的高质量运转。同时，澳柯玛数字化供应链生态协同平台兼具未来生态圈类型扩展功能，具有较强的通用性，可在各产业链企业中推广、复制，为各产业链供应链数字化转型提供了典型案例经验，奠定了产业链供应链数字化转型的基石。

作者简介：于照家，澳柯玛股份有限公司高级工程师
联系方式：yuzj@aucma.com.cn

持续优化营商环境 推进青岛市现代产业生态发展

王正巍

摘要：根据《中共中央关于认真学习宣传贯彻党的二十大精神的决定》部署和省委要求，青岛市委市政府结合实际，提出要坚持把经济高质量发展作为首要任务，加快构建现代产业体系，持续推进七大优势产业链和十大新兴产业链发展。推动经济高质量发展，不仅需要持续改善基础设施等"硬环境"，更需要深化体制机制改革创新，进一步优化营商环境，激发市场主体活力，在"软环境"上实现新的突破。营商环境是一座城市经济软实力的重要体现，是青岛市转向高质量发展的必然选择，也是未来更好发挥政府作用、推进现代产业体系发展、促进市场主体活力的重要着力点。

关键词：营商环境；产业生态；现代产业体系

1 青岛市优化营商环境工作现状

2020年1月以来，青岛市认真贯彻《优化营商环境条例》，聚焦"放管服"改革、营商环境提升，探索实施了一批突破性、引领性改革措施，切实解决了一批突出问题，形成了一批工作亮点，精简高效政务新生态初步形成，企业便利度、安全感进一步增强。一是高标准优化营商环境。按照世界银行《营商环境评价指标体系》和《优化营商环境条例》内容，对照18个一级指标、87个二级指标，在服务企业全生命周期、提高投资吸引力、优化监管与服务等方面下大力气进行改革。二是政务服务效能持续提升。各部门运用法治思维、系统思维、标准思维开展政务服务流程再造，打造便捷高效、公平正义的一流政务服务环境。三是市场环境更加公平有序，如招标投标和政府采购监管方面，建立了负面清单管理制度，禁止采购人和招标人以任何不合理的条件限制或排斥潜在的供应商、投标人。进一步优化提升了公共资源交易电子平台，实现了公共资源交易全程电子化、掌上化。四是法治政府建设新突破。已建立公平竞争审查制度，严格执行规范性文件的公平竞争审查工作。同时，组织联合开展存量规范性文件清理审查，未发现有妨碍统一市场和公平竞争以及地方保护类的政策规定。五是信用体系建设取得新进展。青岛市已获批国家社会信用体系建设示范城市，已建成100％覆盖自然人和法人的市共信用信息平台，归集数据超过8亿条。

2 青岛市优化营商环境工作存在的主要问题

2.1 政企沟通机制和反馈机制问题

仍存在大量不必要的、重复的行政审批事项，难以实质性地降低市民、企业获得政务服务的成本。在许多以往的政府改革创新项目中，政府部门和专家是改革的提出者、倡导者和评价者，大量市民游离在政府改革之外，不仅无法参加改革过程，从公共服务或社会治理中获益，甚至未必充分知晓这些政府改革。从现状来看，以政府自身逻辑出发梳理行政权力已不容易，要使这些工作立竿见影有成效，实实在在转化为市民、企业的获得感就更加困难。[1]

2.2 市场、产业和企业的监管环境问题

一是审管职能分离导致权责划分不清与业务衔接不畅。部分事项审批与监管环节联系较紧密，彼此依存配合，需要在审批中实施监管，一旦划分将产生职能断裂的问题，部分事项审管之间容易产生法律责任不清的问题。二是监管部门精细化、专业程度不够，存在多头监管、限制较多的问题。

2.3 现行对企扶持政策问题

一是扶持政策不精准，与企业实际需求不匹配，市场主体真正需要的扶持政策和实际得到的扶持政策之间存在偏差。面对企业竞争和发展需要，政府部门不能够及时快速制定有竞争力的新政策，与其他竞争城市相比，各类扶持支持企业发

展政策的针对性不强、优惠程度不够。另外,各类扶持支持企业发展政策的宣传推介不够,在企业申请优惠政策时,政府部门审批过程透明度不高。二是有的政府部门政策执行缺乏连续性、稳定性、统一性,存在"新官不理旧账",招商引资政策不兑现,拖欠企业货物、工程、服务等账款的现象,政府履约守诺情况还需不断改善。

2.4 市场主体成长面临的主要问题,从"旧三难"转向"新三难"

商事制度改革一直围绕着解决"办照难""办证难""退出难"等难点、痛点不断深化,然而,从受访企业最新的反馈来看,这些问题已经不再是市场主体所面临的主要困难,市场需求不足、资金链短缺和供应链不畅通已然成为当前市场主体面临的主要问题。一是企业受疫情影响,市场需求不足,线下门店业绩表现尤为不佳,导致营业收入减少;加上市场竞争激烈,而市场需求又在减少的情况,使企业运营难上加难。二是企业资金链周转不畅,企业融资需求大幅度增加,但因缺少能够提供综合性融资信息发布平台和指导服务,企业只能凭自己对银行的认知,逐家询问各银行贷款相关政策条件,使企业融资效率降低;同时,大多国有制银行对小微企业贷款审批条件要求过高,使多数小微企业求助贷款利率较高的股份制银行甚至民间借贷,使企业融资成本增加。三是激励企业创业创新发展的产业配套与供应链系统活力不足。一方面,市场准入环境有待优化,市场主体反映企业参与重大项目门槛过高,政府普遍公开性和公平性不足,对外地企业接纳度不够以及对非公经济存在不平等门槛等问题。另一方面,企业存在无法在数量和质量上找到合适的上下游厂商洽谈合作,以及对本市相关会计师事务所、律师事务所、广告公司等服务机构等的数量和质量也不够满意问题。[2]

3 青岛市持续优化营商环境的建议

3.1 持续优化政府公共服务质量

一是打造宜商环境的青岛品牌,树立以发展为中心的责任意识,充分重视企业的满意度,创建廉洁、勤政、务实的政务环境。二是强化政府部门对解决企业困难和问题的压力及动力,加强督导考核、跟踪问效、追责问责,建立鼓励职能部门主动作为的激励机制。同时,做好政策宣传解读,切

实提高企业和群众对营商环境的知晓率、满意度。一方面,加强各区市自行督促与攻势调度,督促相关单位做好日常工作及考核评价,强化落实效果和推进质量;另一方面,结合本地区实际采取问卷调查、好差评、电话回访等多种方式,提高服务对象满意度,特别是学习各区市工作典型经验做法,通过省、市、区媒体加强宣传,营造良好舆论氛围,树立青岛品牌。三是提高政务服务技术水平。推进电子政务云建设,强化大数据、互联网等技术应用,建设基于区块链的公共资源交易平台,进一步提升电子招标投标平台公信力。持续优化提升"一网通办"改革,扩大"智能无感"、掌上办、"秒批"范围,全面推行"免审即享""智能化"评标等制度,持续提升企业体验度,让企业放心用、喜欢用,让政府部门更高效、更协调;积极探索推动知识产权质押融资"保贷联动",推动知识产权证券化,降低企业融资成本。

3.2 有效改善法治化社会环境质量

加快清理与公平竞争相关的法规,尤其是地方性法规,特别是相关的规范性文件和各类政策措施。大力提升立、改、废的质量。加快清理、制定统一的公平竞争制度、标准、规则、负面清单、考核、评价标准、机制。把完善立法、严格执法作为"放管服"改革的重中之重,以便利化为目标,扩大柔性执法和包容审慎监管领域,推动"非现场"监管、"非接触"执法改革,健全"首违免罚""分级监管"等制度,帮助企业健康发展。特别是要加快构建具有青岛特色、支持民营经济发展、保护中小企业合法权益的政策法规体系,探索建立中小企业政策法规评估制度和执行情况检查制度。严禁行政权力强制干涉企业的合法生产经营活动,严厉查处利用行政权力对市场主体乱摊派、乱检查、乱收费等违法行为,充分发挥行业协会商会作用,畅通企业反映诉求的渠道。

3.3 提高各类扶持政策精准服务质量

一是加大在企业家群体中的调研,扣紧"扶持谁""扶持什么""扶持途径"三个核心问题,摸清企业和企业家到底需要什么样的扶持政策。二是制定和发布具有法定性、固定性、连续性的扶持政策文件,让政策的清晰、透明和确定成为青岛宜商环境的一张新的靓丽的名片,使企业可以从固定和连续的政策中看到明确的市场预期,可以对投资

和贸易开展结果明确的预测,成为优质企业来青岛投资兴业的重要决策考量。三是着力解决中小企业"融资难融资贵"难题。一方面,拓展企业融资渠道,推进新型融资方式和产品,例如降低知识产权质押融资和应收账款融资等融资渠道难度,借鉴上海税务局与28家银行签署银税互动协议的方式,通过将企业的纳税信用信息与银行账户信用信息在税务局和银行间双向共享,为诚信经营的小微企业提供纳税信用贷款。同时,完善知识产权政策配套体系,创新担保抵押机制应用,增强企业融资稳定性和连续性。统一融资信息发布平台,组织与银行的融资对接活动,方便企业了解到各类银行贷款政策和金融产品,而不是逐家向银行咨询。另外,组织金融类培训活动,为企业提供上市或者企业发债等专业咨询和指导。

3.4 推进构建现代产业链供应链体系质量

一是发挥各区是比较优势,优化市场准入门槛和产业空间布局。引导市域范围内企业合理流动和高效集聚,推动形成主体功能明显、高质量发展的现代产业空间新格局。统筹全域企业,从产业链的角度出发,全面梳理重点产业链条,找出链条中存在的薄弱环节,加大力度补足短板、打造长板。同时,各市区建立产业链信息共享平台,使各链条中的相关信息能及时、畅通地被接收到,避免因信息沟通不畅造成的产能过剩、供需不平衡以及企业和各地区的无效竞争。二是发挥民营企业优势,优化现代产业链布局。持续推进七大优势产业链和十大新兴产业链发展,细化民营企业产业链、供应链和创新链,优化拓展民营经济产业布局。突出产业协同,实施产业链和供应链"畅链工程",发挥好龙头企业对上下游中小企业带动作用,搭建完整且有韧性的产业链。三是补齐技术

短板,发挥科技信息平台作用。[3]以全产业链工业互联网赋能为核心,加快工业互联网在研发设计、生产制造、运营管理各环节融合应用,推动纺织服装、食品饮料等产业的创新和结构优化升级,加快生产制造向数字化、智能化、个性化转变,促进产品供给向品牌化高端化转变,实现产业生态向特色化、现代化转变。四是构建现代产业链专业技术人才培养、引进和交流机制。鼓励专业技术学校积极与市域企业对接,根据企业的真实用工需求开设或增设相关专业化技术课程,准确匹配企业对创新型、实用型、技术型专业人才的需求,补足人才需求缺口。积极推进高水平大学和研究机构建设,鼓励高校培养大数据、人工智能、数字经济等方面的跨专业、全产业链复合型高素质人才,加大基础理论教学研究力度,注重科教融合、产教融合。另外,在产业链上下游相关企业内部开展业务职能培训,从外部引进复合型人才,创新国内外产学研深度融合和培养新模式。[4]

参考文献:

[1] 郁建兴,高翔.浙江省"最多跑一次"改革的基本经验与未来[J].浙江社会科学,2018(4):76-85.

[2] 中山大学《深化商事制度改革研究》课题组.商事制度改革:迈向高质量发展的关键一招[N].社会科学报,2019-10-17(01).

[3] 周晓峰.青岛民营经济"十四五":争创全国示范城市[N].青岛日报,2021-03-06(06).

[4] 夏诗园."双循环"新发展格局下产业链升级机遇、挑战和路径选择[J].当代经济管理,2022,44(5):65-72.

作者简介:王正巍,青岛市社会科学院副研究员
联系方式:wangzhengwei1201@163.com

青岛集成电路产业链发展策略研究

吴　净

摘要：当前是青岛落实"现代产业先行城市"战略定位，加快打造国家战略性新兴产业基地的关键时期。作为新兴技术创新服务，以及数字经济建设的战略承载和基础支撑，青岛集成电路产业理应发挥排头兵作用。青岛集成电路产业链面临链条各环节关联不紧密、创新能力不够强、人才短缺等诸多挑战和问题。未来，青岛推动集成电路产业链发展，应在强化顶层设计、不断增强创新能力、优化产业布局、加大招商力度、畅通投融资渠道、加强人才队伍建设等方面发力。

关键词：集成电路；产业链；青岛；策略

1　集成电路产业链内涵、特点及发展趋势

集成电路是采用一系列制造工艺，将由晶体管、电阻、电容等元件所构成的，具有一定功能的电路集成在一小块硅片上，并焊接封装在管壳内的新型半导体器件，具有高智能、低功耗、微小型、高可靠性等优势。集成电路产业链包括集成电路设计、晶圆制造和封装测试三大主要环节，以及技术研发、关键材料生产、设计软件提供、设备制造等相关支撑产业环节，核心产品主要集中应用在云计算、物联网、大数据、5G通信、工业互联网、人工智能、智慧城市、智能交通、智慧医疗、汽车电子、智能制造、航空航天等领域。三大主要环节由于技术要求差异较大，各环节价值分布亦呈现较大差别。其中，集成电路设计环节投入相对较少，附加值却占整个产品附加值的40%～50%；晶圆制造环节投入较大，附加值占30%～40%，价值增值低于设计环节；封装测试环节投入稍低于制造环节，但附加值仅占大约10%。

集成电路产业链具有显著的行业特征：一是对生产要素要求高。集成电路产业属于典型的技术密集型和资本密集型产业，产业链中的设计、制造环节，对技术、资本、人才需求大。一个国家或者地区要在集成电路产业上保持高度竞争优势，需要足够的人才储备，并需要在技术研发与市场占有两者之间形成良性的互促共进机制，从而推动资金的持续供给，以及保证技术的先进性。二是对其他产业支撑性强。集成电路产业中间品特征显著，集成电路产品与其他零部件组合形成的最终产品可分布在消费类、工业类、通信类、计算机类、汽车类、军用类等

诸多领域，这也决定了数字经济发展背景下集成电路产业的基础支撑地位。三是链条全球化程度高。目前，集成电路产业形成了较为复杂的全球供应链网络，主要表现为以欧美为主导的设备、设计和EDA软件，日本为主导的材料和设备，韩国和中国台湾为主导的制造，以及以中国大陆为主导的封装测试和产品组装的全球产业分工格局。

当前，集成电路产业链呈现出如下发展态势：第一，新材料、新工艺等的颠覆性技术创新将成为集成电路产业发展的主要选择。目前来看，集成电路产业发展仍遵循摩尔定律，但在算力和应用存储需求爆发的双重压力下，集成电路产业的发展进程在不断加快，传统摩尔定律在材料、器件物理、光刻工艺等多方面将受到极大的挑战，加大新材料、新架构、新工艺等的基础性研究，将是未来集成电路产业链发展突破壁垒的关键所在。第二，新兴应用场景的不断丰富将为拓展集成电路产业链产生巨大带动效用。近年来，全球经济向数字化转型不断加速，5G通信、物联网、人工智能、类脑计算、自动驾驶等新兴领域市场不断崛起，对集成电路芯片的需求大幅增加，对芯片的性能要求和多样化要求也不断提升，成为集成电路产业发展的重要驱动力量。面对越来越细分的应用场景需求，加大芯片的定制化供给将成为集成电路产业发展的重要选择。这也将为集成电路企业差异化、高质量发展创造条件，促使企业可以通过专注于专业化芯片模块的设计与生产而获得核心技术上的优势地位，从而提升集成电路企业整体竞争力。第三，集成电路产业封装测试链条环节的

竞争将更加激烈。当前,先进封装技术愈发依赖于先进制造工艺,与设计及制造企业之间的合作更加紧密,使得具有制造工艺、设计能力的企业在封装技术研发与产业化方面的优势逐渐显现,促使晶圆厂、基板供应商、EMS/ODM 等运营厂商不断参与到封装市场的竞争中。

2　青岛集成电路产业链发展主要情况

青岛市第十三次党代会报告提出,要打造现代产业先行城市,并将集成电路产业列为十大新兴产业的首位,成为青岛打造国家战略性新兴产业基地的重点发力方向。青岛制造业基础雄厚,具备相对完整的电子信息产品生产体系。整机(系统)应用实力较强,通信设备制造业研发水平较高,拥有多项国内外领先的技术和产品。在专用集成电路设计、射频识别、集成电路封装测试等领域优势明显。从现有整体产业基础来看,青岛发展集成电路产业还具备强大的需求韧性。青岛是国内重要的家电整机生产基地,在轨道交通产业链和汽车产业链上亦具有比较优势,这均为集成电路产业发展提供了丰富的应用场景。积极推动集成电路产业发展,不仅是青岛构建现代化产业体系、打造未来竞争优势的新引擎,更是青岛放大既有产业优势、锻造产业长板的关键驱动。

近年来,青岛大力推进集成电路产业发展,重大项目相继落地建设,涵盖 EDA 工具软件、设计、制造、封测、材料、设备的全产业链发展格局已初步形成。从产业链条重点企业来看,在材料领域,青岛拥有聚能晶源、瀚海半导体、嘉星晶电等重点企业;在软件领域,布局了若贝电子、中科芯云等相关企业;在设备领域,高测科技、赛瑞达电子装备、天仁微纳科技等企业相继落户;在制造及封装测试领域,拥有芯恩、惠科等电子重点企业。从产业整体布局来看,青岛集成电路产业链初步形成了以西海岸新区(设计＋制造＋封测)、崂山区(设计＋封测)、即墨区(制造＋封测＋材料)为核心,带动城阳区(材料＋设备)、莱西市(材料)等区(市)协同发展的空间布局。

然而,我们还应当清楚地看到,青岛集成电路产业链发展仍然面临诸多困难与挑战。一是产业尚未形成规模,诸多项目仍处于建设或研发过程中,距离形成量产规模还需要一定时间。二是产业链条协同性不足,不同链条环节之间关联性不强,上下游企业合作紧密性缺乏。三是整体创新能力不够强,基础

软件、高端芯片等领域关键核心技术比较缺乏,芯片设计开发与产业化关键技术体系尚不完善。四是高端人才短缺,领军人才匮乏,企业技术和管理团队不稳定。

3　国内先进城市集成电路发展经验

在高精尖产业发展中掌握先机、筑牢优势,越来越成为新一轮区域竞争、城市竞争的焦点所在。国内诸多城市纷纷将集成电路产业作为弯道超车的重要选择。从目前我国大陆集成电路产业链发展总体情况来看,主要集中在四大区域:一是以北京为核心的京津冀地区,产业链布局主要集中在设计和制造环节;二是以上海、无锡为核心的长三角地区,产业链布局侧重于制造和封测环节,大约占到全国的50％以上;三是以深圳、广州为核心的珠三角地区,是全国集成电路产业链设计环节的核心区域;四是以武汉、成都为代表的中西部地区,这些地区作为第二梯队,集成电路产业发展较为活跃。积极借鉴先进城市发展经验,对于青岛充分发挥后发优势,进一步提升集成电路产业链发展水平具有重要价值。

北京市将集成电路产业纳入重点特色优势产业之一,以协同发展、自主突破为重点,构建集成电路全产业链创新高地,积极打造具有国际竞争力的集成电路产业集群。北京集成电路产业发展最突出的特点是,紧紧围绕北京打造“国际科技创新中心”战略部署,注重以科研成果转化为前提基础,充分发挥研究机构、高等院校等机构创新功能,不断丰富集成电路产业领域重大前沿创新成果。例如,清华大学在类脑计算架构、可重构计算架构等研究上位居全球领先水平,并积极进行产业化探索;北航、中科院微电子所在存储与集成技术方面瞄准国际科技前沿和国家重大战略需求提供新方法;等等。上海市采取全产业链系统布局模式着力推动集成电路自主创新与规模发展,聚集了大批集成电路设计企业、制造企业、封测企业和设备材料企业,已经形成了一条完整的集成电路产业链条。上海集成电路产业发展最突出的特点是显著的产业集聚效应。上海集成电路产业链以张江和临港为核心驱动,注重两地协同发展,以此推动产业链各环节龙头企业加速集聚、融合发展,充分释放创新集聚效应,带动全市集成电路产业能级与核心竞争力的提升。深圳集成电路产业链布局注重以下游产品应用为导向,以设计环节为主,强化与世界知名企业合作,集成电路终端应用领域

和集成电路设计业发展均处于全国领先地位。

4 对策建议

4.1 把握发展机遇，强化顶层设计

在新一轮科技革命和产业变革中，充分把握集成电路产业重大发展机遇，立足青岛资源禀赋与特色优势，超前谋划，积极布局，建议成立全市集成电路产业发展领导小组办公室，主要领导由分管市领导、各区(市)分管负责人及市、区发改、工信、科技等主要负责同志担任，日常工作人员从市区两级科技、人社、发改、工信等部门抽调。统筹协调集成电路产业规划布局、政策制定、资源分配、项目推进、人才引进等。拟订发展工作计划，包括项目招商、片区开发、功能区联动、重大专项资金安排等。协调推进集成电路产业投资基金、产业运营平台建设，以及协调解决集成电路产业发展中遇到的重大问题。

4.2 紧盯科技前沿，增强创新能力

整合和利用全市集成电路领域智力科教资源，抢先加强布局神经芯片、区块链芯片、碳基芯片、硅基光电子、新型非易失性存储等关键前沿领域技术研究。面向集成电路装备、关键零部件、先进封测等领域，推动一批在青高校科研院所积极承担国家关键核心技术重大项目，探索长效稳定的产学研结合机制，实现基础研究和技术创新的双向促进。加大政策引导和扶持力度，采用多方共建的形式，支持领军企业联合高校院所、新型研发机构等建立一批集成电路技术创新平台和共性技术服务平台。

4.3 瞄准新兴领域，优化产业布局

在集成电路产业链设计环节，围绕海洋电子、智能制造、工业控制、汽车电子、医疗电子等领域，重点发展关键专用集成电路设计产业，打造国内专用设计技术与工艺集聚区。做强做优智能终端、超高清视频、智能传感、智慧健康养老等领域场景建设，释放潜在市场需求，重点推动基于新业态、新应用的新型存储、传感器、信息处理等关键技术产业化及产业链协同发展，打造具有青岛特色的集成电路产业生态链条。以产业链为纽带，以集成电路产业园等专业园区为载体，优化产业空间布局，进一步发挥产业集聚的引领、赋能和带动作用。

4.4 聚焦优质项目，加大招商力度

优化集成电路专业化招商团队，围绕补齐集成电路产业链关键环节，定期赴国内外重点城市推介

青岛招商政策。加大力度引进引领型、示范性、规模性的集成电路企业，例如集成电路设计企业、晶圆制造企业、封装测试企业以及相关的系统解决和软件服务企业等。以促进产业链各环节协同发展、紧密合作为出发点，适当招引在细分领域拥有核心技术、成长性强的独角兽企业、雏鹰企业、瞪羚企业。统筹有效市场和有为政府，充分发挥集成电路龙头企业引领作用，推动建立"市级部门—区政府—产业链龙头企业—行业服务(协会)机构—产业链配套企业"协同联动机制，推动强链、延链、补链类重大项目引进与落地。

4.5 完善体制机制，畅通投融资渠道

成立集成电路产业细分领域专项基金，发挥好财政资金的引导和杠杆作用，撬动社会资本的进入和投向，为集成电路产业链关键环节重大科技成果研发与转化、并购重组、创新创业、服务配套等方面提供金融支持。借力全球创投风投中心建设，加速推动高质量资本流入，支持集成电路企业通过股权质押贷款、融资租赁、信用贷款等多元化方式筹集资金。建立健全法律保障体系，制定适配的集成电路资本退出流程。加大对集成电路科创企业挂牌、上市的培育辅导和财政奖励。

4.6 加强人才队伍建设

完善青岛集成电路人才专项支持政策，充分利用国家级、省级各类创新平台，加强高端人才、急需紧缺人才和创新团队引进。推动在青高校集成电路一级学科建设，加强基础研究，加快培养集成电路设计、制造、封装测试及装备、材料等方向的工程型人才。

参考文献：

［1］李文龙，罗云峰，陈佳.中国主要城市发展集成电路的经验与政策启示[J].中国集成电路，2021,30(9):11-15＋59.

［2］卜伟海，夏志良，赵治国，等.后摩尔时代集成电路产业技术的发展趋势[J].前瞻科技，2022,1(3):20-41.

［3］傅启国，曹坤，李腾，等.江苏集成电路产业发展现状及高质量发展策略研究[J].科技和产业，2023,23(1):52-57.

作者简介：吴净，青岛市社会科学院经济研究所研究员

联系方式：wjyhb80@163.com

千兆 IPSec 中安全策略的高效匹配方案[*]

丁培钊　孙方圆　郝　蓉　于　佳

摘要：实现安全策略的高效匹配是千兆 IPSec 网络中的关键问题。本文提出了一种基于 Cache 硬件缓存，支持高效可变范围的精确匹配方案。方案采用 Radix 树结构组织安全策略数据库，并在硬件中增加 Cache 预存储模块来实现高效可变范围的精确策略匹配。同时针对 Cache 缓存模块设计灵活的策略更新方法来提高策略的命中率，进而增强 IPSec 网络处理数据的能力。仿真结果表明，提出的方案极大地提高了 IPSec 网络中安全策略匹配的效率，能够为千兆 IPSec 网络安全芯片的设计提供技术支持。

关键词：安全策略数据库；Radix 树；策略匹配；IPSec 协议

随着我国网络技术的快速发展，网络安全已逐渐成为数字经济发展的必要保障。加强网络安全保障，尤其是网络传输中的信息安全保障变得日益重要和紧迫。[1-2] 互联网安全协议（Internet Protocol Security，IPSec）[3] 是目前广泛使用的一个为 IP（国际互连协议）网络提供安全保证的协议簇。IPSec 协议通过对 IP 数据包进行加密和认证来保证数据在网络传输中的安全性。IPSec 协议首先使用 IP 数据包中的选择符来匹配安全策略数据库（Security Policy Database，SPD）以确定对该数据包执行的操作。[4-6] 由于互联网中通信数据不断膨胀，快速匹配 IP 数据包对应的安全策略成为提高 IPSec 网络传输速率的关键。现有的基于搜索的安全策略匹配方案在处理千兆 IPSec 网络中 IP 数据包时，存在匹配难度较大，性能较低等问题，严重影响了 IPSec 网络中 IP 数据包的处理效率。[7-9]

本文针对千兆 IPsec 网络中 SPD 的策略快速匹配的需求，设计了一个高效的支持可变 IP 地址范围精确匹配的方案。本方案采用 Radix 树（基数树）作为 SPD 的组织结构，结合新增的 Cache（高速缓冲器）预存储模块来支持大流量 IP 数据包下的可变范围的高效策略匹配。同时根据同时间段内数据流量目的相似的特性，在 Cache 模块中设计了灵活的动态权重优先的调度策略来进一步提高策略的匹配速度。基于大规模真实 SPD 模拟的实验显示本方案可以实现可变范围的安全策略的快速匹配，提高 IPSec 协议处理数据的能力。

1　IPSec 安全策略数据库

安全策略数据库（SPD）用于存放 IPSec 策略，策略用来定义 IP 数据包的处理操作。对于每个待处理的 IP 数据包，使用其包含的选择符在 SPD 中进行匹配，以获取对该数据包进行的处理操作（丢弃、绕过和应用 IPSec）。选择符通常由五元组（源/目的 IP 地址，源/目的端口以及服务类型）构成。[10-11] 以目的 IP 地址为例，其值可以是一个主机地址也可以是一个地址范围，基于该类选择符进行的匹配称为可变范围地址的匹配。通用的基于选择符的安全策略匹配流程模型如图 1 所示。

* 资助项目：山东省重点研发计划（重大科技创新工程）项目（2022CXGC020102）

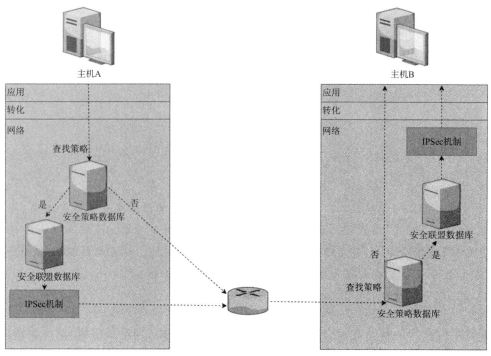

图 1 通用查找流程模型

在处于有多个子网的大型网络环境的 VPN（虚拟专用网络）网关系统中，SPD 中策略条目数量庞大，当其处理大流量的 IP 数据包时，基于顺序搜索的匹配策略性能较差，限制了网络的传输性能。同时可变范围的选择符也增加了 SPD 策略匹配的难度。如何更好地组织和维护 SPD 中的策略以支持高效的可变范围的策略匹配，成为提高 IPSec 处理数据能力的重点。

2 安全策略匹配方案的设计与实现

2.1 采用 Radix 树结构组织 SPD

为实现高效的可变范围策略匹配，本方案选择路由表中的 Radix 树结构来组织和维护 SPD。将 SPD 中的条目组成一个由目的地址和掩码作为关键字的树型结构策略表，其中的每一个叶子结点表示一条策略。可变范围的匹配目标就是在 Radix 树中找到一个与给定目标地址最吻合的地址，即一个能够匹配的主机地址要优于一个能够

匹配的网络地址以及一个能够匹配的网络地址要优于默认地址。如果策略表项是针对某个局域网的，则掩码即为网络掩码；如果策略表项是针对某个具体的主机的，则掩码默认为全 1 的比特，即 0xffffffff。[12-14]

Radix 树结构策略表如图 2 所示，直角边框称为内部结点，无分枝的称为叶子，用圆框表示。每一个内部结点对应于比较查找键的一个比特位，每一个叶子对应于一个主机地址或者一个网络地址。Radix 树的基本思想是基于二进制表示键值的查找树。当处理一个 IP 数据包时，首先从中选择目的地址作为查找键，然后从根节点开始逐层进行 bit 测试。查找到叶子结点时，将查找键和叶子结点中的掩码进行与运算，如果得到的值与该结点中的地址值相同，则称该结点是匹配的。[12-14]图 2 中表示的是目的地址为 192.168.0.0 的查找过程。

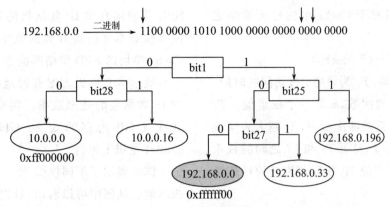

图 2　Radix 树结构

2.2 基于 Cache 缓存的策略匹配方案的实现

2.2.1 方案的模型设计

由于分组传输的连续性，网络中同时段内的 IP 数据包往往具有一定的相似性[15]，例如源地址相同或目的地址相同。根据这一特性，本方案通过在安全策略匹配模型中新增一个 Cache 预存储硬件模块来进一步提高策略的匹配速度。Cache 模块中存放频繁命中或最新的安全策略。对于一个待处理 IP 数据包，首先使用其选择符在 Cache 模块中进行匹配，若匹配则成功返回该数据包对应的策略，否则转向 SPD 中基于 Radix 树进行匹配。加入 Cache 模块后的策略匹配流程如图 3 所示。

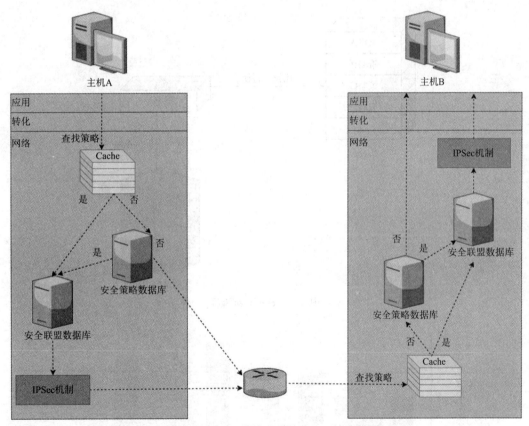

图 3　增加 Cache 模块后的策略匹配流程模型

Cache 模块需要根据时间以及当前流量的状态不断更新其中的策略以达到最佳命中率。本方案综合考虑时间和频率等因素设计了灵活的 Cache 模块更新策略。

2.2.2 Cache 模块中更新策略的设计

根据网络中存在"分组传输的连续性"这一特征，本方案认为最近被匹配命中以及频繁被命中的策略被认为是该时间段内最有价值的策略，能够为后续 IP 数据包策略的匹配提供更好的命中率。基于此，本方案对于 Cache 中的每条策略定义如下调度函数：

$$W_i = (T_i + kF_i)$$

式中，i 表示一条策略，T_i 为策略 i 被访问的时间，F_i 为策略 i 被访问的次数，k 是一个权重值。Ti 越大，表明该策略最近被匹配命中，Fi 越大表明该策略越被频繁命中。k 表明 Ti 和 Fi 之间的权重关系，该值可以根据当前 IP 数据包流量的特征设置不同的值。

Cache 模块中安全策略更新流程如图 4 所示，当一条不属于 Cache 模块的策略 X 在 SPD 中被命中，则使用上述函数评估策略 X 的权重。使用策略 X 替换 Cache 模块中权重最小的策略，以完成 Cache 模块中安全策略的更新。

3　实验与分析

本文基于真实 IPSec 网络，设置不同规模的 SPD 并使用真实 IP 数据报的选择符进行策略匹配来验证本文所提方案的效率。同时，通过与无 Cache 模块的 SPD 策略匹配方案进行对比实验进一步展示本文所提方案有效地提高了 IPSec 网络中 IP 数据包的处理效率。实验使用 C 语言编程并在 4 GB 内存的 3.20 GHz AMD Ryzen 7-5800H 主机上运行。

图 5 展示了不同规模 SPD 下的两种方案的查找时间。从图中可以看出，针对不同规模的 SPD，相较一般策略查询方案，本方案将策略的查询速度提高了 10% 到 20%。随着 SPD 规模的增大，本方案中策略的平均查找时间从每个 2 μs 到 3.5 μs 变化。

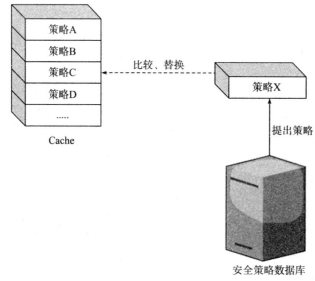

图 4　Cache 更新流程

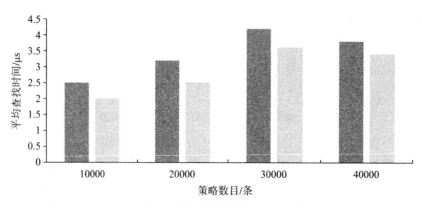

图 5　不同策略数目查找时间比较

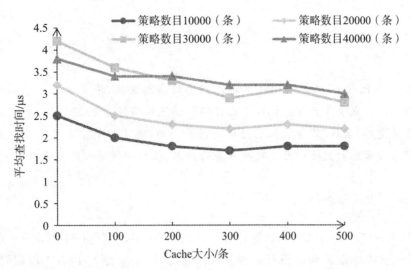

图6展示了Cache大小对策略搜索速度的影响。随着Cache模块中策略数量的增加，查询IP地址的命中率更高导致平均查找时间变小。

以上仿真实验表明，本方案能够高效支持千兆IPSec网络中可变范围的策略匹配，提高网络处理数据的能力。

图6　不同 Cache 大小查找时间比较

4　结束语

针对IPSec网络中SPD安全策略匹配的效率问题，本文提出了一种支持可变范围的安全策略匹配方案。本方案使用Radix树结构组织SPD以高效实现可变范围的策略精确匹配。同时本方案新增Cache预存储硬件模块结合灵活的模块更新策略来进一步提高安全策略的匹配速度。仿真实验显示，该方案在面对大流量IP数据包的策略匹配中是可行且高效的，提高了IPSec网络中IP数据包的处理效率。

参考文献：

[1]庄建斌.针对当前网络攻击技术对网络安全防护体系分析[J].电脑知识与技术，2022，18(5)：50-51＋58.

[2]王祖俪.网络安全中攻击者画像的关键技术研究[J].信息技术与信息化，2018(8)：143-145.

[3]Naganand Doraswamy，Dan Harkins.IPSEC：新一代因特网安全标准[M].北京：机械工业出版社，2010.

[4]吴克河，郑碧煌，张玉俊，等.基于PF-RING的电力安全网关设计与实现[J].电力信息和通信技术，2022，20(9)：9-15.

[5]廖悦欣.IPSec协议实现技术研究[D].广州：华南理工大学，2013.

[6]张尧，刘笑凯.基于国密算法的IPSec VPN设计与实现[J].信息技术与网络安全，2020，39(6)：49-52.

[7]张平，崔琪楣，侯延昭，等.移动大数据时代：无线网络的挑战与机遇[J].科学通报，2015，60(Z1)：433-438.

[8]周轶男，李曦.基于高性能FPGA芯片的千兆网IPSec协议模块[J].计算机工程与应用，2005(19)：162-165.

[9]刘振钧，李治辉，林山.基于FPGA的万兆网的IPsec ESP协议设计与实现[J].通信技术，2015，48(2)：242-246.

[10]严新，常黎.IPSec研究及实现[J].计算机工程与设计，2005(9)：2458-2460＋2493.

[11]姜林枫.IPSec安全数据库研究[J].计算机安全，2007(2)：14-16.

[12]孙宁，张兴明，朱珂.IPSec安全策略数据库研究及其硬件实现方案[J].电信科学，2008(3)：60-64.

[13]李莉.IPSec_VPN中关键技术的研究[D].济南：山东大学，2008.

[14]沈俊霞.基于IPSec的VPN的研究与实现[D].上海：上海交通大学，2008.

[15]张强.IPSec协议在VPN中的研究与应用[D].南京：南京工业大学，2006.

作者简介：丁培钊，青岛大学硕士研究生

联系方式：dingpeizhao@qdu.edu.cn

通讯作者：于佳，青岛大学教授

联系方式：qduyujia@163.com

"家族化"智能家电发展前景及对青岛城市品牌的影响

魏　晨　潘　唯

摘要:21世纪90年代以来,随着科学技术和生产力的高速发展,消费者对于产品的要求越来越高。智能家居成为消费潮流。仅仅生产智能化家电已经不能满足市场的需求,企业应该更加重视家族化智能家电的发展。本文首先对"家族化"智能家电的概念进行介绍,其次分析了其发展现状以及制约因素,然后探索了"家族化"智能家电的发展前景以及在青岛的机遇,最后阐述了智能家电行业对青岛城市品牌的影响。

关键词:智能家电;技术创新;城市品牌

随着5G网络、人机交互、区块链、大数据等技术的快速发展,家电智能化发展势头迅猛。经济与科技的高速发展也让年轻人面临沉重的工作负担、压力。消费理念在逐渐改变,除了对于健康、绿色节能的追求,时间成本的升高也让年轻消费者更倾向于打包式的购买方式。因此,"家族化"的智能家电对消费者更具吸引力。目前,海尔、海信、西门子等传统家电企业都在进行智能化转型,但是对于智能家电家族化的关注度不够。

1　智能家电产品家族化的相关概念

随着科技的进步,智能家电不再是孤岛式的单机工作,对周围环境的感知以及远程操控等功能越来越多。通过云网络、各个智能家电之间的互联互通构建的全屋智能,为消费者带来生活的便利以及操作的便捷。现在不同企业智能设备的互联互通还很难实现,因此品牌家族化智能产品的发展越来越重要。智能家电产品家族化定义:是指企业在生产的多个相同或不同系列的智能家电产品中,同系列及系列之间的产品在整体形象与使用过程中具有某种相似或者相同的特征,同时产品与产品之间"互联互通",功能联动形成一个"整体",这种"整体性"与其他品牌之间形成差异性,同时这种特性还能被"遗传"。[1]

2　"家族化"智能家电产品的发展现状及其制约因素

2.1"家族化"智能家电产品的发展现状

经过40年的发展,传统家电行业已逐渐饱和,消费趋势呈现个性化、绿色化以及智能化等特征。

2022年,我国家电行业主营业务收入达到1.75万亿元,同比增长1.1%;实现利润总额1418亿元,同比增长19.9%。[2]智能家电成为新的销售热点。相关统计数据显示,截至2023年第7周,家电全品类销售额较2022年同期有大幅度上涨。其中,洗碗机、嵌入式微蒸烤品类、扫地机器人和洗地机等涨幅较大,嵌入式微蒸烤品类中的复合机产品销售额和销量分别同比增加了约647.66%和584.66%。[3]由此可见,智能家电是未来家电行业的发展重点。

智能家电的主流消费群体是80后、90后的青壮年。此类消费者主要分布在一、二线城市和新一线等城市,收入中等偏上。其特点是生活压力大、追求生活品质、对新兴事物接受能力强。这类消费者更倾向于购买扫地机器人、智能冰箱等产品,并且对于"打包式"购买家族化的智能家电有更浓厚的兴趣。在小红书上"智能消费""幸福居家好物"等相关搜索名列前茅。抖音上全屋智能推荐视频的数量也日渐增多。目前,部分企业已经可以实现企业内部智能产品的互联互通,如海尔U+APP、博西家电的Home Connect以及美的的M-Smart智慧生活平台等。这些系统可以帮助消费者满足全屋智能家居的需求以及打包式购买的消费方式。但是,目前只有海尔重点宣传家族化智能家电。海尔推出了三翼鸟场景品牌并在全国建立了多家三翼鸟智家体验馆。

2.2"家族化"智能家电产品的制约因素

家电智能化正在高速发展,但是技术依旧不

成熟,并导致消费者用户体验不好。很多消费者对"家族化"智能家电不信任,主要有以下两点顾虑。首先,部分消费者认为智能产品不够聪明,很多情况需要人工辅助。人工智能更像是一种噱头。如扫拖一体机器人被家具卡住、智能晾衣架不能灵敏地执行语音指令。其次,智能产品操作复杂,易坏,维修难度大。最后,语音交互设备覆盖范围小,想要实现全屋语音操控需要多个设备。即便是在三翼鸟智家体验中心,也经常出现智能设备不听指令、不同场景下要使用不同的语音接收设备等问题。

不同品牌优势产品不利于"打包式"购买行为模式,影响品牌的"家族化"产品发展。多数消费者对不同的家电产品会有不同的品牌偏好。举例来说,海尔最优势的产品是冰箱、洗衣机,空调产品不如格力,电视产品不如海信、索尼,蒸烤箱不如老板、凯度。而不同品牌的智能家电还很难实现互联互通。近年来,各方企业正在努力推进云云互联标准以期实现不同企业智能家电的互联互通,但目前还没有形成强有力的行业技术创新联盟或者产业联盟。

3 青岛"家族化"智能家电产品的发展前景

3.1 全屋智能

青岛处于广纳人才的阶段。越来越多的外来优秀人才想要在青岛安家落户。年轻消费群体对于解放家务、精致懒的追求,也为全屋智能提供了很大的市场空间。家电智能化可分为三个阶段,包括单机智能、互联互通、全屋智能。[4] 全屋智能也是智能家电产品发展的必然趋势。企业需要加强产品的创新以及更新换代,同时也要加强智能小家电的开发。年轻人对于生活品质的要求也更多地体现在追求健康的生活和"养宠"。因此,不能忽视对于宠物智能家电以及智能穿戴设备的开发。只有提高产品质量以及知名度,打破消费者固有的品牌印象,在品牌"家族化"方面创造新的核心竞争力。

3.2 智能家电场景化以及定制化

20世纪90年代以后,消费者对产品质量和服务质量的要求越来越高。标准化的产品已不能满足消费者的需要。通过大数据和云计算等技术,根据消费者的行为习惯与需求,加强消费者细分,提供不同使用场景供消费者选择。同时,企业增加功能选装的环节以及不同场景下的产品组合,打造个性化定制服务。

随着目前社会老龄化问题愈发严重,独居老人的数量逐渐增加。随着人口老龄化等加速,适老化家电等需求还在进一步增加。企业应针对老龄化严重的社会问题设计出对应的场景化家电。比如,增大按键字体、减少按键数量使操作更加简单快捷的电视、冰箱等产品;根据老年人爱囤菜的习惯,设计大冷冻室的冰箱;燃气灶、热水器等电器增加一氧化碳监测功能,提高安全性。再比如说,开放型厨房情境下,消费者可以选择在冰箱上加装大屏显示功能,以实现在吃饭的同时观看电视节目。企业可以根据不同的家庭结构或者场景,推出不同功能的"家族化"智能家电以供消费者选择。甚至对于高端家电,可以实现家电产品自由组合以及每一个产品功能自由选装。

在定制化方面,主要分为家电本身的可定制以及家电配套家具的定制两方面。在家电本身的定制方面,可以为客户提供不同的外观选择以适应装修风格以及不同的户型。另一方面,企业还可以根据用户选购等产品设计对应的家具,例如洗碗机、蒸烤箱等家电在销售时可以提供尺寸配套的橱柜并增加设计环节来做到与客户家的装修风格配套。海尔实施纵向一体化的管理模式,不仅做智能家电,也涉足了橱柜定制、装修行业。海尔智家是海尔全屋智能家电的品牌。在海尔智家体验中心可以享受一站式的服务,家电确定后数据直接同步给橱柜设计师,完成个性化定制家装。纵向一体化的弊端有很多,包括投资负担重,企业需要从事不擅长的业务活动等。中小型企业没有足够实力,选择横向一体化、完善供应链是更好的选择。现在精装修拎包入住的购房形式更热门,家电企业更需要加强跟房地产商还有装修公司的合作。因此,不论是全屋智能还是定制化,做好"家族化"智能家电能给消费者、企业本身和合作企业带来更多的可能性。

3.3 加强核心技术创新

家电智能最根本的竞争力还是需要技术不断地完善成熟。首先,全屋智能家居对APP或者云云互联的安全性提出了很高的要求,包括精准操作和安全漏洞等方面。消费者很难发现设备系统或者APP控制被入侵。[5] 消费者的行为习惯,声纹等信息数据上传云计算,也涉及了用户隐私等问题。其次,全屋智能现在市面上的智能家电产品操作复杂,尤其是在互联互通以及单机联网操作等方面。以消费者为中心,简化操作步骤,降低消费者的学习成本的技术创新是未来的发展趋势。最后,环保问题是如今社会最为关注的问题之一。绿色节能是消费者比较关注的一个产品特点,也是各国政府的重要政策导向。同时,绿色节能也为科技创新提出了新的要求。

目前,以海尔的优势产品冰箱以及海信的电视来看,主要的创新集中在产品创新而非工艺创新。因此企业需要吸纳人才,提高科技创新水平,增加发明专利数量。2022年6月,青岛市市场监督管理局在组织青岛市"碳达峰碳中和"高峰学术交流会中,提出了坚持逐步实现碳达峰、碳中和的目标。2023年2月,青岛市"坚定不移推动高质量发展"主题系列发布会中提及七大优势产业链加快向高端化、智能化、绿色化迈进。海尔智家作为青岛市制造业的龙头企业,应积极响应青岛市政府的号召,加强产品在节能方面的技术创新。

青岛市"高端制造业＋人工智能"攻势作战方案(2019—2022)中将高端智能家电创新作为五项攻坚目标中的一项,将做强智能家电、发展智能家电作为具体的攻坚任务。[6]青岛市政府将"海尔 U＋智慧生活"列入开放式智能家居大数据平台建设。海尔智家应积极响应青岛市政府的政策,赢得新一轮科技竞争主动权。

4 "家族化"智能家电打造"工赋青岛·智造强市"的城市品牌

2023年,青岛海尔智家创造了180多个高科技岗位,包括物联网软件研发、算法工程师等。海尔智家解决了将近1500名应届大学生的工作需求。海尔智家为青岛吸纳了大批的优秀人才,解决了大批毕业生的就业问题。并且吸引了许多上游配套企业落户青岛,建造了海尔卡奥斯工业互联网生态园。海尔智家通过自身的优势,为青岛带来了大批的优秀企业落户。

智能家电产业链是青岛在实体经济振兴24条重点产业链中的龙头产业链。岁月沉淀了先进的智能家电行业,承担着青岛打造世界级先进制造业集群的产业梦想,同时也为青岛打造了"工赋青岛·智造强市"的城市品牌。[7]海尔智家近年在青

岛多点布局,通过一系列大项目推动智能家电行业在青岛地区形成更加高端、现代化的产业链。海尔智家即将投产的制造项目带领着配套产业生态的落地,将进一步增强青岛家电制造业的硬实力。

海尔早在1998年就进行了以订单信息流为中心的业务流程再造,在产品生产完成后,不再进入成品仓库,而是直接发往各地,大大降低了运输时间。目前海尔在青岛崂山区、黄岛区以及胶州市设立了三座工业园,建立起物流、商流、资金流三个订单信息处理系统。海尔智家的产业链依托青岛市政府的政策得到了长足的发展。

海尔智家始终围绕产业链布局创新,贴近用户需求,紧跟时代步伐。目前,海尔智家拥有"10＋N"创新生态圈、71个研究院、超过2万名全球研发人员,汇聚全球优秀人才,实现开放式创新。海尔集团在青岛2021年科学技术进步奖上获得了13项荣誉,包括三个一等奖、九个二等奖、一项国际科学技术合作奖,市科技进步奖排名也是全市第一。海尔智家的科技创新为青岛市的实体经济高质量发展提供了推动作用,为青岛市带来了巨大的社会经济效益。青岛市政府对海尔生物医疗股份有限公司提供了高达1639万的补贴,为海尔未来的科技创新提供了坚实的后盾。

2020年,国务院印发关于城镇老旧住宅改造的意见,提出加快老旧街区改造,这将带动老旧住宅居民家电换新。为了提升青岛居民的幸福感和宜居性,由青岛市商务局主办,海尔智能家居联合多家企业启动"全民智能家居升级计划",为青岛市的客户带来补贴,并提供老房子改造、家电更新、全屋改造等服务,让公众更好更快地体验智慧生活的便捷,以刺激市场需求,加快消费回补,促进社会经济发展。享受了青岛政府各项补贴、人才投入等福利,海尔智家作为青岛制造业的领先企业也在不断回馈青岛城市和青岛民生。

海尔智家作为青岛的城市名片,为青岛的就业、经济发展以及为"工赋青岛·智造强市"城市品牌的打造等方面做出了极大的贡献。青岛作为海尔智家的"故乡",为海尔提供了优质的营商环境。青岛市和海尔智家相互扶持、相互成就,共同发展。

5 结语

智能家电行业有非常好的发展前景。企业要

不断创新产品,大力发展家族化智能家电策略。海尔、海信等企业发挥聚集效应,担负起龙头企业的社会责任,构建良好的生态圈和良性竞争氛围,寻找共赢的合作模式以及盈利模式。企业应以消费者为中心,开发安全、绿色、智能的"家族化"智能家电产品,树立"家族化"的品牌形象。在青岛为智能化家电行业的发展提供很好的政策支持以及行业环境的同时,智能化家电也为青岛叫响了"工赋青岛·智造强市"的城市品牌。

参考文献:

[1] 王征,郑刚强,王朝伟,等. 基于"家族化"特征的智能家电产品设计策略[J]. 包装工程,2023,44(2):207-216.

[2] 韩鑫. 2022 年家电行业利润总额同比增长19.9%[N]. 人民日报,2023-02-22(001).

[3] 杨让晨,张家振. 新消费理念引领家电行业恢复性增长[N]. 中国经营报,2023-02-20(B12).

[4] 陈莉. 从单机智能、互联互通到全屋智能——访海尔家电产业集团副总裁兼 CTO 赵峰博士[J]. 电器,2017(12):16-17.

[5] 陈启超. 安全,在智能之前[J]. 电器,2017(10):62-63.

[6] 青岛市"高端制造业＋人工智能"攻势作战方案(2019—2022 年)[N]. 青岛日报,2019-08-09(002).

[7] 杨光. 海尔智家:"链"就世界一流产业集群[N]. 青岛日报,2022-07-31(001).

作者简介:魏晨,青岛工学院助教
联系方式:weichen_china@163.com

一种高速飞行载体专用天线设计

周 航

摘要：本文针对高速飞行载体的使用环境和特点，设计了一种专门适用于高速飞行载体的专用天线。该天线使用北斗 B3 频点，同时对结构和材料进行优化，针对过载设计强度高的铁质贴片符合陶瓷阵子，针对隔热设计特殊隔热天线罩。整体天线抗冲击性能和隔热性能好，并针对相关设计进行了高温、冲击和性能仿真验证。

关键词：飞行载体；北斗 B3；过载；天线

近年来，伴随着北斗卫星导航系统的逐步完善以及北斗三号卫星导航系统的正式开通，卫星导航系统已经成为各种飞行器的重要组成部分，其为飞行器提供位置、速度、姿态、高度等关键数据，保证飞行控制正常。[1]同时，以高速发射技术为代表的，低成本、多任务和高速性能的超高速飞行载体已经成为未来国防、航天和航空工业的主流研究方向，各个强国争相对其进行研究设计。[2]因此，研制一款适用于各种高速飞行载体的专用的卫星导航系统已经成为当今制导控制的主流研究方向。高速飞行载体卫导系统由卫导接收机和天线组成，其中天线与飞行器表面贴合，负责使用过程中的卫星信号接收，天线性能的好坏直接影响卫导系统的性能，继而影响飞行器的精度，而高速飞行载体使用过程中外界环境恶劣复杂，伴随着高过载、高温和复杂电磁环境[3]对天线的影响极大。因此，设计一款能够适应高速飞行载体恶劣环境，且在复杂环境下能够正常使用的天线成为该卫导系统研制的重点和难点。本文以青岛杰瑞自动化有限公司研制的卫星导航接收机为基础，设计一款专用天线，使用北斗三代 B3 频点，满足高速飞行载体使用要求。

1 天线设计

1.1 设计总体思路

针对天线特殊复杂的使用环境，整体设计思路如下所示。

（1）天线类型选择无源天线：内部不设置馈电或低噪声放大器，天线内部无器件，防止强电磁环境导致天线失效。[4-6]

（2）天线采取加强处理，内部设置强化结构强度阵子，对重点受力方向增加强度，同时天线罩设置固定扣板，防止高过载导致天线内部破裂。

（3）天线罩选用耐高温特种材料，内部填充隔热气凝胶，使用特种高温焊锡，保证在天线侧壁高温下内部阵子正常。

天线的辐射是由微带天线导体边缘和地板之间的边缘场产生的，如图 1 所示。矩形微带贴片天线的微带辐射贴片的长度接近于半波长，宽度为 W。通常，辐射贴片与金属地板相距几十分之一个波长，所以该天线具有低轮廓的特点。假定电场沿微带天线的宽度和厚度（h）方向没有变化，电场仅沿约为半波长的贴片长度方向变化。辐射的电场基本上是由贴片开路边缘的边缘场引起的，在两端的场相对于地板可以分解为法向分量和切向分量。因为辐射贴片的长度为 1/2 波长，所以法向电场反相，由它们产生的远区场在正面方向上互相抵消，平行于地板的切向分量同相。因此，合成场增强，从而使垂直于结构表面方向上的辐射场最强。

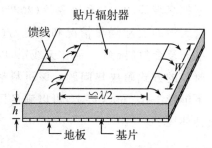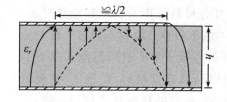

图 1　微带天线的示意图

矩形微带天线的设计分为如下几个步骤。

（1）贴片宽度的选取。对于微带天线的设计，首先要选择适当的介质基板厚度。设接收频率为 f_0，其基板的介电常数为 ε_r，光速为 c，则矩形微带天线单元的宽度可计算为

$$W = \frac{c}{2f_0} \left(\frac{\varepsilon_r + 1}{2} \right)^{\frac{1}{2}}$$

（2）单元长度。设线伸长为 Δl，则矩形微带天线的谐振长度 L 为

$$L = \frac{c}{2f_0 \sqrt{\varepsilon_r}} - 2\Delta l$$

式中，ε_r 为等效介电常数。

（3）频带宽度。设馈线的电压驻波比 VSWR 小于 S，则频带宽度为

$$B_w = \frac{S-1}{Q_T \sqrt{S}}$$

式中，S 为小于电压给定值驻波比的范围，Q_T 为天线的品质因数。

（4）方向系数：

$$D = \frac{4w^2 \pi^2}{I_1 \lambda_0^2}$$

式中，w 代表弧度，I_1 代表波长。

基于以上理论，根据天线的实际使用情况，对天线进行合理的选型，满足高速飞行载体的使用要求。

1.2 天线外形设计

按照普通飞行载体外形进行设计，天线设计结构如图 2 所示。

图 2　天线外形示意图

如图 3 所示，从上至下分别为天线罩、上扣板、气凝胶、阵子和底板，通过以上设计，扣板可以紧紧扣住天线罩，压住内部产品，保证结构坚固。

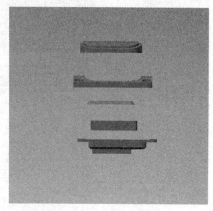

图 3　天线分组示意图

1.3 天线阵元设计

考虑到天线受到冲击后需要正常工作，天线阵子使用抗高温复合陶瓷阵子并加以固定螺纹胶和高温焊锡辅助。结合上文分析的天线特性，决定使用体积适中和重量小的，在导体接地板的介质基片上贴加导体薄片微带天线；结合切 U 槽、割缝隙、使用磁电复合基板、加载寄生贴片、组阵和优化顶层介质基板的方式增加天线带宽，提高性能。基于江雄等（2022）的研究[7]，结合飞行器实际使用环境，天线设计为复合陶瓷材料微带天线。

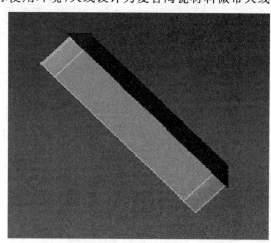

图 4　阵子三维图

1.4 天线隔热设计

隔热选用复合材料制作天线罩和隔热材质。复合材料是指不低于两种材质以不同方式组合成的材料,这种材料克服了单一材质脆度和屈服强度等指标弱的情况,具有重量轻,比强度、比模量高,加工成型方便,耐腐蚀性能强等优异性能。[8]

根据李斌等(2006)和陈攀等(2022)的研究[9-10],结合天线的实际隔热情况和温度,选用改性石英玻璃布复合材料(图5)制作天线罩,内部填充隔热气凝胶的方式解决热问题。该材料最高可在400℃下继续工作160 s以上,可以满足目前较多的飞行器使用。

图5　改性石英玻璃布复合材料

2　验证与仿真

2.1 天线高温验证

按照"1 天线设计"中所提内容,制作一只简易B3频点天线。天线采用改性石英玻璃布复合材料作为天线罩,下部覆盖微带复合陶瓷天线阵子,使用隔热材料填充。天线罩内部设置温度传感器。使用喷枪对天线罩进行烘烤,记录温度传感器数据,使用红外温度测温枪对天线罩外部测温,并对天线进行收星测试,观察其隔热效果。测试结果如表1所示。

表1　天线高温测试结果

加热时间/min	天线罩表面温度/℃	阵子温度/℃	收星数	信噪比
5	214	32	11	41—50
10	300	40	11	39—49
15	380	55	11	39—47
20	410	63	11—12	39—48
25	483	78	12	39—48
30	490	85	12	36—47
35	477	80	11	39—50
40	460	77	12	39—48

通过隔热测试可见,在使用喷枪对天线罩进行持续 40 min 加热时,天线在最高温度 460℃左右,阵子温度在 80℃左右。此时,天线依然可以正常工作,信噪比不受影响。该材质天线罩和阵子完全可以满足实际的使用要求。

2.2 天线冲击验证

针对天线的抗冲击性能,模拟天线随飞行器冲击后是否正常工作,对天线进行冲击试验。将天线放置于特定工装上,进行轴向冲击,每次冲击后进行收星测试,判断其性能。冲击结果如表 2 所示。

表 2　冲击结果

序号	冲击量级/g	冲击方向	实际击量级/g	脉宽	高度/cm	收星数
1	1000		897	0.10	1050	11
2	1000		1033	0.10	1050	12
3	3000		3024	0.09	1050	11
4	3000	X 向	2988	0.08	1250	12
5	6000		6133	0.08	1250	11
6	6000		6409	0.08	1270	11
7	7000		6906	0.05	1230	12
8	7000		7127	0.05	1230	13

从 8 次冲击上来看,加大飞行器过载考核难度,并配合多次冲击,天线室外收星依然正常,可见其抗过载设计复合要求。

2.3 B3 频点天线性能仿真

我们针对设计的天线进行天线性能测试:使用基于 ANSOFT HFSS 软件对天线进行仿真,仿真模型外壁如图 6 所示。

图 6　模拟飞行器外壁

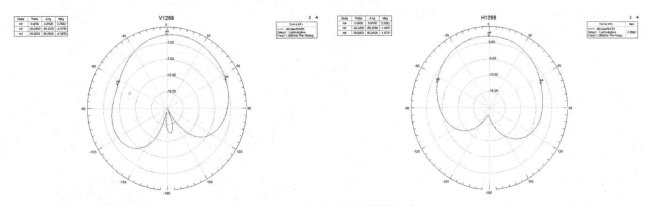

图 7　B3 频点水平与垂直面增益方向图

经以上仿真可知，B3 天线完全满足正常飞行器用天线的使用要求，其增益复合正常天线标准。

由图 8 仿真结果可见，B3 天线驻波满足正常飞行器用天线使用要求，其增益符合正常天线标准。

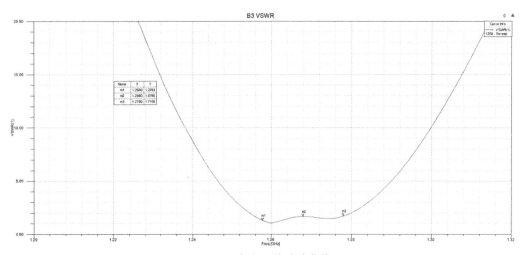

图 8　B3 频点天线驻波曲线

3　结论

本文针对高速飞行载体的特性设计了一种专用天线。该天线使用北斗 B3 频点，可拓展性强；天线采用隔热天线罩，内部设计为铁质贴片符合陶瓷阵子，抗冲击性能和隔热性能好。笔者针对天线进行了高温、冲击和性能仿真验证，结果符合使用要求，其性能优良，验证了该天线设计的合理性和可靠性，有很好的发展前景。

参考文献：

[1] 高书亮，段鹏飞，樊思思，等.面向失锁在线补偿的高超声速飞行器组合导航方法研究[J].航空科学技术，2023.34(2):19-25.

[2] 刘永战，冯阳，李莳.北斗定位导航技术的应用及展望[J].数字技术与应用，2022,40(7):18-20.

[3] 马伟明，鲁军勇.电磁发射技术[J].国防科技大学学报，2016,38(6):1-5.

[4] Fein G. Navy sets new world record with electromagnetic railgun demonstration[EB/OL].[2016-04-01].http://www.navy.mil/submit/display.asp?story_id=57690.

[5] Sun S Y, Zhu H M, Song X, et al. Study of developing naval gun guided ammunition [J]. Fire Control & Command Control. 2016,41(12):1-4.

[6] Behnam G, Nima G. Reconfigurable antennas: quantifying payoffs for pattern, frequency, andpolarisation reconfiguration [J]. IET Microwaves, Antennas & Propagation,2020,14(3):149-153.

[7] 江雄，毛春见，孔桂清.玻璃钢天线弯曲破坏分析与改进[J].电子机械工程，2022,4(33):31-34.

[8] 李斌，张长瑞，曹峰，等.高超音速导弹天线罩设计与制备中的关键问题分析[J].科技导报，2006,24(8):24-31.

[9] 陈攀，李高升.基于铁氧体的宽带高增益微带天线设计[J].中国舰船研究，2022,8(16):134-138.

作者简介：周航，青岛杰瑞自动化有限公司工程师

联系方式：1123830050@qq.com

一种无人船导航系统的设计与研究

孟庆虎

摘要：导航系统是无人船实现自主无人化的核心组成部分，借助于高精度定位技术和实时高频导航技术，无人船导航系统可为无人船提供高准确性、高可靠性的导航数据，协助无人船执行自主航行、障碍避碰、水文信息采集等任务。本文详述了一种无人船导航系统的设计方案，介绍了导航系统的主要功能、硬件组成配置、软件功能组成以及软硬件设计实现等。该导航系统可为无人船提供航速、航向、位置、姿态、气象及水文等信息，并能实现北斗卫星导航系统短报文通信及时间基准标定等功能。

关键词：无人船；导航；GPS；BD

无人船技术一直受到各国船舶行业的重视，与传统船舶相比，它在降低人员安全风险、减少运输成本、提高机动性、提高运输效率等方面有着巨大的优势，而无人船导航系统则是舰船的核心部分，为无人船提供重要的决策信息。本文介绍的无人船导航系统集成了多种各导航及测量设备，可向无人船提供航向、航速、姿态、位置和授时信息，相邻船只的航向、航速、位置等航行状态信息，当前水域的风速等气象信息，协助无人船完成航控、导航、避碰等功能。

1 系统功能

导航系统可实现高精度 GPS/GLONASS 定位、北斗定位及惯导组合定位，三种定位方式互融互补，确保定位结果可靠，输出 GPS 星历信息；利用陀螺激光惯导设备测量船只的航向、航速、角速度、姿态等信息；通过船载自动识别设备（AIS）提供船只周围船只的位置、航速、航向等信息，为船只提供有效的避碰撞手段；提供气温、风向、风速等气象信息；用北斗卫星导航系统短报文功能，实现船只与岸基指挥中心之间的双向信息传输；实时提供时间基准。

2 导航系统硬件组成与配置

导航系统组成框图如图 1 所示，主要由 GPS 定位设备、基本型北斗用户机（艇载及岸基）、气象仪、船载自动识别系统、惯导及加固计算机组成。

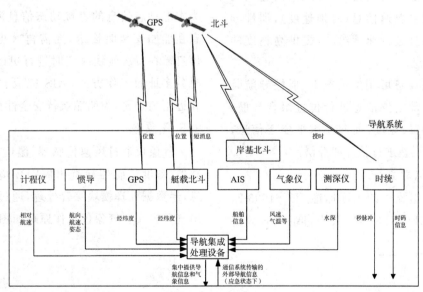

图 1 系统组成框图

2.1 基本型北斗用户机

基本型北斗用户机主要为导航系统提供北斗定位数据以及短报文收发功能。它主要由北斗天线、主机、交流适配器以及配套电缆等附件组成，其中主机包括北斗模块、控制模块、加解密模块（由用户申领）、电源模块组成，北斗用户机内部北斗模块通过 S 频点接收短报文，L 频点、B3 频点接收北斗导航系统定位信号，由控制模块控制接收数据，将数据传输给北斗模块，由北斗模块加密，通过 L 频点发送。

2.2 GPS 定位设备

GPS 定位设备为导航系统提供 GPS 定位数据，它内部由电源模块、通信模块、控制模块、接收机模块组成。电源模块为各部分供电，接收机模块通过 GPS 天线接收卫星信号，解算得到定位数据，传输给控制模块，控制模块组织报文通过通信模块输出。同时控制模块可以接收通过通信模块输入的用户控制命令，解析控制命令后，对接收机模块进行配置更改。

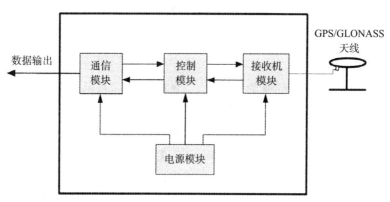

图 2　GPS 定位设备原理示图

2.3 惯导

惯性导航装置采用激光陀螺捷联惯导方案，通过采集惯性器件输出的角速度和加速度信息，经导航计算机捷联解算和组合导航，实时输出无人航行器的位置、速度、航向、纵横摇和姿态变化率等导航信息。

速度测量设备（多普勒计程仪）实时、连续向惯性导航装置提供航速信息（对地速度），惯性导航装置利用该信息进行速度组合，提供高精度的自主导航定位信息。

在卫星导航设备可用的情况下，惯性导航装置利用精确的外部定位信息进行位置组合导航，提供更精确的位置、速度、航向及水平姿态信息，同时对惯性器件误差进行估计和补偿。

2.4 船载自动识别系统

AIS 设备根据统一的国际标准 IEC61993-2、ITU RM.1371、IEC61162 等，利用自组织时分多址的信道通信方式在 VHF 链路上实现船舶动态、静态信息的自动接收而不需人工介入。AIS 通过内置 GPS 获得直接同步信号，并在失去直接同步方式时可以同步于其他同步源，以此来保证整个 AIS 系统的时隙分配，避免冲突。AIS 具有多路传感器输入接口，可接收 0183 标准格式 RMC、HDT、ROT 等语句，并将其解包进行数据处理，成为本船动态信息的直接动态信息源。AIS 静态信息在船舶安装时设定，无需再次更改。AIS 航行信息需在每次航线改变时进行更改。利用自组织时分多址的工作方式，AIS 完成自动的信息交互和近距离告警，为船舶航行安全性提供更大保障。

2.5 气象仪

气象仪通过风速传感器、温度传感器、压力传感器、湿度传感器检查出周围环境相应的气象信息，经数据处理模块综合处理，通过 RS422 串口输出气象报文。气象仪工作原理如图 3 所示。

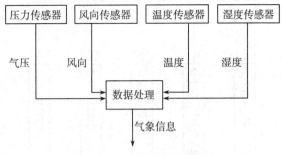

图 3　气象仪工作原理图

3　导航系统硬件组成与配置

3.1　软件主要功能

导航系统内设备信息种类繁杂且数量众多，为了保证整个系统的实时性及可靠性，导航信息集成处理软件采用 VxWorks 系统作为运行平台，对于不同的设备信息根据时效性及重要性配置不同的运行处理级别，优先处理 GNSS 及惯导等高数据输出率高时效性的导航数据，而对于其他数据配置较低的优先级。导航信息集成处理软件从串口接收处理导航系统内各设备的原始数据，对于 GNSS 数据进行解码融合处理，输出定位及时间数据，系统控制模块将该数据组织成报文后通过串口模块发送给惯导，同时系统控制模块也会将 GNSS 数据及其他原始数据组织成报文通过网络模块发送给指控中心。集成处理软件中还包含状态监控模块，用于查询监控各设备的工作状态。导航信息集成处理软件主要完成导航系统信息数据及控制指令的信息接入、GNSS 数据的融合解算处理、各设备状态监控、导航报文组织发送等功能。导航信息集成处理软件在保证各项功能的基础上，根据数据接入种类、报文输出信息、数据处理方式等，进行任务划分及任务调度，以保证信息处理的实时性及可靠性。导航系统主要流程图如图 4 所示。

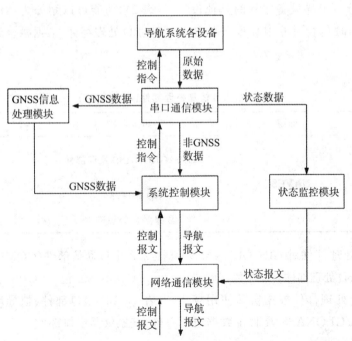

图 4　导航系统软件原理图

3.2　导航系统集成处理软件组成

导航系统软件主要由系统控制模块、GNSS 信息处理模块、串口通信模块、网络通信模块和状态监控模块组成，如图 5 所示。

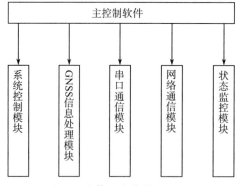

图 5　导航系统软件原理图

3.2.1 系统控制部件（NAVCSC）

NAVCSC 是导航系统的控制部件模块（表

1)，功能可以划分为 GNSS 数据控制、非 GNSS 数据控制。

表 1　控制部件（NAVCSC）

名称	标识	组成名称	组成标识
控制部件	NAVCSC	非 GNSS 数据控制	NONGNSSCtl
		GNSS 数据控制	GNSSCtl

GNSS 数据控制部件分析卫导数据并组织报文，同时负责对卫导设备的初始化及控制操作；非 GNSS 数据控制部件分析卫导设备之外的其他设备数据并组织报文，同时负责对非卫导设备的初始化及控制操作。

3.2.2 GNSS 信息处理部件（GNSSCSC）

GNSSCSC 是导航系统的卫导数据处理部件（表2），功能可以划分为 GPS/GLONASS 处理部件、BD 处理部件、数据融合处理部件等。

表 2　GNSS 信息处理部件（GNSSCSC）

名称	标识	组成名称	组成标识
GNSS 信息处理部件	NAVCSC	GPS/GLONASS 处理部件	GPSPROC
		BD 处理部件	BDPROC
		数据融合处理部件	INTROPROC

GPS/GLONASS 处理部件对 GPS/GLONASS 数据解码及数据处理，BD 处理部件对北斗数据解码及数据处理，数据融合处理部件根据实际使用场景及用户需求对 GPS/GLONASS 及北斗数据进行融合处理。

3.2.3 串口通信部件（COMCSC）

COMCSC 包含 GPS/GLONASS 串口部件（表3）、BD 串口部件、惯导串口部件、AIS 串口部件、气象仪器串口部件。

表 3　串口通信部件(COMCSC)

名称	标识	组成名称	组成标识
串口通信部件	COMCSC	GPS/GLONASS 串口部件	GPSCOM\
		BD 串口部件	BDCOM
		惯导串口部件	IMUCOM
		AIS 串口部件	AISCOM
		气象仪器串口部件	CLTCOM

　　GPS/GLONASS 串口部件实现加固机与 GPS/GLONASS 定位设备之间的串口数据通信;BD 串口部件实现加固机与基本型北斗用户机之间的串口数据通信;惯导串口部件实现加固机与惯导之间的串口数据通信;AIS 串口部件实现加固机与船载自动识别系统之间的串口数据通信;气象仪串口部件实现加固机与气象仪之间的串口数据通信。

3.2.4 网络通信部件(NETCSC)

　　网络通信部件将最终的数据报文通过网络发送给船内其他设备。

3.2.5 状态监控模块(STACSC)

　　状态监控模块查询各个设备的工作状态,并将状态以网络报文的方式发送给指控中心。

4　结束语

　　无人船导航系统包含卫导、惯导、气象等多种设备,可为航控和指控系统需要实时准确航向、姿态、航速及风速、气温等必要的海洋环境等信息,为船只自动航行、避障、水文气象探测等任务提供基础保障工作。

参考文献:

[1]张守信.GPS 技术与应用[M].北京:国防工业出版社,2004.

[2]曾庆喜.GPS 软件接收机信号处理关键技术研究[J].仪器仪表学报,2009,29(12):34-40.

[3]方鹏.GPS/INS 组合导航与定位系统研究[D].上海:同济大学,2008.

[4]李凯峰,陆秀平.基于 GPS 精密单点定位技术的水深测量[J].海洋测绘,2009,29(6):2-8.

[5]彭琳,周兴华.海洋测绘中船体姿态改正的误差分析[J].海洋通报,2007,26(1):29-34.

[6]梁邵阳.无人船测量系统在水库地形测量中的应用[J].程式勘测,2018,14(3):56-61.

作者简介:孟庆虎,青岛杰瑞自动化有限公司工程师
联系方式:3114268773@qq.com

海关实验室服务国际贸易便利化措施研究

车立志　张　涛　管　嵩

摘要：结合海关实验室的特点和优势，分析影响国际贸易便利的关键因素，找准影响口岸通关便利的堵点难点和薄弱环节，针对性地提出以下建议：加强实验室能力建设，提升技术把关效能；强化内部流程管控，加快数字改造提升；密切政企沟通交流，提供优质技术服务；深化国际交流合作，推动标准结果互认等改进方向和服务国际贸易便利措施。

关键词：海关；实验室；国际贸易；措施

受贸易保护主义抬头、科技竞争全面展开等因素影响，我国现代化经济发展面临严峻挑战，尤其是产业链、供应链体系严重受阻，迫切需要优化调整和支持扶持。海关作为国内国际双循环的"交汇枢纽"，在服务高质量发展、促进高水平开放等方面承担着重要职能。海关实验室作为重要技术的支撑，在政策研究、标准研判、科技研发、人才培养等方面具有明显优势，尤其是经过几十年的"实战"磨炼，在应对技术贸易壁垒、服务口岸通关便利化等方面积累了大量经验。发挥自身优势，加强技术创新、资源配置、国际合作等机制和措施研究，将为协同推进内外贸协调发展，推动国际贸易便利化提供有效路径。

1　正确认识海关实验室的作用

1.1　技术把关作用

国际贸易中可能涉及口岸卫生安全、国门生物安全、食品安全、质量安全，以及涉税商品归类化验、属性鉴别等关键因素和技术指标，都要通过海关实验室进行检疫、检测、化验、鉴定、鉴别等专业技术把关工作，其检测结果、鉴别结论直接影响海关监管执法，与国际贸易密切相关，既是法律赋予的职能职责，也是彰显技术实力、保障国门安全、维护贸易秩序的具体体现和重要手段。如：青岛海关技术中心近3年研发高效鉴定检测方法20余项，鉴定濒危物种200余批，检出固体废物300余批，协助查发走私骗税情事30余起。

1.2　技术服务作用

海关实验室经过长期的工作实践，对国际国内专业技术规范和标准体系的研究更加深入、更加全面、更加具体，在技术贸易壁垒应对和国际国内标准体系差异化分析等方面具有明显优势，能够为进出口企业提供更加专业、更加契合、更加实用的技术培训、咨询和指导服务，一定程度上也受到地方政府和行业协会的高度认可和大力支持，尤其是在参与地方公共检测技术服务平台建设，推动国内区域化经济发展和质量安全提升等方面，提供了有力支撑，发挥了重要作用。如：青岛海关技术中心多次帮助辖区出口企业妥善应对输欧、输日等的食品安全相关技术贸易壁垒事件；助推山东花生输欧时不再强制要求随附官方《健康证书》并降低抽检比例；为婴儿配方奶粉生产企业提供稳定性试验、国际标准全项目检测等研发、验证技术服务，有效助力产品升级；取得日本、韩国、印度尼西亚等官方实验室认可，探索开展"前置检测"服务，推动结果互认、促进通关便利，其工作案例被山东省人民政府和国家市场监管总局发文表彰。

1.3　技术引领作用

技术是推动实验室高质量发展的核心，是推动经济和社会可持续发展的关键。海关实验室始终以守护国门安全为己任，紧盯国际前沿课题和检测技术，在疫病疫情监测和质量风险防控方面承担大量专项课题研究，同时还在商品种类繁杂、属性鉴定难度大、检疫鉴定时间紧急等情况下，加强科技攻关，摸索制定更加严谨、细致、高效的检测、鉴别、化验方法，进而输出大量卓有成效的理论分析和技术成果。如：青岛海关技术中心近3年主持完成各类科研项目40余项，制定并发布ISO

国际标准1项、国家标准6项、行业标准17项,获得省部级科技奖励13项,在维护国门质量安全的同时,对于带动国内企业加强技术标准研究、提升产品研发能力、完善质量保障体系、深化国际交流合作等起到了很好的引领作用。

2　找准影响国际贸易便利的因素

随着国际贸易形势的持续演变,全球产业链、供应链、价值链可能面临断裂风险。据有关数据分析发现贸易便利化水平成为影响全球贸易和国际竞争力的突出因素。站在海关实验室的角度分析,影响国际贸易便利的因素主要体现在以下三个方面。

2.1　实验室检测周期直接影响通关时效和成本

海关实验室在样品传递、项目设定、结果输出等方面,与第三方检测机构具有明显差异,甚至个别实验室内部存在一些管理模式僵化、效率偏低等问题。如:海关实验室对样品实施检测是严格按照具体的检测方法标准执行的,每个检测项目都需要不同的试验过程,也必然需要一定的检测周期,通常包括受理报检、样品处理、样品测试、结果计算、出具检测报告、审核签发检测报告等多个步骤和流程。送至海关实验室的样品检测项目又是根据布控指令或监控计划来确定的,而且每个项目的检测时长与实验室的仪器设备和人员配备情况密切相关,从而导致海关实验室的检测周期整体偏长且难以确定,进而导致口岸通关时间难以控制,有时还会增加通关成本。这与快速发展的经济形势和国内国际双循环的发展趋势不相适应,亟需优化完善。

2.2　疫病疫情和安全风险抬升实验室检测比例

近年来,国际贸易带来的国门生物安全、粮食安全、环境安全风险陡增,国内生态环境、物种多样性等都受到严重影响,必然要加大检疫查验力度和实验室送检比例,从而导致口岸海关的实验室检测压力猛增,检测周期也相应拉长。如:青岛海关技术中心近3年食品、农产品法定检测项目数持续上涨,平均每年同比增长50%以上,相关实验室长期处于超饱和状态,严重影响实验室的检测周期。

2.3　国际国内标准体系差异影响结果互认进程

目前,我国标准和合格评定程序在国际上的应用范围和认可程度,与中国制造和中国产品的国际地位还不匹配,国内诸多标准还未获得国际认可。如:中国作为原材料进口最多的国家,但数十年来在煤炭、原油、铁矿砂、有色金属、粮食等大宗产品的贸易合同中,一直沿用原产地标准,而我国标准并没有被同等采用。当国际形势发生变化,由于判定标准不同而经常造成贸易纠纷,而且不同国家之间难以实现结果互认。国家有关职能部门应从国际层面考虑,深入研究标准互认,加快推动实施进度。同时,海关实验室也应发挥技术优势、提供技术支持,参与国际贸易谈判,为国内企业"站台""助威"。

3　优化海关实验室服务国际贸易便利的路径

3.1　加强实验室能力建设,提升技术把关效能

海关实验室的技术保障职能主要体现在检疫、检测、化验和鉴定等方面。只有加强政策研究,准确捕捉信息,才能适时调整发展方向,在技术保障工作中赢取主动。一是优化实验室布局,构建高质量实验室协同配合体系。加强实验室建设的顶层设计,提升中心实验室、区域实验室、内部实验室的协同配合能力,重点对动物疫病、植物疫情、外来物种、食品安全风险因子、涉税化验、固废鉴定、敏感商品质量安全等,开展专项检测技术和方法研究,持续提升技术壁垒应对的话语权和结果判定的精准度,着力解决执法一线和实验室检疫检测技术难题和热点问题。二是加强快速检测技术研究,提升实验室信息化建设水平。围绕海关监管执法和地方科技创新需求,以关键技术突破、创新产品研发和创新成果转化为重点,加强合作、联合攻关,积极争取海关系统和地方政府科研项目,重点开发快速检测方法,推进科研成果转化,充分运用信息化手段,强化检测数据统计、分析和预警功能,优化实验室检测流程,提升实验室检测工作效率。三是强化专业技术人才培养,严格实验室工作质量管控。发挥学科带头人、专家骨干作用,组建科研团队,开展专项人才培训和全员科技培训,培养一批在全国系统有知名度的业

务技术一体化专家。四是加强数据分析和结果应用，为海关科学监管提供数据支撑。充分利用质量安全风险监测点、风险验证评价实验室等资质和平台，广泛搜集信息，准确分析研判，为科学设置布控指令、准确界定判别标准奠定基础。

3.2 强化内部流程管控，加快数字改造提升

随着技术手段的不断进步和外贸经济的迫切需要，海关实验室的数字化智能化改造已是迫在眉睫，尤其在设备数字化改造和流程智能化管控等方面亟须加快进度，着力解决监管执法一线与实验室检测的堵点、难点问题的同时，为外贸企业提供更加便捷的数字化服务。一是推动海关执法监管系统向实验室延伸。基于数据分析、智能审图的海关执法监管系统在口岸通关过程中发挥着重要作用，但与海关实验室管理系统尚未实现有效对接，实验室管理仍为"体外循环"，样品传递、流程监控、结果查询等尚未实现数字化管理，导致沟通成本增加，"顾客"满意度降低。二是加快实验室检测设备的数字化改造。受工作原理、数据类别、判定依据等差异影响，实验室检疫检测设备输出的结果可谓千差万别，有的是图像、有的是数字，有的还要肉眼识别、人工判定，这就造成了实验室数字化管理非常困难。但实践证明，数字化改造是科学管理、有效管理的唯一路径。只有统一数据标准、规范数据类别，才能为不同学科、不同原理的检测设备向数字化方向改造奠定基础[1]，才能有效组织和管理这些数据，为实现实验室的数字化管理所用。三是加快搭建智能化实验室管理平台。具有一定规模的海关实验室通常都涉及十几个业务领域，检测项目更是数以万计，单靠人工传递和信息传输，远远不能满足科学识别、准确检测、快速通关的需要，亟需从"人、机、料、法、环"等维度出发，充分利用物联网、大数据、云计算等数字化技术[2]，构建智能化实验室管理系统，实现对人员、安全、环境、设备、物品的全方位管理，协助实验室合理配置资源、优化流程管控、提升管理效能。

3.3 密切政企沟通交流，提供优质技术服务

海关实验室应发挥技术优势，加强与地方政府和外贸企业的沟通交流，尤其要深化与市场监管、商务等部门的沟通交流，积极拓展教育培训、标准讲解、认证咨询等业务，引导有关企业用足用

好关税优惠政策，妥善应对国外技术贸易壁垒。一是加快培育拳头技术，助力我国产品出口。海关实验室应联合外贸企业加强技术攻关，实现产学研有机结合，开拓能力验证、标准样品、质控样品等高附加值检测业务，并在共建"一带一路"倡议、RCEP等框架下，帮助外贸企业加强技术性贸易措施研究和应对，助力更多产品走出国门。二是加强标准差异化分析研究，为国际国内产品交流互通提供技术支撑。重点加强国内市场规则和国际标准对接，引导企业按照国际国内标准和质量要求，生产既能出口又能内销的产品，有效促进内外贸一体化发展。三是深化与隶属海关合作交流，共同创新监管模式、优化检测流程、开拓延伸服务，推动进出口大宗资源性商品快速通关。四是深化权威检测机构合作，共同成立行业协会、组建检测联盟，不断开创新思路、构建新模式、拓宽新领域，助力特色产业发展。

3.4 深化国际交流合作，推动标准结果互认

多边互认是目前国际认可活动的主推项目，促进国际贸易便利化，更好地服务双循环，就是要做到"一次检测、一次认证、全球接受"。目前，国际认可论坛和国际实验室认可组织已经建立了20余项国际互认制度，CNAS是其中绝大多数制度的签署单位。海关实验室都是经过CNAS认可的权威检测机构，推动标准和结果互认更是责无旁贷。一是结合区位资源优势、城市发展战略、国际贸易特点，通过推动国际政府间协议合作、重点行业合作、权威机构合作等方式方法，加强技术谈判与利益协商，积极推进全球检验检测与认证认可领域制度、政策及标准的统一和结果互认进程，推动检验检测认证数据平台建设。[3]二是结合所在关区实际和产业特色，结合标准和结果互认协议签订情况，针对性地制定支持措施，优先安排现场检验和实验室检测，对已获取第三方认证资质或者检测报告的，凭进口商质量安全自我声明，简化实验室检测项目。三是充分利用合格评定程序，参考体系认证结果，支持农产品、食品企业扩大国际市场，根据贸易伙伴国的入境限制、检疫、隔离等要求，指导企业提前谋划、妥善应对技术性贸易措施，有效维护国门安全、促进互联互通、提升贸易便利化水平。四是海关实验室应充分挖掘历史检测数据和判定结果，紧密结合国际标准和我国

强制性标准要求,加强技术研究、提供有力证据,大力推动我国标准"走出去",助力我国企业赢得贸易主动权。

4　结语

当前和今后一段时期,中国经济发展仍处于重要战略机遇期。海关实验室要积极融入全球经济发展大局,加强国际贸易和流通机制研究,积极采取更加有效措施,持续优化流程管理体系,为畅通国内国际双循环、健全产业链供应链做出更多贡献。

参考文献:

[1] 王文生.浅议大数据在进口铁矿煤炭检验中的应用[J].智能城市,2019,5(15):197-198.

[2] 管嵩.进口矿产品检测数据分析系统的研究与应用[J].检验检疫学刊,2013,23(6):20-23.

[3] 朱文璇.中国国家标准在上海合作组织及"一带一路"国家中国际化建设的探索和思考[C]//中国标准化协会.第十七届中国标准化论坛论文集,北京:中国标准化协会,2020,328-331.

作者简介:车立志,青岛海关技术中心,高级工程师,办公室副主任

联系方式:chelizhi330@163.com

基于青岛公交集团传统收胆方式的改革

杨希龙　孙　锐　王晓晓

摘要：为进一步提升驾驶员收银过程效率，实现高效收银、规范管理的目标，本文的研究利用先进、灵活的数据网络技术，实现收银一体化运作、管理、监控和服务，与原有收银系统无缝对接，提升了智能收银系统的管理效率和运营效益。智能收胆系统基于 CPU 卡锁投币机，其主要特点是改变传统的公交收银员收胆模式，由司机自行收胆取代专职收胆员收胆，为青岛公交集团运营提供了新的思路和管理方式。

关键词：自助收银；智能收胆；收银柜；票胆

随着公共交通的发展，传统公交收银存在的问题越来越明显。在收胆、票胆存储、运胆、点钞各环节，无法实时监控票胆的流转过程，存在票胆存款丢失问题；在公交场站需要配置专职的收胆员，在点钞大厅需要配备专门的录入员，导致人力成本高；从运营车辆到清算大厅，都需清点单、交接单等纸质账单，收银过程信息化低，整个过程监管滞后，不便于及时发现问题，信息流转速率低；传统现金点钞任务量烦琐，工作量繁多，劳动强度大。

1　技术应用

本研究内容包括司机自助收银柜、智能投币机、币胆、点钞终端、复核终端、点钞信息公告屏、智慧收银系统后台等。

司机自助收银：驾驶员将车辆开到电子围栏区域，收银柜与投币机握手定位信息，同时识别车辆是否为本场站登记车辆，自助收银柜采用先进的指纹生物识别算法及 IC 卡验证模式实现驾驶员身份基本校验比对，由于指纹具有唯一性，可以确保驾驶员身份验证正确。驾驶员可通过自助收银柜取出空胆，放入实胆。在上述操作过程中，自助收银柜记录驾驶员操作的时间限制，超时操作系统会记录并通过声光报警的形式提醒。系统会记录操作人的姓名、时间、地点等信息，极大提升了收银系统的安全性。

自助收银柜采用 1080P 高清 15.6 英寸数字液晶屏，画面实时指示收银柜内的单元币胆箱状态（空胆、实胆、无胆），配有电容触摸屏及状态指导灯。

无须编号的币胆：为了使所有币胆通用，无须人工编号或放入封签单，采用电子编码币胆，记录车辆等信息。

点钞过程的信息化与数据化：点钞员与复核员通过点钞终端进行信息传递，点钞员点钞的数据通过点钞终端实时上传到后台，并对复核数据进行比对，提示点钞出错具体详情，无须人工计算与人工核对，极大提升了工作效率。

整个系统的设备通过网络与后台进行数据连接，实现收银数据与点钞数据的信息化处理，并且在多个环节实现了数据监控和分析：点钞员数据出错时，可以通过数据分析，系统提示出错的大概率车辆；币胆损坏时，可以通过数据分析，系统提示出币胆的所属于车辆。这极大提高了整个公交收银系统的数字化程度。

该系统可与现有的其他系统进行数据对接，可实现更多智能化的功能和业务。

2　达到效果

目前青岛公交集团 40 个场站 151 多条线路已全部推广应用智能收胆，每个场站减少 6～8 名专职收胆员岗位，利用智能收胆系统实时监管票胆流转过程，做到精细化管理，每个流转环节责任到人，精准管控时间；利用系统分析掌握收胆点钞数据，为基层、管理层日常工作开展提供便利，提高工作效率，为驾驶员减少排队收胆工作等待时间；智能收胆系统年度收胆情况分析为企业高层决策提供了科学依据。

青岛公交集团利用智能收胆系统实现了降低人力成本的目标，节约专职收胆员人力成本

100%,每年节约成本约3600万元;智能收胆信息化代替传统的纸质单据投入,每年减少3.9吨碳排放量,达到绿色可持续发展的目的。

柜支持刷卡与指纹验证,收银设备还有高分辨率带触摸功能的液晶屏,支持钥匙的存取功能,同时还有声光报警功能。

3 收银设备基本功能介绍

如图1所示,每个主柜及副柜都有16个单元

图1 收银柜介绍

币胆指示灯状态说明:红色,空箱(无币胆);绿色,实胆;橙色,空胆。钥匙指示灯状态说明:红色,无钥匙;绿色,钥匙到位;橙色,收银卡到位。

3.1 收银柜主页

收银柜将在报警信息显示区域(图2)显示报

警信息,多条报警信息将轮播显示。报警信息包含以下几种:① 长时间未关闭箱门;② 司机取走钥匙后长时间未归还钥匙;③ 司机取出空胆后长时间未放入实胆。

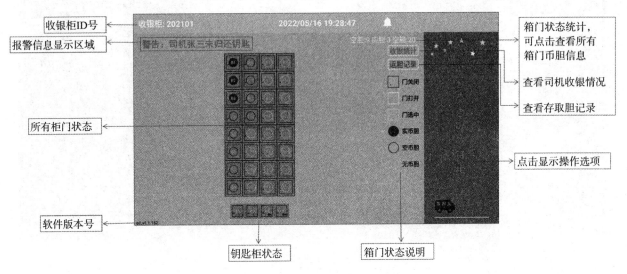

图2 收银柜主页

3.2 收银记录查看

在触摸屏主页点击(收银统计),可以看到所

有车辆收银统计信息(图3):线路号、自编号和最近一次收银时间/未收银。

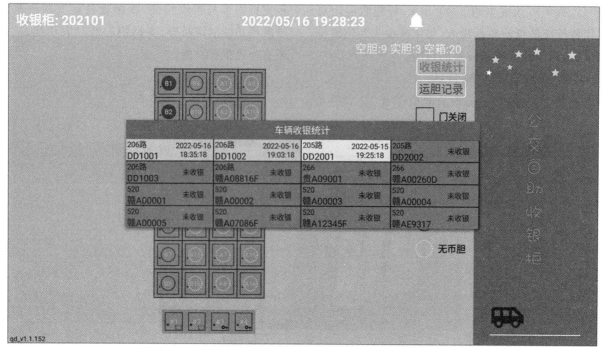

图 3　车辆收银统计

3.3 运胆记录查看

查看运胆记录在触摸屏主页点击（运胆记录）

（图 4），可以查看某一天押运员放入的空胆数量和取走的实胆数量。

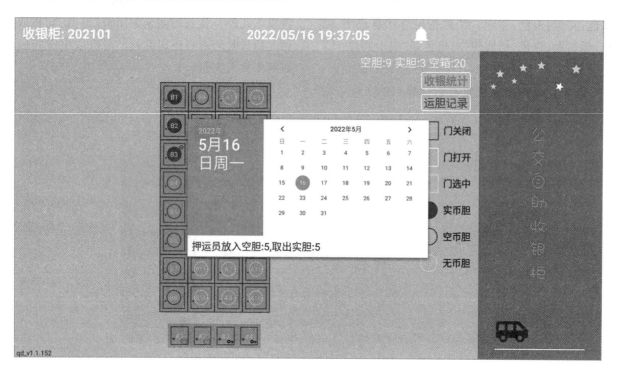

图 4　运胆记录

3.4 收银柜门打开

在主页点击右侧蓝色区域，调出操作选项。选中开门（图 5）：可以选择使用单选或多选的方式，点击要打开的箱门选中它，然后刷卡验证通过后就会打开已经选中的柜门。批量开门可以选择要打开的箱门类别和数量，然后刷卡通过后就会打开。

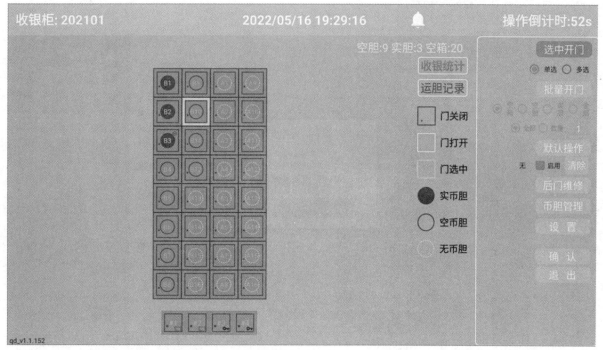

图 5　收银柜门打开

3.5 币胆管理

① 点击首页右侧蓝色区域调出操作选项,点击"币胆管理",刷卡验证通过后进入"币胆管理"页面(图 6)。② 根据提示步骤完成操作。

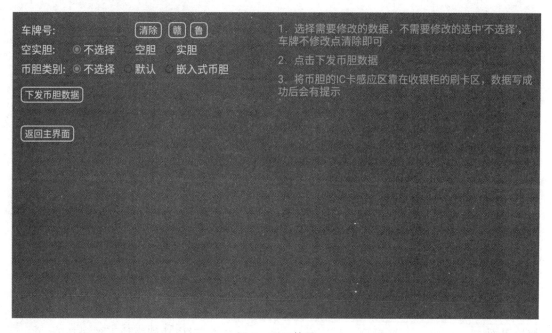

图 6　币胆管理

设置故障柜:① 点击首页右侧蓝色区域调出操作选项,点击"设置",刷卡验证通过后进入设置页面。② 在设置页面点击(初始设置),刷卡验证通过后进入初始设置页面。③ 在初始设置页面点击"设置异常柜",然后选中要设置异常柜的箱门号,点击保存。

3.6 补胆操作

运胆员当天送的空胆数量,是上次取走的实胆数量,所以如果当天收取的实胆数量超过上一次时,收银柜内空胆的数量将不够用。方法:① 刷补胆卡,屏幕提示"请输入要打开的空箱数量"(图7)。② 确认后,相应的单元柜门打开,放入币胆,关闭柜门即可。

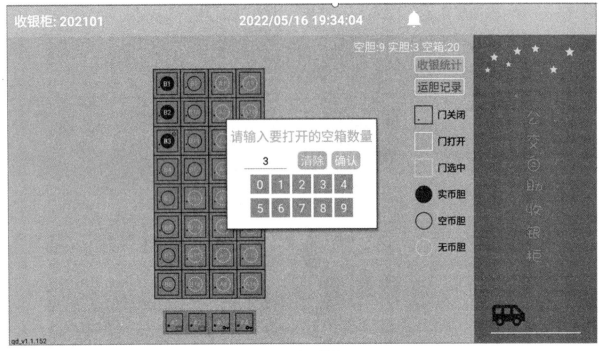

图 7　空胆数量

4　后台系统介绍

4.1 登录

4.1.1 登录页

输入用户名和密码登录系统（图 8）。

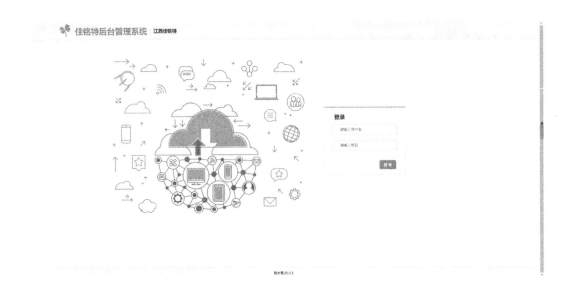

图 8　后台登录页面

4.1.2 初始界面

登录后进入如下页面（图 9）：顶栏，功能分类模块；

左栏，对应功能模块下的子功能；右上角，退出登录。

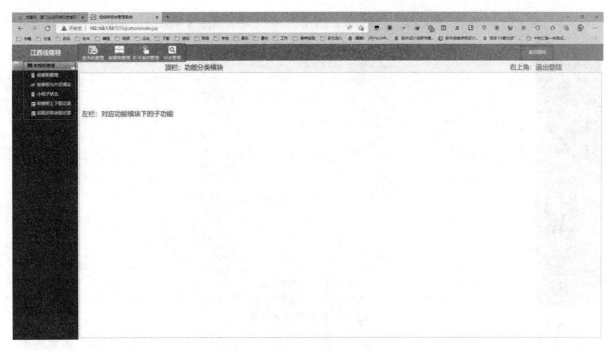

图 9　初始界面

4.2 退出登录

点击退出登录按钮,将退出后台管理系统,进入退出登录页面(图 10)。如果要再次访问后台管理系统,则需要重新登录。

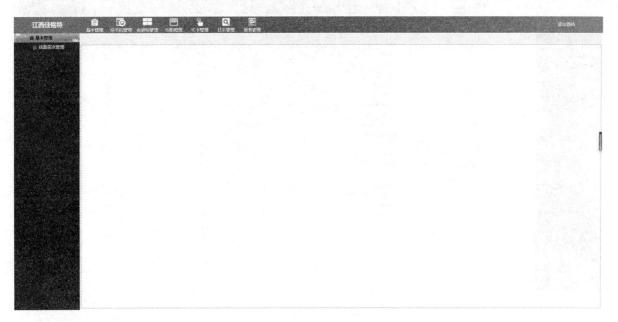

图 10　退出登录页面

4.3 投币机管理

在投币机管理页面中,用户可以对投币机(即车辆)进行查询、添加、修改等操作。页面如图 11 所示。

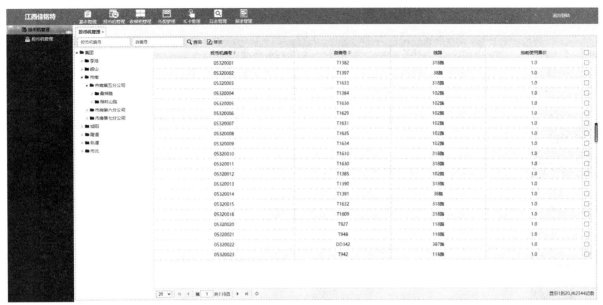

图 11　投币机管理页面

4.4 IC 卡管理

4.4.1 IC 卡管理

在 IC 卡管理页面中，用户可以对 IC 卡进行查询、添加、修改、挂失、启用等操作。页面如图 12 所示。

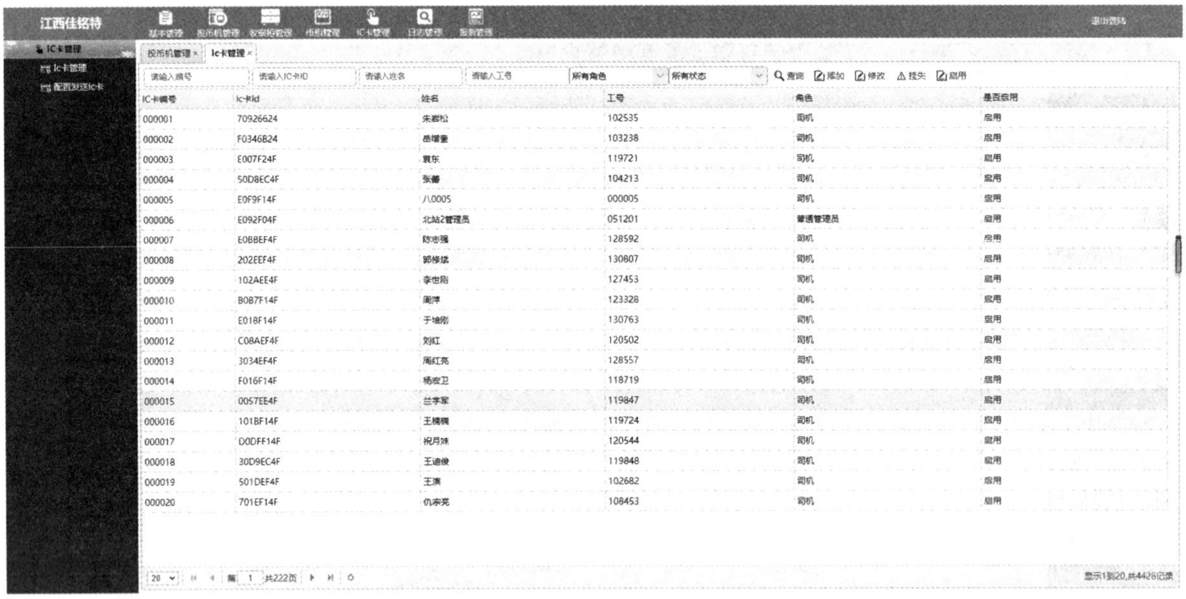

图 12　IC 卡管理首页

4.4.2 配置发送 IC 卡

在配置发送 IC 卡页面（图 13）中，用户可以进行查询、新增 IC 卡、删除 IC 卡、同步 IC 卡等操作。

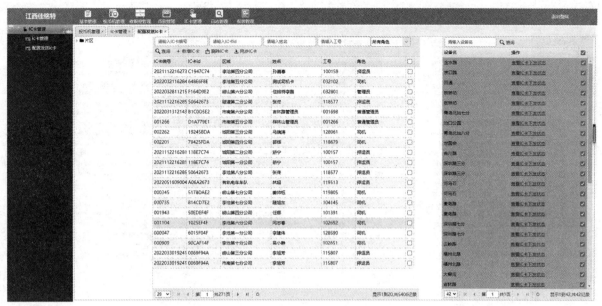

图 13　配置发送 IC 卡

4.4.3 运胆员 IC 卡管理

在运胆员 IC 卡管理页面中,用户可以进行查询、添加、修改、挂失、启用等操作。页面如图 14 所示。

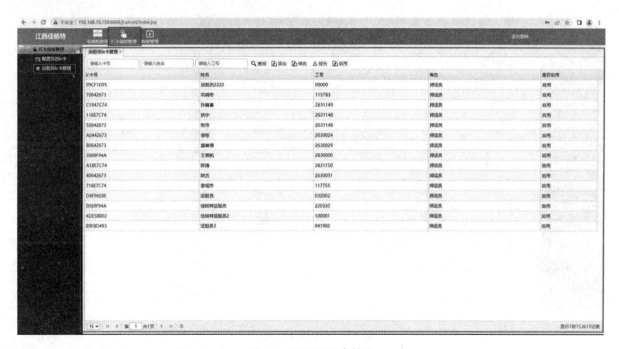

图 14　运胆员 IC 卡管理

4.5 收银柜管理

4.5.1 收银柜管理首页

在收银柜管理页面中,用户可以进行查询等操作。页面如图 15 所示。

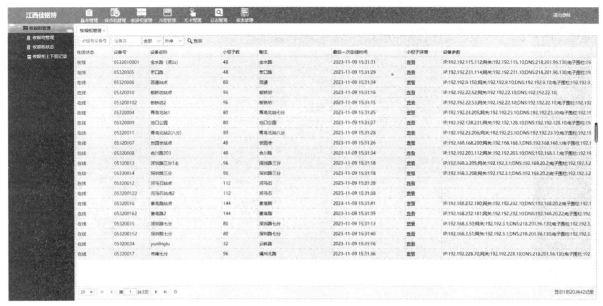

图 15　收银柜管理首页

4.5.2 收银柜状态

在收银柜状态页面中,用户可以进行查询等操作。页面如图 16 所示。

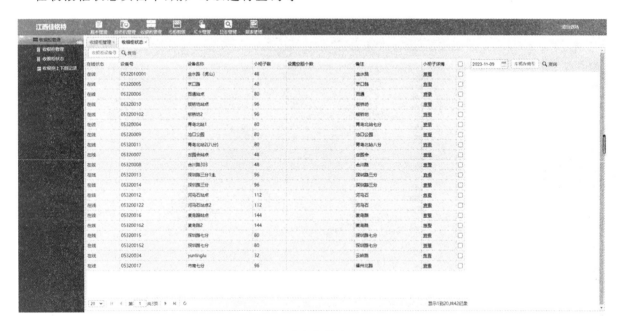

图 16　收银柜状态页面

4.5.3 收银柜上下胆记录

在收银柜上下胆记录页面中,用户可以进行查询等操作。页面如图 17 所示。

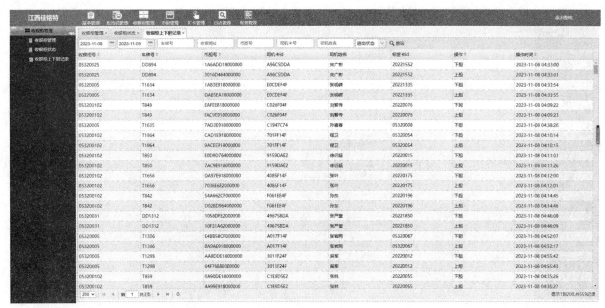

图 17 收银柜上下胆页面

4.6 收银柜日志

在收银柜日志页面中,用户可以进行查询等操作。通过此页面可以查看某收银柜的操作日志记录,包含用户登录、开门、关门、放入空胆、取出实胆等。页面如图 18 所示。

图 18 收银柜日志页面

4.7 用户管理

在用户管理页面中,可以对用户进行查询、添加、修改、删除、分配角色等操作。页面如图 19 所示。

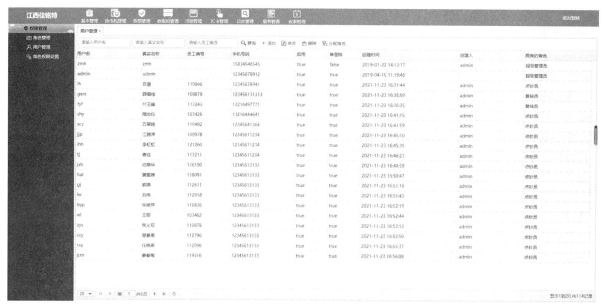

图 19　用户管理页面

4.8 收银管理异常币胆查询

在异常币胆查询页面中，可以进行查询等操作。通过异常币胆查询，可以查看某个币胆最后是从哪个收银柜、哪个车上收的。页面如图 20 所示。

图 20　异常币胆查询

4.9 运胆员取放胆记录

在运胆员取放胆记录页面中，用户可以进行查询、导出等操作。页面如图 21 所示。

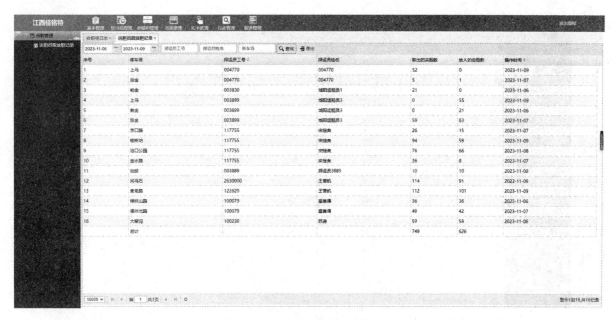

图 21 运胆员取放胆记录

4.9.1 运胆数量录入

在运胆数量录入页面中,用户可以进行查询、 添加、修改、删除等操作。页面如图 22 所示。

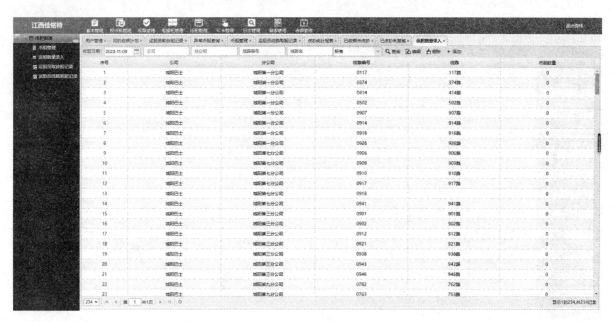

图 22 运胆数量录入

4.9.2 运胆员线路取放胆记录

在运胆员线路取放胆记录页面中,用户可以 进行查询等操作。页面如图 23 所示。

图 23　运胆员线路取放胆记录

4.10 点钞统计报表

在点钞统计报表页面中，可以进行查询、导入、导出、数据同步、锁定、解锁、编辑等操作。页面如图 24 所示。

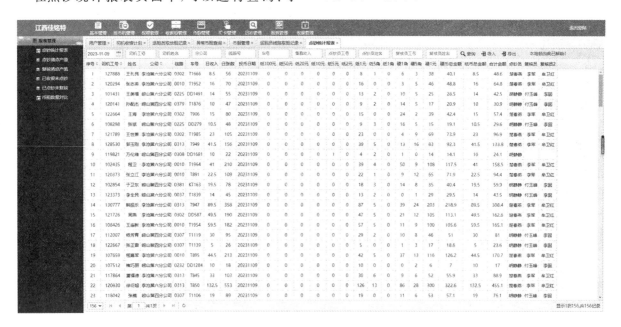

图 24　点钞统计报表

不同的用户拥有不同的权限，能够进行的操作不同。

点钞主管：可以进行查询、导入、导出、数据同步、锁定、解锁、编辑、添加、删除等操作。

点钞汇总员：只能进行查询、导入、导出、数据同步、编辑、添加、删除等操作。

4.10.1 已收银未点钞

在已收银未点钞页面中，可以进行查询等操作。可以查看某一天收银收上来的币胆中有哪些没有点过，能看到这些没点过的币胆是从哪个收银柜、哪辆车上收的。页面如图 25 所示。

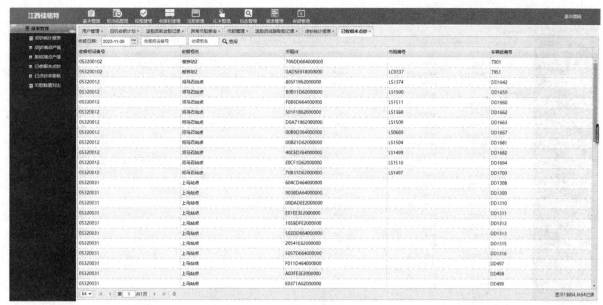

图 25　已收银未点钞页面

4.10.2　已点钞未复核

在已点钞未复核页面中,可以进行查询等操作。可以查看某一天点钞点过的币胆中有哪些没有复核过,能看到这些没复核过的币胆是从哪个线路、哪辆车上收的。页面如图 26 所示。

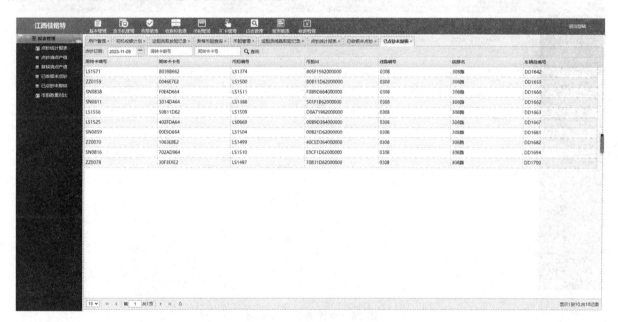

图 26　已点钞未复核

4.10.3　币胆数量对比

在币胆数量对比页面中,可以进行查询等操作。页面如图 27 所示。

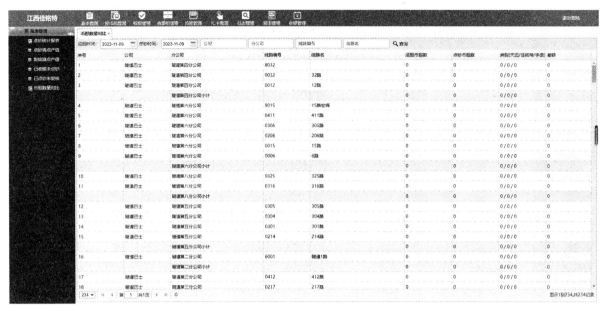

图 27 币胆数量对比

4.10.4 点钞清点产值

在点钞清点产值页面中，可以进行查询等操作。可以查看点钞员的清点产值信息。页面如图 28 所示。

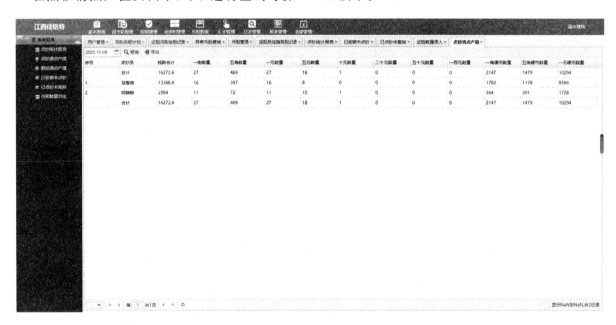

图 28 点钞清点产值页面

4.10.5 复核清点产值

在复核清点产值页面中，可以进行查询等操作。可以查看复核员的清点产值信息。页面如图 29 所示。

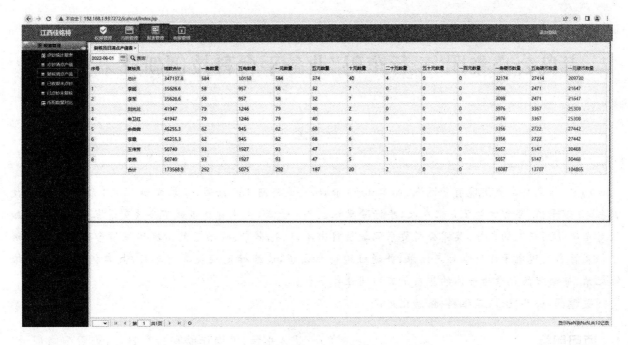

图 29　复核清点产值页面

　　作者简介：杨希龙,青岛城运数字科技有限公司会　　　　　联系方式:qdgjxinxi@163.com
计师

青岛公交集团"E行车码"业务平台科技创新成果实施

杨希龙

摘要： 青岛公交集团现有营运汽、电车3000余辆，公交线路150余条，日均发车13000余次，日均行驶里程40万千米，年客运量7.8亿人次，年行驶里程2.3亿千米，主导青岛市城市公共交通客运市场。为加强对车辆使用情况的监督，集团公司要求驾驶员将出车前、行车中、收车后的情况用纸质台账记录。本研究初衷旨在实现电子化行车日志记录，并通过进一步设想，最终确定实现集行车日志、车辆信息、领料维修记录、安全事故记录为一体的基层员工协同业务平台。

关键词： 公共交通；二维码；信息化建设

1 项目目标

开发建设基层员工协同业务平台，通过微信小程序进行权限认证，实现公交集团内部职工实名制，集成车辆行车日志编写查看、车辆档案及查看车辆事件信息，可对外实现普通乘客可扫码查看车辆基本信息，以解决公交车营运生产和维修全过程中管理者、技术员、驾驶员、维修员对车辆状态和运营情况无法及时了解和沟通的问题。

2 应用现状

在推广公交"E行车码"业务平台应用之前，驾驶员每次发车都要在纸质台账上记录本班次的前、中、后情况，纸质台账不仅不易保管和查看，也十分浪费纸张。

巴士通数字科技有限公司通过微信小程序与JAVA后台服务对公交集团内部职工实名制平台进行开发，集成车辆行车日志编写查看、车辆档案及查看车辆事件信息，使普通乘客可通过扫码查看车辆基本信息。行车日志的编写查看功能解决传统纸质行车日志台账填写烦琐，查看困难且无法用照片直观反映情况的难题。出入库检查功能用于取代传统的纸质出入库检查台账，在车辆每次使用前和收车后，由修理工检查车辆的车质情况并录入系统。维修记录、车联网数据、轮胎信息、领料记录等后台数据查询功能使得司机、修理工、管理者等有关人员更加直观地反映车辆情况。

系统投入使用后，首先在六个营运分公司进行试点，全面推广后，集团3000余部公交车都贴上了独一无二的身份标签，员工通过扫描身份标签，进入平台，可操作编写行车日志，查看维修记录、车联网数据、轮胎信息、领料记录等。

3 操作介绍

公交"E行车码"业务平台系统目前通过扫描张贴在各车辆的二维码进入；乘客扫描二维码进入车辆信息展示界面；职工可以进一步深入，查看车辆的修理档案、事故记录、行车日志等；当班驾驶员可以编写行车日志，行车日志保存后，所有职工可以查看该日志。

4 主界面

初始界面展示车辆相关信息（图1），可以使用户直观地了解车辆基础信息，同时页面上展示的底盘号让修理工免去了钻地沟看底盘号的不便操作，减轻了工作强度。在登录状态下可以点击切换车辆查看另一辆车的相关信息。

图1 初始界面展示车辆基本信息

5 录入行车日志

行车日志录入界面如图2所示,当天有工作任务的驾驶员可以根据发车前、行车中、收车后的情况记录行车日志,无排班人员或后勤人员想要点开该页面则提示"未授权"。

图2 行车日志录入界面

6 行车日志查看

登录的职工可以查看该车近七天的行车日志(图3),了解最近的车辆状态,增强了对班驾驶员之间的交流,也更加方便了基层管理者对车辆的管理。

图3 行车日志

7 技术应用

目前青岛公交集团已全面推广公交"E行车码"业务平台。通过平台的成功建设,电子化行车日志全面取代纸质台账;通过平台化的行车日志,缩短了驾驶员与驾驶员、管理者与驾驶员的距离,增加了沟通途径。维修记录、车联网数据、轮胎信息、领料记录等数据查询为基层职工提供了便捷的数据窗口,推动了集团公司的信息化发展,为企业数字化转型增添动力。

8 应用成效

巴士通数字科技公司属于首个搭建一体化基层业务集成平台的单位,公交"E行车码"业务平台的成功搭建与成功应用,代表青岛公交集团创新性地突破了驾驶员之间、修理工之间、管理者与一线员工之间的沟通壁垒,也为车辆信息的直接体现提供了对外的窗口,为集团的"二次创业"、构建青岛大交通发展格局贡献了积极力量,提供了坚实保障。

从驾驶员角度,公交"E行车码"业务平台使得驾驶员的出车、收车流程更加便捷,简化了操作流程,图片上传功能让驾驶员更直观地看到对班驾驶员反映的实际情况,规避了交流盲区,让职工之间的沟通更充分。

从修理工角度,公交"E行车码"业务平台简化了传统的出入库检查台账,提供了电子台账来记录修理工对车辆的评判,同时具备的拍照上传功能使车辆检查业务变得直接、透明,在进行车辆维修的时候可以直接通过检查时的照片锁定故障原因,快速解决故障隐患。

从基层管理者角度,公交"E行车码"业务平台提供了更可靠的沟通窗口,从前驾驶员、修理工需要向管理者面对面汇报问题,如今管理者可在办公室通过决策支持系统查阅一线职工上传的信息与照片,更加准确地做出研判,提高管理水平。

青岛公交集团每年花费在纸质行车日志台账记录上的成本在45万左右,通过推广电子行车记录的使用可以每年减少购买纸质台账14万余本,降低了直接成本。同时减少购买的纸质台账间接地降低了纸张的消耗,为建设低碳环保城市做出了贡献。

作者简介:杨希龙,青岛城运数字科技有限公司会计师

联系方式:qdgjxinxi@163.com

基于 RFID 技术的中转站可溯源泊位管理系统设计

高伟杰　王丽华　王　琪　王长波　赵长霞

摘要：针对目前中转站采用人工记录的方式实现进站垃圾车辆、泊位、转运容器以及处置园区之间关联带来的问题，设计了一款基于 RFID 技术的中转站可溯源泊位管理系统。系统结合车载终端、GPS、地磅系统等物联网设备实现进站垃圾可溯源管控，进一步提升了垃圾分类处理全过程的监控能力、溯源能力，加强了中转站信息化、自动化、精细化管理水平，提升了运行管理效率，且更好地推进了垃圾分类进程。

关键词：中转站；RFID 技术；泊位管理

随着垃圾分类工作全面进行，市区垃圾分类条件日益完善，居民将垃圾分类投放后由环卫车辆将各区垃圾统一运送至中转站，在中转站卸料大厅卸料至对应泊位后，由垃圾转运车运送至垃圾处置园区进行相应处理（图 1）。

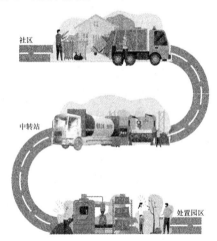

图 1　垃圾转运示意图

为实现垃圾从最初投放到最后回收利用全过程的垃圾分类、监管、可溯源，需要对进入中转站的垃圾做到分类投放、分类运输，提升垃圾分类处理全过程的监控能力、溯源能力，从而加强中转站信息化、自动化、精细化管理水平，提升运行管理效率，保证人员、运输的安全，向工业 4.0、智能化精细化运营管理转型升级。

目前部分中转站采用人工记录的方式实现进站环卫车辆信息、泊位信息、转运容器信息以及处置园区信息之间的信息关联。采用人工记录的方式不但容易出现记录错误而且需要中转站现场作

业人员、派位人员、垃圾转运司机人员共同配合完成，耗时耗力，最重要的是如采用这种方式数据容易被篡改，不易监管，无法形成自动闭环链条。

为解决上述工作中遇到的问题，采用基于 RFID 技术的中转站可溯源泊位管理系统（图 2），并结合车载终端、GPS、地磅系统等物联网设备，实现垃圾从进入中转站到转运至垃圾处置园区的全流程监控，进一步提升垃圾分类处理全过程的监控能力、溯源能力。

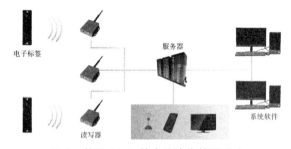

图 2　基于 RFID 技术的泊位管理系统

1　系统关键技术

RFID 技术是无线电射频技术（Radio Frequency Identification, RFID）的英文简称，该技术主要借助于磁场或者电磁场原理，通过无线射频方式实现设备之间的双向通信，从而实现交换数据的功能，该技术最大特点是不用接触就可以获得对方的信息。

当电子标签处于阅读器的识别范围内时，阅读器发射特定频率的无线电波，电子标签接收到阅读器发出的射频信号，并产生感应电流。借助该电流所产生的能量，电子标签发送出存储在其

芯片中的信息。阅读器接收到电子标签返回的信息后，进行解码，然后送至中转站派位系统进行数据处理。

2　系统设计综述

基于 RFID 技术的中转站可溯源泊位管理系统，结合车载终端、GPS、地磅系统等物联网设备实现进站垃圾可溯源管控。

2.1　中转站转运容器和泊位基于 RFID 自动绑定

在中转站所有转运容器上安装 RFID 卡片并按照一定的规则进行标签编号，将标签编号信息录入中转站派位系统中。在中转站所有泊位安装 RFID 读卡设备并在中转站派位系统中记录设备编号和泊位的对应关系。转运容器在进入泊位后，泊位上 RFID 读卡设备自动读取 RFID 卡片信息并传输至中转站派位系统中，派位系统通过关联读卡设备编号和 RFID 卡片编号实现容器和泊位信息绑定。

2.2　进站垃圾车辆智能派位系统

市区环卫车辆进站后通过车辆身份识别、地磅计量称重后将信息反馈给派位系统，派位系统根据垃圾类型、垃圾重量以及中转站各泊位剩余容量情况进行派位操作。派位系统支持手动派位和自动派位操作，自动派位的实现逻辑如下：

（1）结合往年同期数据计算不同垃圾类型泊位容器的月平均满容器重量作为泊位额定载重。

（2）将不同垃圾类型泊位的剩余容量进行从小到大排序。

（3）根据各区垃圾运输车辆的垃圾类型信息及垃圾净重信息，以优先匹配剩余容量最小泊位的原则进行自动派位。

派位操作完成之后系统自动记录进站市区环卫车辆信息、垃圾类型、垃圾重量、卸料泊位、卸料时间及转运容器信息。

2.3　基于 RFID 自动记录转运容器出入站信息

中转站转运容器在满载垃圾离开中转站前往处置园区时，首先通过地磅系统进行计量称重，记录出站车辆容器总重量。

在中转车辆出站地磅计量处安装 RFID 读卡设备，满载容器出站进行称重计量的同时 RFID 读卡设备自动读取容器 RFID 卡片并记录容器编号信息，结合地磅计量信息记录出站车辆信息，实现中转车辆和转运容器信息自动绑定。中转站转运车辆在处置园区卸料完成空容器回厂时根据地磅信息自动记录车辆回厂时间。

2.4　基于车载终端、GPS 自动记录垃圾处置目的地

根据转运车辆车载终端、GPS 信息自动记录中转车辆从中转站到垃圾处置园区的全过程路线，结合电子地图分别在垃圾处置园区划定电子围栏，即在地图上划定各垃圾处置园区范围。当转运车辆行驶进入划定的处置园区电子围栏范围时，系统自动记录车辆信息及进入的处置园区信息，根据车辆 GPS 信息结合地图电子围栏技术自动获取转运车辆最终到达的垃圾处置园区信息。

3　结语

本系统基于 RFID 技术，结合车载终端、GPS、地磅系统等物联网设备实现中转站进站垃圾全流程、可溯源监控，不但可以解决目前中转站采用人工记录的方式实现进站垃圾车辆、泊位、转运容器以及处置园区之间关联带来的问题风险，而且可以更好地推进垃圾分类进程，进一步提升垃圾分类处理全过程的监控能力、溯源能力。

参考文献：

[1]郑坤.基于 RFID 的车辆定位系统设计及定位方法的研究[D].长春：吉林大学，2016.

[2]陈婷.基于 RFID 定位的停车场智能移动终端设计[D].南京：南京邮电大学，2016.

[3]王子铭.RFID 智能停车场管理系统的研究与设计[D].北京：华北电力大学，2010.

[4]欧阳宏志，王新林，朱卫华，等.基于 RFID 技术的网络式汽车安防系统的设计[J].计算机测量与控制，2011，19（7）：1719-1721.

[5]马依婷，贾小林，李春燕，等.基于 RFID 的大型停车场泊车导航系统的设计[J].智能处理与应用，2018，6：65-67.

作者简介：高伟杰，青岛市固体废弃物处置有限责任公司高级工程师，副站长

联系方式：13851127@qq.com

汽车尾气排放远程在线监控 App 设计

胡佳钰

摘要:概述了汽车尾气排放远程在线监控系统的组成,详细介绍了远程在线监控 APP 的软件结构、功能和开发设计,实现了汽车尾气排放的远程监控功能,有效提升了在线汽车的尾气排放监测效率。

关键词:尾气排放;远程监控;手机 App

近年来,我国分阶段出台了一系列的尾气排放控制标准,并采取了一定的措施来改善当前汽车排放造成的环境污染问题。[1-2]事实证明,政府通过执行严格高效的机动车污染管控体系,有效促进了老旧车辆的更新淘汰,降低了车辆废气排放造成的空气污染,大气环境有了明显改善,这也是目前最为有效的解决尾气排放问题的办法。汽车尾气排放远程在线监控 App 是在用车排放远程在线监控技术服务平台系统的组成部分,对装载有车载信息终端的车辆进行监控和信息展示。

1 总体设计

汽车尾气排放远程在线监控系统由车载设备终端、移动端 App 应用、外网通信系统、内网服务系统组成。车载终端设备读取数据接口,接口数据经过处理后,采用无线通信的方式发送到应用服务器,之后在移动终端 App 界面实现数据交互,并由后端应用服务对平台中所有相关数据进行分类解析、整理汇总、保存等操作,以此实现对车载终端相关设备产品信息及传感数据的获取、管理、集成展示等目的。在线监控系统框架如图1所示。

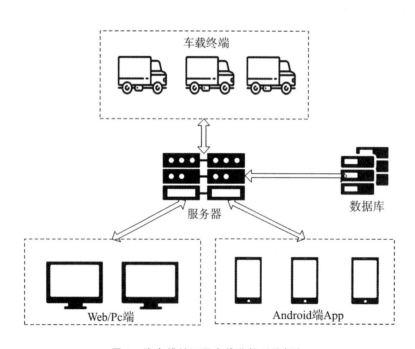

图 1　汽车排放远程在线监控系统框架

2 功能设计

移动端尾气排放远程监控 App 的作用主要是向用户提供监控服务,用户可通过手机 App 查看车辆的实时尾气情况、车牌号、排放标准、车速、排放温度、排放压力,实现提示车辆维护、车辆监视与尾气监控一体化检测终端的管理,同时可以通过北斗定位系统了解车辆行驶情况。[3]通过 TCP 连接方式可以登录 App 系统服务器,连接成功后,通过百度地图可实时查看各个设备的运动轨迹，并且实时跟踪，将车辆运动轨迹信息绘制在地图上。通过查询命令，与服务器端交互查询统计，根据统计结果可以进行数据分析。

远程监控 App 功能设计如图 2 所示，主要包括主页所有设备位置显示、历史轨迹、设备详情、统计信息和系统设置五个模块。

（1）主页显示。主页的功能是通过地图显示设备定位位置、查询设备信息、地图设置等，将在线/离线设备的地理位置分布情况显示在主页地图中，使用者能直接地看到。车载终端设备定位信息被推送到远程监控 App，并显示在首页的百度地图上，用户点击设备图标，会弹框显示设备详细信息。

（2）历史轨迹查询。通过设置搜索设备号和

记录时间范围，历史轨迹页面显示该设备的历史轨迹信息，便于用户了解载有车载终端设备的车辆的行驶记录。

（3）设备详细信息查询。设备详情页显示设定搜索条件的设备的车牌号、所属公司、许可证号、车辆类型、车辆位置、平均和最高速度、汽车传感器温度及压力信息。

（4）统计信息查看。统计信息功能是为方便用户系统查看在线车辆运行的整体状况，包括在线设备数量、在线率、离线设备数量、离线率、报警设备和报警率等信息。

（5）系统信息设置。系统设置功能包括用户登录和软件版本信息两个内容。用户通过 TCP 连接和用户账号密码可以登录服务器，获取相关在线终端设备车辆位置及尾气数据等信息。

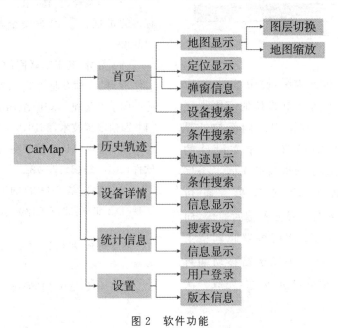

图 2　软件功能

3　软件实现

3.1　开发环境搭建

Android Studio 是谷歌出品的一种 Android 集成开发工具，主要用于安卓系统的开发和调试。Android Studio 具有功能强大的布局编辑器，可以通过拖拉 UI 组件进行界面设计和预览。[4]尾气排放远程在线监测 App 使用 Android Studio，基于 Java 语言进行开发。

3.2　软件开发

MVP 模型为 Android 应用开发中常用模型，其结构划分为视图（View）、模型（Model）、表示器（Presenter）三个层次。其中，模型层类似于数据

加工处理厂，承担着数据获取、数据解析、数据存储、数据分发、数据增删改查等功能；视图层主要完成 UI 元素渲染、用户交互等任务，对应着活动（Activity）相关的类；表示器是视图与模型交互的中间纽带，位于 MVP 的中间层。

MVP 三层模型之间有一定的交互和关联，视图层显示来自表示器的数据处理结果，表示器将视图递交的命令进行一定的校验等操作后，交给模型层处理，模型层处理完数据之后，会通知表示器，表示器有封装业务、更新 UI 界面和持有线程等功能。[5]汽车尾气排放远程监控 App 使用 MVP 模型进行开发，通过大量数据分析与测试，使系统

运转平稳流畅,真正实现了系统服务器与客户端的数据同步,达到了用户对车辆运行情况的实时监测的效果。

移动端主页面可通过可视化图标方式展示相关功能,界面如图3所示。

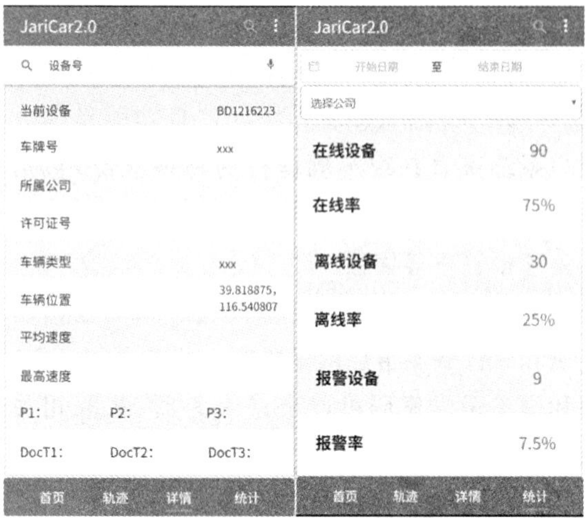

图3 详情及统计功能模块

3.3 通信实现

套接字 Socket 是一种抽象层,使用 Socket,应用程序可以与同处于一个网络中的其他应用程序接收和发送数据,Socket 建立了程序内部与外界通信端口之间的数据传输通道。[6] 本文设计的 APP 中用手机终端通过移动网络与处于同一个局域网的控制网关进行数据传输。通过 ServerSocket 建立手机终端与服务器端的通信,向应用服务器发起数据请求,应用服务器收到请求后做出适当的处理,然后将结果发送给移动端再次过滤解析,最后回到移动端 App 页面,完成一次完整的数据请求服务。

4 结术语

汽车尾气排放远程在线监控 App 在汽车尾气排放监测系统的应用,为机动车排放监管系统提供了移动化的监控手段。一方面它使汽车尾气监控的方式不再局限于内网办公电脑,可在移动端实时监控上线车辆数量、车辆运行情况及车辆尾气排放数据等,实时接收到故障设备报警,保证系统的稳定运行。另一方面通过与尾气排放监测系统后台结合,实现了信息流的高度共享,进而使任务流程一体化。

参考文献:

[1] 徐梦杰,王惜慧.汽车尾气对环境污染及改进措施[J].资源节约与环保,2016(6):113-114+129.

[2] 鲍晓峰,吕猛,朱仁成.中国轻型汽车排放控制标准的进展[J].汽车安全与节能学报,2017,8(3):213-225.

[3] 常忻.基于物联网的汽车尾气检测系统的设计[D].长春:吉林农业大学,2020.

[4] 尹孟征.基于 Android 的 APP 开发平台综述[J].通信电源技术,2016,33(4):154-155+213.

[5] 曾露.MVP 模式在 Android 中的应用研究[J].软件,2016,37(6):75-78.

[6] 刘轩.基于 OBD 的车辆安全管理平台的设计与实现[D].北京:北京工业大学,2018.

作者简介:胡佳钰,青岛杰瑞自动化有限公司高级工程师

联系方式:hujy2015@163.com

创建国际卫生港口对港口经济发展的影响

张　涛　车立志　刘建廷　庄国栋

摘要：重大传染病和生物安全等突发公共卫生事件是事关国家安全、社会稳定的重大风险因素。"国际卫生港口"作为世界卫生组织对国际通航港口安全及卫生控制能力的一种国际认证，其意义在于提升口岸公共卫生核心能力水平，完善应急管理体系，及时处置应对口岸各种公共卫生安全风险。在维护国家安全的高度上，用战略眼光、系统思维推动国际卫生港口建设，即是有效贯彻落实习近平总书记"筑牢口岸检疫防线"的重要指示，又对人民健康安全和社会经济发展产生了积极作用。

关键词：国际卫生港口；公共卫生事件；核心能力；经济发展

近年发生的甲型 H1N1 流感、埃博拉和新冠肺炎等疫情表明，国际关注的突发公共卫生事件已成为威胁人民生命安全、社会经济发展的重大风险因素。随着口岸公共卫生核心能力不断完善，处置突发公共卫生事件的能力不断提升，口岸安全作为国家安全体系的一部分，在防止疫情传播发挥着重要的作用。以新冠肺炎疫情为例，三年来口岸共检疫入境人员 1.6 亿人次，检出新型冠状病毒核酸阳性 8.2 万例，检测进口冷链食品样本 600 余万份，检出阳性 2000 余例，坚决筑牢口岸检疫防线，及时发现风险并得到有效控制，创造了良好的营商环境和快速便捷的通关效率，为港口经济作为城市经济支撑产业和推动地方经济可持续发展奠定了基础。[1]

1　新形势下港口安全在疫情中面临的挑战

重大突发公共卫生事件全面系统地影响各区域及全球的经济、政治、文化、社会和生态。[2]国际港口城市即是国际贸易的交汇点，也是国家防控国际重大传染病等公共卫生风险传播的门户和前哨。如何统筹经济发展和疫情防控，防范传统安全与非传统安全风险，是港口城市面临的新型挑战。

1.1　健康安全

现代化的交通工具提高了国际化人流、物流效率，但也为传染病等公共卫生风险的跨境传播提供了便利条件。诸如疟疾、登革热等虫媒传染病，SARS、MERS、COVID-19 等呼吸道传染病，霍乱、痢疾等消化道传染病，在缺乏有效的疫情监测和控制能力情况下，较容易从港口城市入侵，造成区域性蔓延，进而大面积爆发，使社会人群的健康安全受到严重威胁。

1.2　经济安全

政府出于公共卫生安全考虑，疫情情况下执行的限制人员往来、商品贸易等措施，不可避免地呈现效力外溢状态。疫情严重时，国际贸易人流和物流效率下降，甚至关闭港口贸易，港口城市的外向型经济发展受阻。如果疫情长期无法有效控制，负面影响会传导至金融、制造等其他领域，使国际化的物流产业链中断甚至可能冲击城市乃至国家在全球产业链的地位。

1.3　社会安全

近年来，重大突发公共卫生事件表现出影响范围广、波及领域多、防控难度大的新特征，具有破坏性、复杂性和不可预测性的特点。严格的防控措施，往往会叠加各种社会风险，增加公众个体情感、认知和行为等方面功能失调的可能性，使其对原本熟悉的生活环境产生失控感，极易诱发异常情绪和非理性行为，甚至引起矛盾，造成社会不稳定，导致政府执政风险。[3]

2　认识创建国际卫生港口的意义

国际港口承担着防止公共卫生风险传播的堡垒作用，在保障人民健康安全的基础上推动国际贸易经济和谐发展。创建国际卫生港口（以下简称创卫）对于全面提升城市应对重大疫情和公共卫生安全事件的能力，牢牢守住城市安全底线，加快推进城市治理体系和治理能力现代化，持续增强城市核心竞争力等方面具有积极的推动作用。

2.1 保障人民健康安全

2016 年国家印发的《"健康中国 2030"规划纲要》中要求"持续巩固和提升口岸核心能力，创建国际卫生机场（港口）"，这是党和国家对口岸公共卫生提出的新要求，创建国际卫生机场（港口）已经成为国家大健康体系的重要组成部分。[4] 创卫可以优化卫生资源配置，强化疫情联防联控，提升国际港口城市卫生能力，健全公共卫生安全网络，提供多层次多维度的健康服务，防止疫情从口岸传入传出，为人民群众生命健康提供坚强的卫生安全保障。

2.2 优化口岸与城市公共卫生体系

创卫是对口岸和城市公共卫生管理体制的创新性完善，通过梳理和细化口岸相关部门的事权和职责划分，协调和优化各部门工作流程，推进联动部门执法队伍专业化建设，促进公共服务深度融合；建立平时和战时结合、预防和应急结合的综合治理体系，推动城市治理体系和治理能力现代化。《"十四五"海关发展规划》中明确到 2025 年，将通过建设 35 个国际卫生港口岸，提升我国口岸快速高效应对突发公共卫生事件的能力，将口岸公共卫生纳入国家公共卫生应急管理体系，打通因职能部门、管理地域等因素引起的协作壁垒。

2.3 推动城市经济升级

港口经济的发展成为城市经济发展最重要的推动力。国际卫生港口是全球口岸卫生安全体系的能力认证，是现代化国际港口城市的重要标志。其不仅能够展现城市的国际化视野和创新管理能力，同时，国际卫生港口互认国家通过推行船舶电讯检疫、降低入境集装箱查验比例、加大码头开放服务力度等便利措施，为港口经济和都市经济格局提供安全高效的服务保障、快速便利的通商环境，推动生产要素跨境流动，促进经济转型升级、资源高效配置，有效提升城市国际化竞争优势。港口经济的发展不仅对城市的各行业的帮助巨大，而且对城市吸引外资、改善就业、增加税收、提高居民收入都有着必然的联系。

2.4 践行公共安全法律体系

国际卫生港口创建工作除了是《国际卫生条例（2005）》《中国国境卫生检疫法》及其《实施细则》的体现，实际上它还涵盖了食品饮用水卫生、公共场所卫生、环境保护、突发事件相对应的《食品安全法》《公共场所卫生管理条例实施细则》《环境保护法》《突发公共卫生事件应急条例》《生物安全法》等法律法规。这些法律法规在创卫的检查指标中都有所体现，在某种程度上创卫将一系列检验检疫系统内外的法律法规协同起来，共同发挥作用，这是一种很新的体现形式，可以在一定程度上弥补单个法律在落实过程中出现的困难。[5]

3 推进国际卫生港口建设的建议

3.1 统筹规划，建立政府主导多方参与的创建机制

创卫工作涉及口岸公共卫生设施完善、港口环境卫生整治、疾病防控体系优化、病例转运急救等诸多方面，是一项涉及区域范围广、参与单位多、持续时间长、技术要求高的系统工程。因此，要坚持政府在顶层设计、规则制定、法治保障等方面的主导地位，建立跨部门的信息整合机制，健全政府主导、港口经营者主责、海关主要负责技术指导、其他部门互动参与的国际卫生港口建设模式，为国际卫生港口建设提供坚实制度保障。

3.2 风险治理，融入口岸公共卫生安全体系

以风险治理为核心，将国际卫生港口作为口岸公共卫生安全防控体系中"境外、口岸、境内"三道防线中口岸防线建设的基础，健全口岸疫情风险预警体系，体现从重事中处置向重事前预防的转变；夯实口岸公共卫生安全保障基础，实现口岸突发公共卫生事件能够及时发现、精准施策、快速控制，强调"关口前移"，融入与国际化城市功能定位相匹配的公共卫生体系，持续提升口岸核心能力建设水平。

3.3 加强协作，完善口岸公共卫生应急处置

明确政府、海关和港口运营者等各自职责和工作流程，建立健全与有效应对公共卫生风险挑战相匹配、覆盖传染病、核生化恐怖事件、社会共同参与的突发公共卫生事件应急处置体系。完善应急处置设施设备，强化技术和信息交流，健全政府牵头的处置口岸突发公共卫生事件联防联控合作机制，加强城市相关职能部门间应急体系预案相互"渗透"和"融入"，实现网络化防控，进一步提升城市应急管理基础能力、核心应急救援能力、社会协同应对能力，实现风险、安全与应急一体化。

3.4 走出国门,服务国家总体安全发展战略

探索建立国际卫生港口联盟,联合完成国际卫生港口建设的城市,定期开展交流合作,优化国际贸易和运输便利。服务"一带一路"发展战略,开展与海上丝路港口的国际合作,建立合作机制、技术输出、重要传染病国际监测网络,为我国对外贸易和企业走出国门发展提供健康保障,确保贸易流的稳定和国际供应链的安全。参与全球公共卫生治理,总结和完善国际卫生港口创建经验,提升相关技术标准的主导权和话语权,展现国际负责任大国担当,共同防范全球公共卫生风险。

4　结语

口岸经济作为一个多层次、跨领域、多幅度的复合经济,受国际、国内经济形势影响较多,因其具有很强的辐射力,对口岸城市产生巨大的牵动效应。现行政策和发展规划表明,我国把开展创建国际卫生港口作为快速高效应对突发公共卫生事件的有效措施,既推动了口岸核心能力建设,又提高了国际港口所在城市的声誉及国际知名度,树立了良好的国际地位和对外开放的新形象。创建国际卫生港口既是口岸公共卫生安全建设的需要,也是提升港口城市社会效益和经济效益的新措施。

参考文献:

[1] 抓实抓细"乙类乙管"各项措施(国务院联防联控机制发布会)[N].人民日报,2023-02-28(7).

[2] 郭峰琦,邱文毅,钱进.浅论《国际卫生条例(2005)》之风险管理战略[J].中华卫生杀虫药械,2014,20(3):213-215.

[3] 盛艳,程静娴,陈佳佳,等.重大突发公共卫生事件衍生社会风险调研报告[R].大学生社会实践项目研讨会会议报告集,2021,400-415.

[4] 中共中央国务院."健康中国2030"规划纲要[EB/OL].[2016-10-25].http://www.gov.cn/xinwen/2016-10/25/content_5124174.htm.

[5] 李卓尔,赵怡萌,贾宗泽.重大公共卫生事件经济影响及政策效应分析[J].江苏商论,2022(11):95-99.

作者简介:张涛,青岛国际旅行卫生保健中心副主任技师

联系方式:sdciq2008@163.com

基于物理信息神经网络的薄体各向异性热传导边界条件反问题数值模拟

王发杰　张本容　王继荣　孙浩洋

摘要：本文针对薄体各向异性热传导边界条件反演问题，建立了基于物理信息神经网络（Physics－informed neural networks，简称 PINNs）的边界识别问题的新框架。该算法利用问题已知的物理信息，如控制方程、边界条件等残差构造损失函数，搭建薄体反问题求解的物理信息神经网络框架，实现用"小样本"准确识别边界问题。传统数值方法求解反问题往往需要复杂的建模、划分网格等前处理工作，基于网格的方法对于求解薄体问题存在困难。物理信息神经网络是无网格方法，它在求解计算力学问题上具有适用性，并且可以有效避免数据生成带来的成本和网格独立性等问题。数值试验考察了二维薄体几何结构中各向异性位势的反问题。数值结果表明，该方法能够有效反演力学模型中的边值问题，即使薄体结构的厚度达到纳米级，仍然可获得良好的精度。该文也为求解薄体结构传热反问题的研究提供了新思路。

关键词：深度学习；物理信息神经网络；边界条件识别反问题；各向异性薄体结构

在现代工程领域的应用中，微/纳米尺度薄膜以及薄涂层由于具有良好的物理力学性能，已广泛应用于光伏、航空航天、轮船制造等诸多领域。薄体各向异性结构具有热传导系数等随方向改变的特性，并且薄体的厚度通常达到 10^{-6} 数量级，甚至更小，这导致它们的数值分析一直是工程中的难点。[1]有限元法[2]是常用的数值方法之一，该方法在处理薄体问题时，为了避免出现畸形单元需要根据不同的厚度划分网格。对于微/纳米尺度的薄体需要使用非常细的网格，这会导致计算工作量急剧增加，计算效率大幅降低。边界元法[3-4]虽然能够替代有限元法有效地求解薄体问题，但处理奇异积分问题非常烦琐和耗时。此外，受条件限制，某些边界条件未知，仅可以获得部分边界上的全部边界条件，这类问题称为柯西（Cauchy）边界条件识别反问题。[5]薄体各向异性传热边界条件反问题的边界元法求解就更加复杂。这类问题在解的唯一性和稳定性方面具有更大的难度，因此柯西反问题也是固体力学与工程交叉领域的研究难点。[6]

随着对工程领域中复杂问题求解的智能化要求日益提高，同时受益于数据和计算机资源的迅速发展，以深度学习[7]为代表的机器学习技术被广泛应用于各类工程问题[8]。在许多物理和工程领域，训练数据的内部往往隐含着部分先验知识，不同于纯数据驱动的传统机器学习方法，物理信息神经网络[9]会将问题满足的平衡方程或物理定律嵌入网络结构中。正是因为数据驱动的机器学习方法结合了物理模型的优势，PINNs 减轻了对大量训练数据的依赖，同时也能训练出自动满足物理约束条件的模型。[10]目前，PINNs 已成功应用于解决复杂的力学问题。Shukla 等[11]使用 PINNs 实现断裂金属板表面裂纹的识别和表征问题的求解。Zhang 等[12]采用 PINNs 方法对多层介质中的稳态热传导的正反问题进行求解。刘子岩等[13]将 PINNs 应用于可压缩多介质流，实现多介质 Riemann 解的回归预测。

基于以上思想，本文针对各向异性位势问题，建立了基于 PINNs 的薄体反问题的快速高精度求解框架。在深度神经网络的基础上，将对应的控制方程和已知边界上的边界条件等嵌入网络结构中，建立一种新型的 PINNs 框架。使用源域中的小样本对搭建的神经网络进行训练，实现反演力学模型中的边值问题的求解。通过算例验证了该算法的有效性和准确性，考察了算法对规则和不规则区域问题，以及边界信息含有噪声的反问题的计算精度、计算效率和稳定性。

1　问题描述与求解方法

1.1　各向异性位势卡西边界识别问题

考虑二维有界区域 $\Omega \in R^2$，边界 $\Gamma = \partial\Omega$，其中 $\Gamma = \Gamma_1 \cup \Gamma_2$，$\Gamma_1 \cap \Gamma_2 = \varnothing$，且 $\Gamma_1, \Gamma_2 \neq \varnothing$。在 Γ_1 上，温度和法向热通量已知；在 Γ_2 上，温度和法向热通量未知。假设 $k_{ij}(i,j=1,2)$ 为各向异性材料特性系数，则二维各向异性热传导问题的控制方程为[14]

$$k_{11}\frac{\partial^2 u(x)}{\partial x_1^2} + 2k_{12}\frac{\partial^2 u(x)}{\partial x_1 x_2} + k_{12}\frac{\partial^2 u(x)}{\partial x_2^2} = 0, x \in \Omega,$$

$$\backslash^* \text{ MERGEFORMAT} \qquad (1)$$

边界条件为

$$\begin{cases} u(x) = \bar{u}(x), x \in \Gamma_1 \\ q(x) = \dfrac{\partial u(x)}{\partial n} = \bar{q}(x), x \in \Gamma_1 \end{cases}$$

$$\backslash^* \text{ MERGEFORMAT} \qquad (2)$$

式中，$x = (x_1, x_2)$ 表示点的位置坐标，n 是 Γ_1 在点 x 处的单位外法向量，$\bar{u}(x)$ 和 $\bar{q}(x)$ 分别是对应边界上的函数。

1.2　基于 PINNs 反问题求解框架

本文基于 PINNs 的思想，重新设计 PINNs 求解边界条件识别反问题的网络框架，如图 1 所示。在深度神经网络结构基础上将问题的控制方程、可测边界 Γ_1 上边界条件融入损失函数中，利用已知的少量样本信息求解计算域内的位势以及实现对未知边界信息的预测。

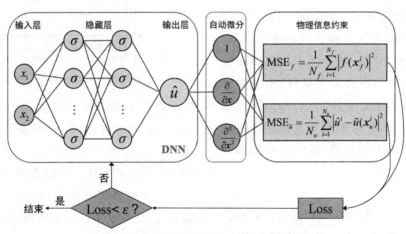

图 1　物理信息神经网络反问题求解框架

对于二维薄体反问题，配点的位置坐标 $x = (x_1, x_2)$ 为神经网络的输入，输入数据通过全连接神经网络逼近函数获得预测值，对应配点的位势预测值 $\hat{u}$ 为网络的输出。全连接神经网络由输入层、隐藏层和输出层三部分组成，第一层为输入层如式（3）所示，隐藏层有 L 层，每层有 M 个神经元，每层通过式（4）向下一层传递，最后通过输出层如式（5）得到预测值：

$$Z^0(x) = x,$$

$$\backslash^* \text{ MERGEFORMAT} \qquad (3)$$

$$Z^l(x) = \sigma(\omega^l Z^{l-1}(x) + b^l), l = 1, 2, \cdots, L-1,$$

$$\backslash^* \text{ MERGEFORMAT} \qquad (4)$$

$$Z^L(x) = \omega^L Z^{L-1}(x) + b^L,$$

$$\backslash^* \text{ MERGEFORMAT} \qquad (5)$$

式中，σ 为神经网络的激活函数，ω 和 b 为权重和偏差，神经网络参数表示为 $\theta = (\omega, b)$。本文采用了多种常见的激活函数，如 Sigmoid 函数、双曲正切函数、Swish 函数、Softplus 函数等[15]。

在反问题中，已知的边界数据往往含有噪声，本文假设含噪声的边界条件为

$$\tilde{u} = (1 + \delta R)\bar{u},$$

$$\backslash^* \text{ MERGEFORMAT} \qquad (6)$$

式中，δ 表示噪声水平，$R \in [-1, 1]$ 是一个随机数。反问题 PINNs 求解框架利用自动微分算法获取预测结果的物理信息残差，模型残差包含可测边界的边值残差和控制方程残差，分别为式（7）和式（8）：

$$\text{MSN}_{\tilde{u}} = \frac{1}{N_u}\sum_{i=1}^{N_u}|\hat{u}^i - \tilde{u}(x_u^i)|^2,$$

* MERGEFORMAT (7)

$$\text{MSE}_f = \frac{1}{N_f}\sum_{i=1}^{N_f}|f(x_f^i)|^2,$$

* MERGEFORMAT (8)

式中，x_u^i 是可测边界上的边界点，x_f^i 是内部点，N_u 和 N_f 分别表示边界点和内部点的个数。式(7)要求神经网络逼近已知边界条件，式(8)要求神经网络拟合控制方程的约束条件，其中 $f(x_f^i)$ 的表达式为

$$f = k_{11}\frac{\partial^2 u(x)}{\partial x_1^2} + 2k_{12}\frac{\partial^2 u(x)}{\partial x_1 x_2} + k_{12}\frac{\partial^2 u(x)}{\partial x_2^2},$$

* MERGEFORMAT (9)

损失函数的残差项 $\text{MSE}_{\hat{u}}$ 和 MSE_f 可通过直接求和、加权求和或自适应加权求和等方式计算总损失[16]，从而更新网络的参数 θ。本文将两部分残差直接求和作为正则项引入损失函数中

$$Loss = \text{MSE}_{\hat{u}} + \text{MSE}_f,$$

* MERGEFORMAT (10)

对损失函数不断优化进而获得最终预测值。值得注意的是，基于 PINNs 反问题求解框架充分利用了 MATLAB（一种商业数学软件）中深度学习工具箱提供的自动微分函数"dlgradient"，可以高效地计算导数项数值。该数值的准确度直接影响由控制方程定义的损失函数，从而影响对未知边界信息预测的准确性。

2 数值算例

考虑两个各向异性薄体结构的数值算例来验证上述方法的有效性，为了验证数值解的准确性，定义如下绝对误差：

$$L_1 = |U_{pred}^j - U_{exact}^j|, j = 1,2,\cdots,M,$$

* MERGEFORMAT (11)

式中，M 为计算点的总数，U_{pred}^j 和 U_{exact}^j 分别表示第 j 个点上的预测值和精确值。算例中的物理神经网络框架均由含有 20 个神经元的两层隐藏层构成，训练次数为 3000 次，权重的初始值选用随机数。

2.1 薄体矩形各向异性媒质热传导

算例 1 考虑一个薄体矩形区域如图 2 所示，该矩形域的长度 $L=1$，厚度 h 在 10^{-1} 到 10^{-9} 之间变化，定义狭长比为 $\alpha = h/L$。已知左右边界及下边界的温度和法向热流，上边界的边界条件未知。该问题中的热传导系数为 $k_{11}=5, k_{12}=2, k_{12}=1$，温度场的解析解为

$$u(x_1,x_2) = \frac{x_1^3}{5} - x_1^2 x_2 + x_1 x_2^2 + \frac{x_2^3}{3},$$

* MERGEFORMAT (12)

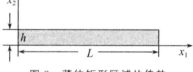

图 2 薄体矩形区域的传热

将模型离散成 1596 个均匀分布的节点，包括 152 个边界点和 1444 个内部点。在噪声为 1% 时，薄体厚度从 10^{-1} 变化到 10^{-9} 过程中，点 $(0.5,h)$ 的实际温度和预测温度以及绝对误差值如表 1 所示。表中的结果比较理想，当薄体介质的狭长比变化时，计算结果的精度始终保持在 10^{-4} 到 10^{-5} 数量级，误差没有大的波动，这说明了该方法的稳定性。

表 1 上边界点 $(0.5,h)$ 温度随厚度变化情况以及该点的绝对误差

薄体厚度	解析解	数值解	绝对误差
1×10^{-1}	0.005333	0.004494	8.39×10^{-4}
1×10^{-2}	0.022550	0.022371	1.79×10^{-4}
1×10^{-3}	0.024751	0.024979	2.28×10^{-4}
1×10^{-4}	0.024975	0.024948	2.70×10^{-5}
1×10^{-5}	0.024998	0.025050	5.27×10^{-5}
1×10^{-6}	0.024999	0.024958	4.14×10^{-5}
1×10^{-7}	0.024999	0.024919	8.14×10^{-5}
1×10^{-8}	0.024999	0.024931	6.81×10^{-5}
1×10^{-9}	0.024999	0.025095	9.57×10^{-5}

当噪声为 1% 时,狭长比为 10^{-9} 的薄体上边界温度的预测结果如图 3 所示。从图中可以看出,数值解和精确解非常地吻合。这表明,该算法能够非常有效地求解各向异性超薄结构的位势柯西反问题。

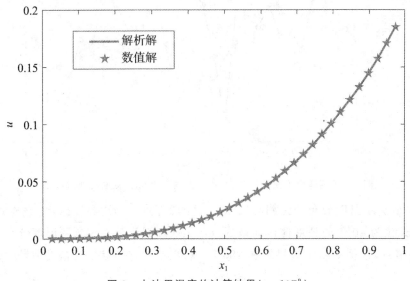

图 3　上边界温度的计算结果($\alpha=10^{-9}$)

2.2 薄体环形区域各向异性媒质热传导

算例 2 考虑一个薄体环形区域如图 4 所示,内半径 $r_1=1$,外半径 $r_2=1.000000001\sim1.1$,定义狭长比为 $\alpha=(r_2-r_1)/r_1$。已知外表面的温度和法向热流,内表面的边界条件未知。热传导系数为 $k_{11}=2$,$k_{12}=1$,$k_{22}=3$,温度场的解析解为

$$u(x_1,x_2)=x_1^2-x_2^2+x_1x_2,$$
$$\backslash^* \text{MERGEFORMAT} \tag{13}$$

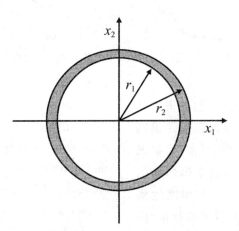

图 4　薄体环形区域的传热

当薄体厚度为 10^{-6} 时,将该环形区域离散成 412 个均匀分布的节点,包括 300 个边界点和 112 个内部点。在噪声为 1%、3% 和 5% 时,环形的狭长比为 10^{-6} 薄体温度解的平均相对误差的变化如图 5 所示。噪声强度对方法的计算精度有一定影响,但均能获得理想的数值结果,这表明算法对求解薄体传热反问题有较好的计算精度和稳定性。

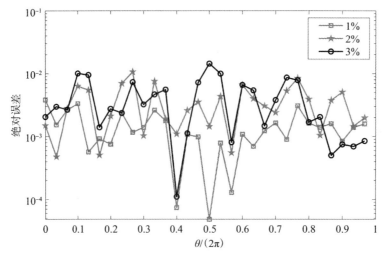

图5 不同噪声下狭长比为 10^{-6} 环形薄体上边界温度的绝对误差

为了直观地验证实际温度分布和预测温度分布的一致性，将狭长比为 10^{-1} 的环形薄体离散成 488 个均匀分布的节点，包括 300 个边界点和 188 个内部点。当边界数据含 1% 噪声，薄体在计算域上实际温度分布和预测温度分布云图如图6所示，可以看到预测结果与精确结果十分吻合。

图6 噪声 1% 下狭长比为 10^{-1} 的环形薄体温度数值结果

3 结论

本文提出新的物理信息神经网络边界识别算法，并应用于薄体各向异性热传导边界条件识别反问题的求解。该方法实现了用"小样本"准确识别边界问题，并且避免了网格类方法求解薄体问题的困难。文本发现即使薄体结构的厚度达到微/纳米级，仍然可以获得良好的精度和稳定性，也证明了该 PINNs 框架更具适用性。本文提供了一种求解薄体各向异性反问题的新途径，同时也拓展了物理信息神经网络的应用范围。

参考文献：

［1］Gu Y, Zhang C, Golub M V. Physics-informed neural networks for analysis of 2D thin-walled structures［J］. Engineering Analysis with Boundary Elements,2022,145:161-172.

［2］Yu B, Hu P, Saputra A A, et al. The scaled boundary finite element method based on the hybrid quadtree mesh for solving transient heat conduction problems［J］. Applied Mathematical Modelling, 2021, 89:541-571.

［3］Gu Y, He X, Chen W, et al. Analysis of three-dimensional anisotropic heat conduction problems on thin domains using an advanced boundary element method ［J］. Computers & Mathematics with Applications,2018,75(1):33-44.

［4］Wang F, Chen W, Qu W, et al. A BEM formulation in conjunction with parametric equation approach for three-dimensional Cauchy problems of steady heat conduction［J］. Engineering Analysis with Boundary Elements,2016,63:1-14.

［5］Wang F, Fan C M, Hua Q, et al. Localized MFS for the inverse Cauchy problems of two-dimensional Laplace and biharmonic equations ［J］. Applied Mathematics and Computation,2020,364:124658.

［6］Vogel C R. Computational methods for inverse problems［M］. Philadelphia: Society for Industrial and Applied Mathematics,2002.

［7］Eivazi H，Veisi H，Naderi M H，et al. Deep neural networks for nonlinear model order reduction of unsteady flows［J］. Physics of Fluids，2020，32 (10)：105104.

［8］Wu G，Wang F，Qiu L. Physics-informed neural network for solving Hausdorff derivative Poisson equations[J]. Fractals，2023，31(6)：2340103.

［9］Raissi M，Perdikaris P，Karniadakis G E. Physics-informed neural networks：A deep learning framework for solving forward and inverse problems involving nonlinear partial differential equations［J］. Journal of Computational Physics，2019，378：686-707.

［10］李野,陈松灿.基于物理信息的神经网络:最新进展与展望[J].计算机科学,2022,49(4):254-262.

［11］Shukla K，Di Leoni P C，Blackshire J，et al. Physics-informed neural network for ultrasound nondestructive quantification of surface breaking cracks[J]. Journal of Nondestructive Evaluation，2020，39：1-20.

［12］Zhang B，Wu G，Gu Y，et al. Multi-domain physics-informed neural network for solving forward and inverse problems of steady-state heat conduction in multilayer media［J］. Physics of Fluids，2022，34 (11)：116116.

［13］刘子岩,许亮.嵌入物理约束的可压缩多介质流神经网络模型[J/OL].计算物理.2023：1-10［2023-01-30］. http://kns. cnki. net/kcms/detail/11. 2011. O4. 20230130. 1117. 002. html.

［14］王发杰,张耀明,公颜鹏.改进的基本解法在薄体各向异性位势 Cauchy 问题中的应用[J].工程力学,2016,33(2):18-24.

［15］Apicella A，Donnarumma F，Isgrò F，et al. A survey on modern trainable activation functions［J］. Neural Networks，2021，138：14-32.

［16］Bischof R，Kraus M. Multi-objective loss balancing for physics-informed deep learning[J]. arXiv preprint arXiv：2110.09813，2021(预印版论文).

作者简介：王发杰,青岛大学副教授
联系方式：wfj88@qdu. edu. cn

北斗新体制 BOC 信号分析研究

曲春凯

摘要：北斗卫星导航系统是我国重要的基础建设，为了满足用户高精度的需求，北斗三号系统采用了新体制信号——BOC 信号。本文介绍了 BOC 信号的调制流程和特征，并对当前主流的三种 BOC 信号跟踪方法（边带处理技术、自相关函数重构法、双环估计技术）进行原理介绍。

关键词：BOC；BPSK_Like；ASPeCT；双环估计

全球导航卫星系统（Global Navigation Satellite System，GNSS）是信息时代国家的重要基础设施，它在航空航天、大地测绘、军事战略、交通运输、日常生活等各个领域都发挥着至关重要的作用。北斗卫星导航系统作为我国自主研制的全球导航卫星系统，已经在 2020 年 7 月 31 日，正式开通北斗三号全球卫星导航系统（简称北斗三号系统）。北斗三号系统采用了新体制信号——BOC 信号，对 BOC 信号跟踪方法的研究对于研制高精度导航产品十分重要。

1 BOC 调制方法介绍

传统卫星信号大多采用二进制相移键控（Binary Phase Shift Keying，简称 BPSK）调制，但随着卫星导航技术的发展，导航频段越来越拥挤，各通信信号相互干扰日益严重；定位精度要求越来越高，对测距精度也提出了更高的要求。[1]因此北斗三号的新体制信号采用了二进制偏移载波（Binary Offset Carrier，简称 BOC）调制技术。

BOC 调制是在 BPSK 调制的基础上乘以一个子载波，调制过程如图 1 所示，表现在频域上就是将发射的扩频信号搬迁到发射频点的两侧，从而使得两类信号能有效地共享同一频段而且互不干扰。以低阶信号 BOC（1，1）和高阶信号 BOC（14，2）为例，与 BPSK 信号进行对比，归一化功率谱密度如图 2 所示。与 BPSK 信号相比，BOC 信号可以实现频段共用，同时实现频谱分离，具有较强的抗干扰能力。

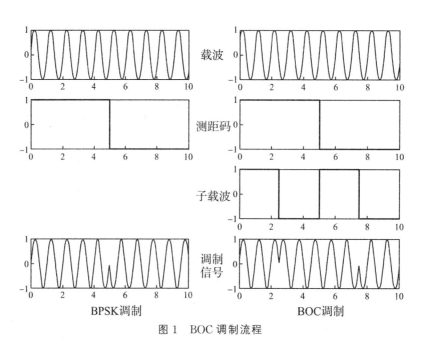

图 1　BOC 调制流程

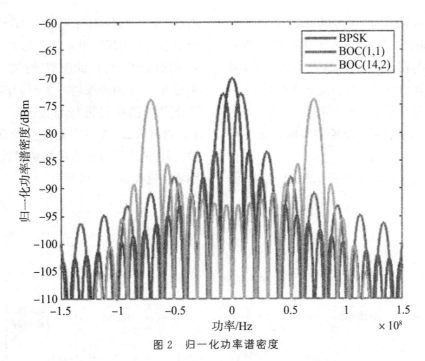

图2　归一化功率谱密度

三个信号的自相关函数如图3所示,在相同码速率条件下,BOC信号相关函数曲线更陡峭,且调制阶数越大,主峰越尖锐,具有更高的码跟踪精度和更好的多径分辨能力。[2]因此,现代化卫星导航信号广泛地采用BOC调制。然而,BOC信号在具有以上优良特性的同时,其自相关函数也具有多峰的特性。调制阶数越大,副峰个数越多,主峰与副峰之间的间距越小,主峰与副峰之间的比值也越小。[3]自相关函数多峰的特性导致接收机跟踪环路存在误锁到副峰上的风险,从而引起定位精度变差。

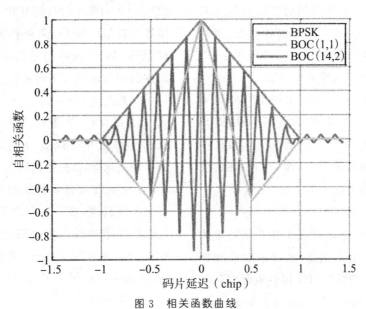

图3　相关函数曲线

2　BOC信号跟踪方法

为了实现北斗BOC调制信号的无模糊跟踪,本文将对边带跟踪技术、自相关函数重构法和双环估计技术三种主流的跟踪算法分别进行介绍。

2.1　边带处理技术

根据BOC调制的原理,可以得到BOC信号的数学方程:

$$S_{BOC}(t)=S_{BPSK}(t)\text{sign}(\sin(2\pi f_{sc}t+\varphi))\quad(1)$$

式中,$S_{BOC}(t)$为BOC调制信号,$S_{BPSK}(t)$是BPSK调制信号,sign为符号函数,f_{sc}为子载波频率。对BOC信号进行傅里叶变换得到:

$$S_{BOC}(f)=S_{BPSK}(f)[\delta(f+f_{sc})+\delta(f-f_{sc})]\quad(2)$$

从图 2 和式(2)可以看出,BOC 信号频谱对称分裂为上边带和下边带,上、下边带频率特性一致,频带宽度相同,能量也一样,因此 BOC 信号可近似看作两个载波频率对称的 BPSK 信号的和。[4]将 BOC 信号分成上、下边带两部分后,每个边带的信号都可以用近似 BPSK 的跟踪方法进行跟踪。

以边带处理技术中的 BPSK_Like 方法为例,

BPSK_Like 方法的处理过程为:中频信号采用一个中心频率为标准中频 f 且带宽包括两个主瓣和主瓣之间的副瓣的滤波器,滤波后的信号分成两个通道,一个通道按($f-f_{sc}$)剥离载波,并与本地产生的伪随机码进行相关;另一个通道按($f+f_{sc}$)剥离载波,并与本地产生的伪随机码进行相关;再对两个通道相关后的结果进行组合,送入鉴别器。流程如图 4 所示。

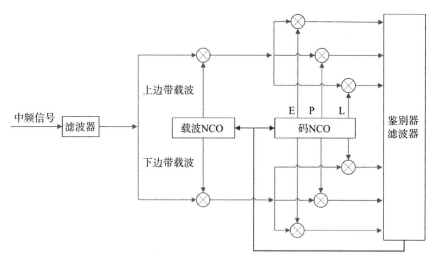

图 4　BPSK_Like 流程图

仅跟踪上边带或者下边带信号时,称为单边带 BPSK_Like 跟踪;上下边带同时跟踪时称为双边带 BPSK_Like 跟踪。单边带 BPSK_Like 跟踪只用了一个边带的能量,比双边带 BPSK_Like 跟踪少用一半的能量,性能大约下降 3dB。

边带处理技术将 BOC 信号按照 BPSK 信号的方法处理,可以完全沿用 BPSK 信号的跟踪环路,实现简单。虽然解决了 BOC 自相关函数的多峰问题,但这种方法也失去 BOC 信号的窄峰的优势,在精度要求较高的条件下不适用。

2.2 自相关函数重构法

自相关函数重构法是通过多个相关函数重构得到具有唯一峰值的相关函数,从而消除或减弱 BOC 自相关函数的模糊性。以自相关边锋消除法（Autocorrelation Side-peak Cancellation Technique,

ASPeCT)为例,其理论依据是 BOC 信号自相关函数和 BOC/PRN 信号的互相关函数在相同的码相位处有近似的副峰,两种相关函数取模后进行相减,消除 BOC 调制信号自相关函数的副峰[5],其构建的相关函数如下所示:

$$R_{ASPeCT}(\tau)=R_{BOC}^2(\tau)-\beta R_{BOC/PRN}^2(\tau) \qquad (3)$$

式中,$R_{ASPeCT}(\tau)$ 为重构后的相关函数,$R_{BOC}(\tau)$ 为 BOC 信号自相关函数,$R_{BOC/PRN}(\tau)$ 为 BOC/PRN 的互相关函数,β 为加权因子。

ASPeCT 实现流程如图 5 所示,首先通过载波环路剥离载波,然后分为两路,一路与本地产生的伪随机码序列做互相关积分,一路与本地产生的 BOC 序列做自相关积分,两路相干积分值都取模方,再加入加权因子 β,进行相减运算获得重构后的相关函数值。

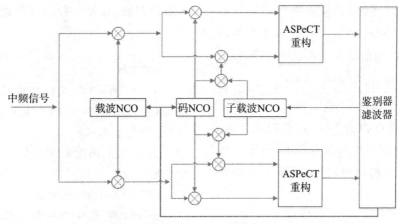

图 5 ASPeTCP 流程图

ASPeTC 方法能较为明显地削弱 BOC 信号边锋,有效抑制了多峰影响,但是并不能彻底去除,且只能应用于 BOC(n,n)族群。

2.3 双环估计技术

传统跟踪环路是对剔除载波后的信号采用码环单一环路进行跟踪,双环估计技术将子载波视为独立的一维信号分量,与伪码分量拥有相等的地位,在码环基础上增加独立子载波跟踪环路对接收信号中的子载波分量进行处理。因此双环是指对剔除载波后的信号采用码环和子载波环两个环路进行跟踪。如果将载波环考虑在内,也可以称之为三环估计。

双环估计技术在 BPSK 信号跟踪环路的基础上,仅增加了一个子载波跟踪环路,结构如图 6 所示。中频信号首先通过载波环路剥离载波,然后通过子载波环路剥离子载波,最后通过码环路剥离伪随机码,即可得到导航电文。增加的子载波跟踪模块采用类似伪码跟踪环路的方式,将子载波看作子码片,一个周期中有两个子载波码片。本地复现子载波码片的超前、即时、滞后分量,综合载波的同相、正交支路,伪随机码的超前、即时、滞后分量,将得到十路积分清除结果,送往鉴别器和滤波器中进行处理。

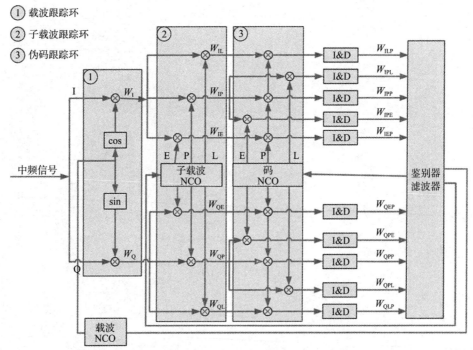

图 6 双环估计流程图

类似于伪码跟踪环路，子载波跟踪环路的实现形式为延迟锁定环路（DLL），采用的环路鉴别算法可以为归一化的超前减去滞后包络鉴别器：

$$\Delta\tau_{sc} = \frac{\sqrt{W_{IEP}^2 + W_{QEP}^2} - \sqrt{W_{ILP}^2 + W_{QLP}^2}}{\sqrt{W_{IEP}^2 + W_{QEP}^2} + \sqrt{W_{ILP}^2 + W_{QLP}^2}} \quad (4)$$

双环估计技术可以视为BOC调制的逆过程，是专门针对BOC调制提出的跟踪技术，适用于各阶BOC调制信号，结构简单，但需要额外增加硬件资源。

3 总结

本文介绍了BOC信号的调制流程和特征，BOC信号可以通过频率搬移，实现频段共享，减轻现存频段拥挤的状况。而且BOC信号具有窄峰的特点，可以实现更高的跟踪精度，但其多峰特征容易造成误锁。因此介绍了三种主流BOC信号跟踪方法：BPSK_Like方法可以沿用传统BPSK跟踪环路，但失去了BOC信号窄峰的优势；ASPeCT方法仅适用于BOC(n,n)族信号，适用范围有限；双环估计方法可以适用于各阶BOC信号，并且能较好地发挥BOC信号的优势。本文的研究可以为本公司导航产品精确跟踪BOC信号进行技术积累，后续将通过真实卫星信号对比三种跟踪方法，选择一种合适的跟踪方法应用于本公司产品。

参考文献：

[1] 薛志芹,刘坤.高阶BOC信号的三环跟踪算法研究[C]//第十届中国卫星导航年会.中国卫星导航学术年会组委会,2019.

[2] 王先发,禹化龙,张碧雄.我国未来卫星导航信号的优先选择——BOC调制信号[J].中国电子科学研究院学报,2009,4(3):307-312.

[3] 杨文津,赵胜,段召亮.一种改进的BOC信号码跟踪环路设计方法[J].无线电工程,2014,44(2):21-23+49.

[4] 李文刚,王屹伟,陈睿,等.BOC调制信号码跟踪环路设计方法[J].系统工程与电子技术,2018,40(5):1118-1123.

[5] 任宇飞.北斗B1C信号高动态接受处理关键技术研究[D].北京:中国科学院大学.2019.

[6] 王松华.基于BOC调制的GNSS基带信号同步技术研究[D].济南:山东大学.2018.

作者简介：曲春凯,青岛杰瑞自动化有限公司工程师
联系方式:872793952@qq.com。

一种基于 FR4 衬底的功率分配器设计

王雪松

摘要:微波功率分配器是现代化卫星通信系统中十分重要的无源器件,在多频点卫星接收机系统中占有相当重要的地位。本文基于传统 Wilkinson 功分器模型,通过 HFSS 软件进行仿真优化,最终制作出一种基于 FR4 衬底的低损耗一分二路功分器。该功分器可以直接应用于卫星导航接收机电路板中,可以最大程度上减小功分器带来的损耗,有助于提高接收机的灵敏度。通过仿真优化,最终设计功分器在 1 GHz～2 GHz 频率范围内插入损耗大于 -4.2 dB,在 1.6 GHz 处差损仅为 -3.6 dB;输入端口回波损耗在 1 GHz～2 GHz 频率范围内均小于 -10 dB,输出端口回波损耗小于 -20 dB。

关键词:功率分配器;插入损耗;HFSS

微波作为电磁波的一种,其频率分布范围从 300 MHz 到 3 THz 不等。由于其频率很高,在不大的相对带宽内具有很宽的可用带宽,因此其具有很大的信息容量,通常作为信息载体被广泛地应用于各种通信系统中。

微波功率分配器是现代化卫星通信系统中十分重要的无源器件,在多频点卫星接收机系统中占据相当重要的地位。功率分配器的功能是将输入信号功率分成几路相等或者不相等的功率进行传输,以达到功率分配的目的;相反地,将几路信号功率叠加到一路进行传输的无源功率器件称为功率合成器,这类器件通常用于微波系统中功率的分配与合成,被广泛应用于阵列天线馈电网络、多路微波功率放大器、固态发射机、多频点卫星通信系统中。功分器性能的好坏直接影响整个系统的性能好坏。

多路功分器的设计通常是以一个一分二路功分器作为基础单元,采用多个基础单元相互级联的方式来实现多路功率分配的目的。本文针对一分二路功分器基础结构单元做了仿真与设计,设计出一种 L 波段基于 FR4 材料的低损耗、低成本一分二路功分器。由于功分器基于 FR4 材料设计,在 GPS 以及北斗卫星导航系统中,可以直接集成在 PCB 电路板中,这种集成化设计可以最大程度上减小功分器的插入损耗,同时也节约了元器件成本。

1　功分器基本原理

功分器是一种多端口网络系统,其中一分二路功分器具有三端口网络的基本特性。我们知道,要构建一个所有端口都匹配的互易、无耗三端口网络是不可能的,但是只满足其中两个条件时可以实现。[1]图 1 是一种典型的一分二路功分器电路原理图[2]:我们假设输入阻抗为 Z_0,分支微带线电长度为 $\lambda/4$,特性阻抗分别为 Z_{02},Z_{03},终端分别接负载 R_2,R_3。假设端口 1 无反射,端口 2 和端口 3 输出电压相等,端口 2 和端口 3 输出功率比为 $1/k^2$。由上述假设,我们可以得出以下公式:

$$\frac{1}{Z_{in2}}+\frac{1}{Z_{in3}}=\frac{1}{Z_0} \tag{1}$$

$$\frac{\left(\frac{1}{2}\cdot\frac{U_2^2}{R_2}\right)}{\left(\frac{1}{2}\cdot\frac{U_2^2}{R_3}\right)}=\frac{1}{k^2} \tag{2}$$

$$U_2=U_3 \tag{3}$$

对于传输线,有以下公式:

$$Z_{in2}\cdot R_2=Z_{02}^2 \tag{4}$$

$$Z_{in3}\cdot R_3=Z_{03}^2 \tag{5}$$

假设 $R_2=kZ_0$,则 Z_{02},Z_{03},R_3 分别为:

$$Z_{02}=Z_0\sqrt{k(1+k^2)} \tag{6}$$

$$Z_{03}=Z_0\sqrt{(1+k^2)/k^3} \tag{7}$$

$$R_3=Z_0/k \tag{8}$$

本文的目的是仿真 3dB 功分器,另 $k=1$,即可得到:$R_2=R_3=Z_0$,$Z_{02}=Z_{03}=\sqrt{2}Z_0$。电阻 R 阻

值约为 $2Z_0$，目的是增加输出端口之间的隔离度。

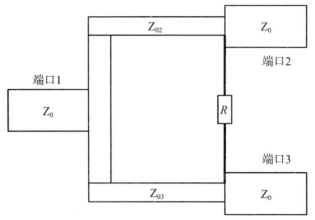

图 1 一分二路功分器典型电路原理图

Wilkinson 功分器是一种常见的功率分配器[3-5]，具有十分广泛的应用。由于单节变换的 Wilkinson 功分器具有工作频段带宽较窄，频带边缘驻波较差等缺点，故通常通过配合阻抗变换来扩展功分器的工作带宽。阻抗变换主要包含渐变线、四分之一波长阶梯阻抗变换器和短枝节阻抗变换器等几种形式。[6-8]

如图 1 所示，从端口 1 输入的功率经过适当的阻抗设计，可按照一定的比例得到分配，最后从端口 2 与端口 3 输出。此过程中各路信号电长度相同，输出端口处于相同的电位，因此电阻 R 上无电流流过，不消耗任何功率。如果端口 2 与端口 3 发生失配，从隔离电阻 R 开始算起，左右对称，每一侧都是 1/4 波长，信号走完这两个 1/4 波长后达到 R 的另一侧，由于隔离电阻 R 两侧电压正好相反，信号总共走了 1/2 波长，可以再隔离电阻 R 上消耗掉，这样达到另一端口的信号就没有什么了，起到了两个输出端口间隔离的作用。

2　低损耗功分器仿真设计

本文采用 HFSS 仿真软件，设计了一种低损耗一分二路功分器。由于功分器的设计模型相对比较固定，为了最大程度减少微带线上的损耗，提高功分器性能，本文首先仿真了功分器拐角处的损耗情况，如图 2 所示，在 HFSS 软件中设计了两种不同形式的拐角模型，即直角型（a）和圆弧型（b）。本文针对卫星导航接收机设备常用的频率范围，在 1 GHz～2 GHz 范围内进行仿真分析，通过仿真，得出这两种模型的回波损耗及插入损耗如图 3 所示。图 3 中（1）图是这两种模型的回波损耗 S11，从图中可以看出，模型（b）的回波损耗要优于模型（a），（2）图为这两个模型的插入损耗情况，从图中我们可以看出，随着频率的升高，模型（b）的插入损耗逐渐优于模型（a），这说明，当频率在 1－2GHz 范围内，最优化的拐角设计为模型（b）所示。

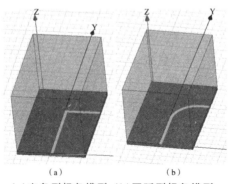

(a)直角型拐角模型；(b)圆弧型拐角模型。

图 2 拐角模型示意图

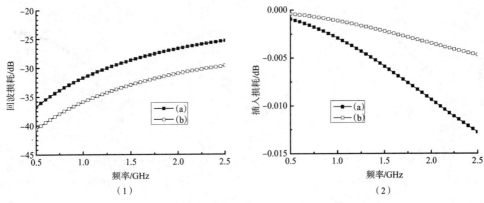

（1）回波损耗与频率对应关系；（2）插入损耗与频率对应关系

图 3　两种模型回波损耗/插入损耗与频率之间关系图

在圆弧型拐角的基础上，本文设计了一种一分二路功分器模型。其衬底材料为 FR4，介电常数为 4.2；衬底厚度为 0.508 mm；隔离电阻方阻值为 50 欧姆；微带线 50 欧姆特性阻抗对应线宽为 0.96 mm。使用 Optimization 控件对仿真结果进行优化，最后得出 Z_{02} 与 Z_{03} 对应的线宽为 0.47 mm，优化得出最终方案如图 4 所示。图 5 显示了该功分器两个输出端的插入损耗（S21，S31），三个端口的回波损耗（S11，S22，S33）以及两个输出端口的隔离度（S23）的理论方针结果。从图中可以看出，在理论仿真中，该功分器的插入损耗在 1 GHz～2 GHz 范围内均优于－3.2 dB，端口 1 的回波损耗在 1 GHz～2 GHz 范围内小于－10 dB，端口 2,3 的回波损耗在 1 GHz～2 GHz 范围内均小于－25 dB，端口 2 到端口 3 的隔离度优于－15 dB，由此可见该功分器在设计仿真中性能达到了比较好的指标。

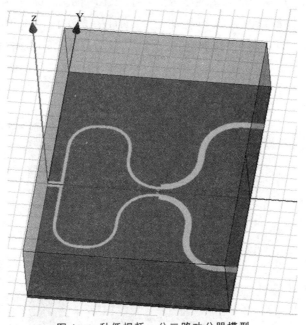

图 4　一种低损耗一分二路功分器模型

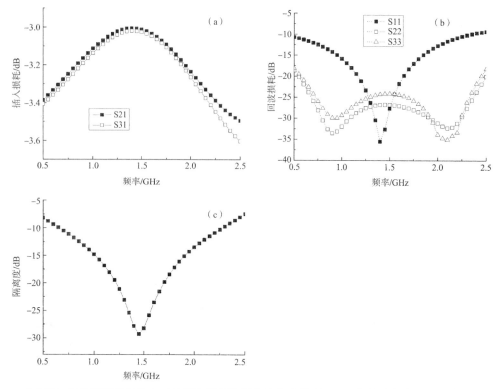

（a）插入损耗随频率的变化；（b）回波损耗随频率的变化情况；（c）隔离度随频率的变化情况。

图5 功分器模型的仿真结果

图6为针对上述仿真模型做出的功分器实物图，使用 Agilent 公司生产的 E5071 型矢量网络分析仪对该功分器进行回波损耗以及插入损耗测试，测试结果如图7所示。该功分器插入损耗在 1 GHz 和 2 GHz 处分别为 −3.6 dB 和 −4.2 dB，端口 1 的回波损耗在 1 GHz～2 GHz 范围内均小于 −10 dB，端口 2 和端口 3 的回波损耗在 1 GHz～2 GHz 范围内均小于 −20 dB。由此可见，该功分器实际性能与理论仿真结果符合较好，可以应用于实际使用中。

图6 低损耗功分器实物图

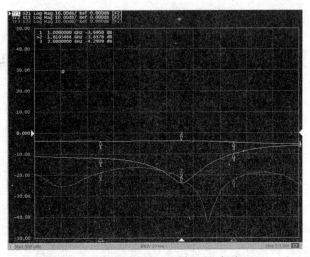

图 7　功分器回波损耗以及插入损耗实测图

3　结论

本文通过 HFSS 仿真与实际应用相结合的方式，设计了一种基于 FR4 材料的低损耗一分二路 Wilkinson 功分器，仿真与实际测量值符合较好。在 1 GHz～2 GHz 频率范围内插入损耗大于 −4.2 dB，在 1.6 GHz 处差损仅为 −3.6 dB；输入端口回波损耗在 1 GHz～2 GHz 频率范围内均小于 −10 dB，输出端口回波损耗小于 −20 dB。该指标满足卫星接收机使用要求，可以直接集成于卫星接收机板卡中，也可单独做成器件用于接收天线后端。

参考文献：

[1] 文松.微波功率分配器件的研究与设计[D].成都：电子科技大学，2013.

[2] 刘学观.微波技术与天线（第二版）[M].西安：西安电子科技大学出版社，2006.

[3] Ahn H R, Wolff I. General design equations, smallsized impedance transformers, and theit application to small-sized three-port 3-dB power dividers[J]. IEEE Trans Microw Theory Tech,2001,49(7):1277-1288.

[4] Wilkinson E J. An N-Way hybrid power divider[J]. IRE Trans Microw Theory Tech, 1960, 8(1):116-118.

[5] Cohn S B. A class of broadband three-port TEM-mode hybrids[J]. IEEE Trans Microw Theory Tech,1968,19(2):110-116.

[6] Pozar D M. Microwave Engineering[M]. Publishing House of Elec,2006.

[7] Holzman E L. An eigenvalue equation analysis of a symmetrical coax line to N-way waveguide power divider[J]. IEEE Transactions on Microwave Theory and Techniques,1994,42(7):1162-1166.

[8] Wu L, Sun Z, Yilmaz H, et al. A Dual-Frequency Wilkinson Power Divider[J]. IEEE Transactions on Microwave Theory and Techniques, 2006,54(1):278-284.

作者简介：王雪松，青岛杰瑞自动化有限公司工程师
联系方式：870003396@qq.com

QC 活动助力预应力空心板钢筋绑扎一次验收合格率提升

崔宏飞　代世坤　陈　冬　游鹏浩

摘要：为解决现浇预应力空心板梁施工中人工现场逐根绑扎钢筋施工质量不稳定、周期长、功效低等问题，采用钢筋骨架整体绑扎模式，研发一套预应力空心板梁钢筋整体绑扎的台架，以解决钢筋绑扎质量问题。通过应用 QC 小组活动，对实体项目预应力空心板钢筋绑扎一次验收合格率进行调查统计，原因分析、寻找症结及要因确认，制定具体对策并进行检查，有效提升了一次验收合格率。

关键词：QC 活动；预应力空心板梁；钢筋绑扎；质量；合格率

本文以中建筑港集团有限公司宜春港丰城港区尚庄货运码头项目工程为依托。本工程建设规模为建设六个 1000 吨级泊位，主要装卸货种为煤炭，设计吞吐量 600 万吨/年。码头占用岸线总长 580 m，码头通过一座 871 m 长的高桩梁板结构引桥与陆域相连，引桥主体采用简支空心板结构，引桥预应力空心板共计六种型号，边板 KXB01 为 10 片、中板 KXB02 为 228 片、边板 KXB03 为 54 片、边板 KXB04 为两片、边板 KXB05 为六片、边板 KXB06 为两片。空心板长度为 19.96 m，共计 302 片，引桥预应力空心板钢筋采用直径 $6\varphi \sim 16\varphi$ 螺纹钢，钢筋种类 25 种，加密区钢筋间距 20 cm，绑扎难度大，对施工人员技术水平要求较高。为顺利应用 QC 活动助力质量提升，项目成立以项目经理为组长，项目总工为副组长，技术质量部、工程管理部、现场工区、试验室、测量班、物资部为成员的 QC 小组，开展研究活动。

1　现状调查及课题选择

本工程为省重点工程，工期紧、任务重，而该工程预应力空心板钢筋密，直径小，绑扎难度大，对施工人员技术水平要求较高，业主要求预应力空心板钢筋绑扎一次验收合格率为 95%。根据规范，预应力空心板钢筋绑扎验收检验项目主要包括钢筋骨架外轮廓尺寸，受力钢筋间距、层距或排距，弯起钢筋弯起点位置，箍筋，分布筋间距，允许偏差分别为 $+5$ mm，-10 mm，± 15 mm，± 10 mm，± 20 mm，± 20 mm。[1]

小组成员对现场部分预应力空心板钢筋绑扎验收情况进行了详细调查，并绘制调查表1。

表 1　钢筋绑扎验收情况调查表

序号	检查项目	检查点数	合计数量	一次验收合格点数	合格率/%	合格率平均值/%
1	横向水平筋	50		46	92	
2	纵向水平筋	50	200	44	88	90
3	受力钢筋	50		45	90	
4	箍筋	50		45	90	

通过实际量测发现，已绑扎预应力空心板钢筋一次验收合格率为 90%，无法达到业主对预应力空心板钢筋绑扎一次验收合格率 95% 的要求。

2　目标设定及可行性论证

根据以上调查数据发现，预应力空心板钢筋绑扎一次验收合格率未达到业主对质量的要求。因此小组设定目标值为预应力空心板钢筋绑扎一次验收合格率为 95%。具体如图 1 所示。

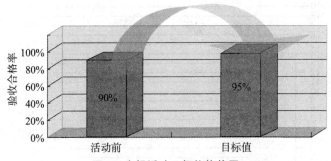

图1 小组活动目标值柱状图

小组成员进行目标可行性论证,主要从三个方面进行论证。

(1)小组成员通过查阅相关资料,发现同行业有些单位空心板梁或箱梁钢筋绑扎合格率已超过95%,例如中国建筑第八工程局有限公司华北分公司台辉高速公路项目利用钢筋胎架绑扎和卡具复核控制的钢筋间距的合格率平均为96.4%。

(2)小组成员胡冬冬通过对公司其他三个项目空心板梁或箱梁钢筋绑扎一次验收合格率进行调查,得出相关数据如表2所示。

表2 公司其他项目钢筋绑扎一次验收合格率统计表

项目	调查数量	合格数	不合格数	合格率/%
项目一	200	191	9	95.5
项目二	200	188	12	94
项目三	200	192	8	96.0
合计	600	571	29	95.2

从以上数据中可以看出,公司其他项目钢筋绑扎一次验收合格率已达到95.2%。

(3)小组成员对已绑扎完成的空心板钢筋质量问题进行了系统的调查分析,对不合格的项目进行深入分析研究,并统计不合格项目出现的次数,绘制不合格项目统计表及排列图。通过图2和表3可以看出,钢筋间距偏差频数为14个点,累计频率为74%,是造成预应力空心板钢筋绑扎一次验收合格率低于目标合格率95%的主要症结。如果这个症结能够解决,那么预应力空心板钢筋绑扎一次验收合格率为(200−1−1−3)/200×100%=97.5%>95%,空心板钢筋绑扎一次验收合格率将可以满足超过95%的目标,因此目标是可行的。

表3 不合格项目统计表

序号	不合格项目	检测点数	不合格项出现频数/点	累计频数/点	不合格项出现频率/%	累计频率/%
1	钢筋间距偏差		14	14	74	74
2	钢筋制作尺寸	200	3	17	16	90
3	钢筋骨架尺寸		1	18	5	95
4	其他		1	19	5	100

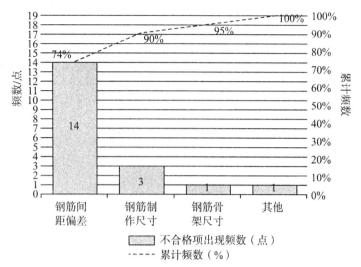

图 2 预应力空心板钢筋绑扎质量合格率偏低因素排列图

3 原因分析

确定目标可行后，小组成员参与讨论集思广益，从"人""机""料""法""环""测"（5W1H）六个方面着手，对钢筋间距偏差的影响因素进行分析，得出九个末端原因[2]，并绘制鱼刺图（图 3）。

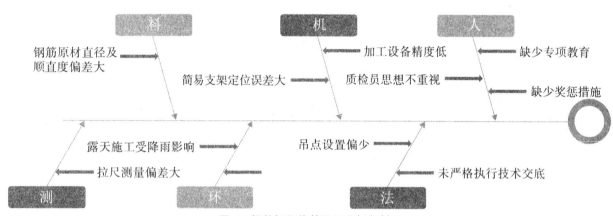

图 3 钢筋间距偏差原因分析鱼刺图

4 要因确认

针对鱼刺图中的 10 个末端原因进行了研究分析讨论，并逐一进行确认。

从"人"的方面，有以下三个末端原因。

（1）缺少专项教育。小组成员随机对现场接受培训与未接受培训的钢筋工的钢筋间距进行抽查，钢筋间距合格率未受影响，此为非要因。

（2）缺少奖惩措施。经小组成员检查，项目部有奖惩制度但未组织学习，进一步对落实奖罚制度前后钢筋间距偏差情况进行了调查。通过调查分析，发现奖罚制度落实前后钢筋间距偏差情况差别较大，对钢筋间距合格率影响程度较大，判定为要因。

（3）质检员思想不重视。经过现场调查分析及现场测量，管理人员严格按照规范要求进行检查，均满足要求，此为非要因。

从"机"的方面，有以下两个末端原因。

（1）加工设备精度低。通过对加工后的钢筋进行现场测量发现，空心板弯钩钢筋，直径小，加工过程中，多个弯钩同时弯折，弯曲偏差累积导致个别钢筋弯曲精度低。进一步对绑扎完成的空心板的钢筋间距现场测量和统计图表（表 4，图 4）对比分析发现，钢筋加工精度合格率同现场钢筋绑扎间距合格率成正相关，因此，钢筋加工设备精度低对钢筋绑扎间距影响大，判定为要因。

表 4　钢筋间距合格率统计表

钢筋编号	抽查数量	钢筋间距合格数量	合格率/%
3	100	94	94
3a	100	91	91
14a	100	88	88
14b	100	87	87

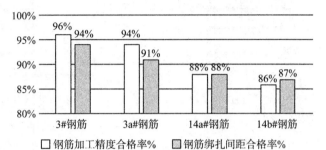

图 4　钢筋间距合格率柱形图

（2）简易支架定位误差大。通过对采用简易支架划刻度线定位的钢筋间距合格率与采用钢尺严格测量划刻度线定位的钢筋间距合格率进行比较（表 5），排除其他因素影响，采用简易支架、划刻度线进行钢筋绑扎定位存在一定偏差，钢筋间距合格率为 89%，采用简易支架定位划刻度进行钢筋绑扎定位对钢筋绑扎间距影响大，判定为要因。

表 5　钢筋间距合格率对比表

检查项目	抽查数量	钢筋间距合格数量	合格率/%
简易支架定位	100	89	89
钢尺严格测量定位	100	94	94

从"料"方面，有一个末端原因：钢筋原材及顺直度偏差大。现场用游标卡尺对钢筋进行抽查测量，钢筋原材直径及顺直度偏差较小，均合格，此为非要因。

从"法"方面，有以下两个末端原因。

（1）吊点设置偏少。钢筋在台座上绑扎完成后，采用扁担整体吊装至预制区，小组成员对吊装前后相同位置的钢筋的间距偏差、骨架尺寸进行测量，钢筋整体骨架无偏差，吊装工艺可行，钢筋骨架未有较大变形，对钢筋间距影响很小，此为非要因。

（2）未严格执行技术交底。经现场调查并查询相关技术交底资料，所有人员均进行了相应的技术交底且均留有记录，满足要求，此为非要因。

从"环"的方面，有一个末端原因：露天施工受降雨天气影响。根据当地以往气象资料，5—7月份为降雨集中期，小组成员对预制场现场钢筋存放进行检查，现场钢筋存放设置防雨棚，且采取了上覆盖下支垫措施，保护措施得当，未受降雨天气影响，此为非要因。

从"测"的方面，有一个末端原因：人工拉尺测量偏差大。经过调查分析、现场测量论证不是要因。

综上所述，影响预应力空心板钢筋绑扎一次性验收合格率的主要原因为钢筋加工设备精度低、简易支架定位误差大、奖惩措施缺少。

5　对策制定及实施

根据确认的主要原因，经过小组成员共同研究讨论，按照 QC 活动中"5W1H"要求，制定对策表，列出对策措施、实施地点及完成时间，并且责任到人。

对策实施一：更换加工设备，提高钢筋加工精度。小组成员代世坤先后到信江枢纽、万安船闸等项目调研数控弯箍机设备，钢筋制作精度高，弯曲误差在 3 mm 以内，加工效率高，大大降低劳动力成本；经对市场进行调研，数控钢筋弯箍机口碑较好,故采购数控弯箍机设备进行钢筋加工制作。

对策实施二:技术创新,设计钢筋定位台架。

钢筋定位台架简图如图5、图6所示。

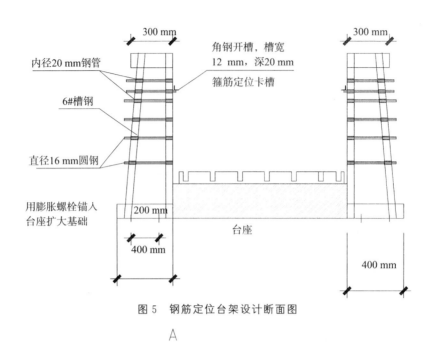

图5 钢筋定位台架设计断面图

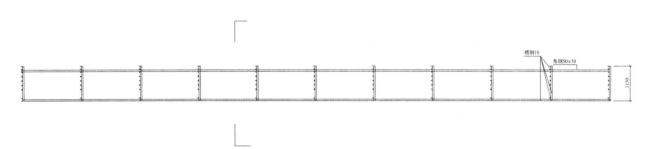

图6 钢筋定位台架设计平面图

对策实施三:加强培训教育及专项考核,完善落实奖惩措施。小组成员组织现场工人进行奖惩制度学习,首件预应力空心钢筋绑扎前小组成员对全员进行了详细的技术交底及技术指导,并组织质量考核、检查执行效果。

6 实施效果检查

对策实施一中,采购数控钢筋弯箍机用于预应力空心板钢筋制作,节约了人力成本,同时提升了钢筋加工效率和质量,对已完成制作的钢筋进行检查,钢筋加工制作合格率达到99%;对策实施二中,预应力空心板钢筋于钢筋定位台架进行绑扎,降低了绑扎难度,同时提高了钢筋笼的绑扎效率,减少了人工成本,对绑扎好的钢筋进行验收,台架精度高,能控制在5 mm内,钢筋定位精度合格率提升至98%;对策实施三中,经详细的技术交底及技术指导并学习履行奖惩制度,操作工人的技术水平及质量意识均有明显的提高,预应力空心板钢筋绑扎间距合格率达到97.3%,奖惩制度执行率达到100%。

小组成员对2022年10月1日至10月15日完成钢筋绑扎的空心板的钢筋绑扎质量进行检查验收,共抽查200个检测点,合格数量195个,不合格点数5个,合格率达到97.5%(表6),达到了预期目标。

表6　钢筋绑扎验收情况调查表

序号	检查项目	检查点数	合计数量	一次验收合格点数	合格率/%	合格率平均值/%
1	横向水平筋	50		49	98	
2	纵向水平筋	50	200	49	98	97.5
3	受力钢筋	50		49	98	
4	箍筋	50		48	96	

小组成员对不合格点进一步分析,对不合格项目进行了统计汇总,详见表7及图7所示。

表7　不合格项目统计表

序号	不合格项目	不合格项出现频数/点	累计频数	不合格项出现频率/%	累计频率/%
1	钢筋间距偏差	1	1	20	20
2	钢筋制作尺寸	1	2	20	40
3	钢筋骨架尺寸	1	3	20	60
4	其他	2	5	40	100

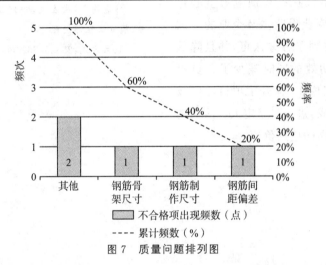

图7　质量问题排列图

通过活动后与活动前排列图比较可以看出,经过一系列对策的实施,"钢筋间距偏差"这一症结问题已得到控制,活动后预应力空心板钢筋绑扎一次验收合格率达到97.5%,实现了活动目标。

通过本次QC小组攻关活动,在达到质量效果的同时,我们也取得了良好的经济效益,钢筋加工减少了人员投入,钢筋绑扎在投入同样数量的施工作业人员的情况下,施工效率更高,节省了大量人工成本,取得经济效益约56.82万元。详见表8。

表8　经济效益统计表

费用投入	传统的简易台架	钢筋台架定位法
人员投入/人	7	7
单日人工费/元	300	
花费时间/天	2	1
人工费用/元	1268400	634200

续表

费用投入	传统的简易台架	钢筋台架定位法
胎架制作费用/元	/	21000
钢筋加工设备/元	15000	80000
加工费用/元	120000	90000
QC活动费用/元	/	10000
合计/元	1403400	835200
节省费用/元	568200	

7   结论

小组成员经过 QC 小组活动的开展,减少了预应力空心板钢筋制作及钢筋安装的质量问题,能够掌握空心板钢筋绑扎台架的施工原理,完善了预应力空心板预制施工工艺,同时进一步增强了作业人员的质量意识,大大提高了小组成员的专业水平和创新能力,且不仅在提高预应力空心板钢筋绑扎一次验收合格率获得业主及企业的一致好评,整体施工质量也得到了各方认可,并且降低了项目工期损耗,提升功效的同时减少了人员投入,大大减少了工程施工成本,提升了项目经济效益。此次活动的顺利完成,进一步坚定 QC 活动助力项目创优增效具有较高的应用价值。

参考文献：

[1] 中华人民共和国交通运输部. JTS 257—2008 水运工程质量检验标准［S］. 北京：人民交通出版社,2008.

[2] 中国质量协会. T/CAQ 10201—2020 质量管理小组活动准则［S］. 北京：中国标准出版社,2020.

作者简介：崔宏飞,中建筑港集团有限公司助理工程师,项目工程部经理

联系方式：2552685636@qq.com

黄河流域内河码头道路堆场软基处理技术研究分析

李知凯 苗加磊 袁 骁 王文辉 闫铁映

摘要:黄河流域生态保护和高质量发展作为山东省重大发展战略,给港口工程建设提出了更高的要求。针对小清河流域济南港陆域堆场建设施工,开展黄河流域内河码头道路堆场软基处理技术研究分析,分析工程所在区域土层空间展布特征,揭示颗粒团簇结构承载规律。针对承载低、压缩性高、变形大等特点,基于强夯动力加固特性,解决堆场地基后期沉降问题,再采用最优配合比固化土体材料处理地基表层土体,达到设计地基回弹模量指标。

关键词:复杂土体;强夯;固化土体材料;回弹模量

小清河济南港项目位于华北平原地层分区之济阳地层小区,场区第四系覆盖层较厚,第四系地层主要为冲积的粉质黏土、粉土、粉砂。根据工程地质调绘及钻孔揭示资料,其中地表下 1～2 m 土层为素填土,局部分布,主要以粉土、黏土为主,性状不均一,不宜作为天然地基持力层;地表下 5～8 米土层为粉质黏土,可塑,局部软塑,含有机质,普遍分布,为中高压缩性土,工程地质条件较差。同时结合现场土质情况,为粉土、黏土、淤泥质土与砂土混杂型土,土质的天然承载能力较差,为此工程采用强夯法处置方式改善土质性状,提升地基承载能力。强夯作为一种常用地基处理方法,强夯后土壤相关性能参数的演变规律都很清晰,但常规经验性的判定对于含水率高且土性复杂的粉质土来说是不适应的,该土体的长期排水固结过程较为复杂,土层中夹杂的淤泥层作为不透水层堵塞了孔隙水的部分消散路径,土体中可能会长期具有超静孔隙水压力,给工程的施工进度带来一定隐患。本文依托小清河济南港项目,研究堆场地基强夯处理后表层进一步固化处理,达到设计指标要求。

1 工程概况

小清河济南港项目的陆域形成面积约 33 万 m²,道路堆场设计高程 21.6～23.0 m,考虑面层厚度 0.60～0.75 m,陆域形成交工高程为 20.85～22.40 m。根据地形测图,本工程场区现状平均高程约 20.80 m,考虑清表、地基沉降及土方流失,本工程陆域回填所需土方约 59.9 万 m³。

堆场均载:散货堆场设计均载 100 kPa,件杂货堆场设计均载 80 kPa,集装箱堆场设计均载 60 kPa,辅建区设计均载 60 kPa。

地基承载力:集装箱重箱堆场≥150 kPa,其余场区≥120 kPa。

回弹模量:集装箱重箱堆场≥60 Pa,其余场区≥35 Pa。

压实度:按《港口道路与堆场设计规范》(JTS 168—2017)第 5.2.1 条见表 1。

表 1 地基处理压实度要求

铺面底面以下深度/m	主干道	次干道、集装箱堆场、件杂货堆场、辅建区/%	支道、散货堆场/%
(0,0.8]	96	95	94
(0.8,1.5]	94	94	93
>1.5	93	92	90

2 强夯施工

2.1 机具设备

夯锤：采用 15 t 夯锤，用钢板焊接组合成的夯锤。

2.2 施工技术参数

（1）锤重与落距：采用锤重 15 t 与落距 13.5 m。

（2）单位夯击能（点夯二遍加满夯）。第一遍点夯单击能为 2000 kN·m，每遍 6～8 击；满夯单击能为 800 kN·m；第二遍点夯单击能为 2000 kN·m，每遍 4～6 击；满夯单击能为 800 kN·m。

（3）夯击点布置及间距。第一遍点夯间距为 5×5 m，第一遍点夯完成后即可进行场地回填工作；第二遍点夯间距为 5×5 m，第二遍点夯呈梅花状插在第一遍点夯之间（图1）；满夯搭接三分之一锤（图2），满夯后控制终夯面工程为设计地面标高。

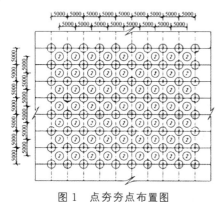

图 1　点夯夯点布置图

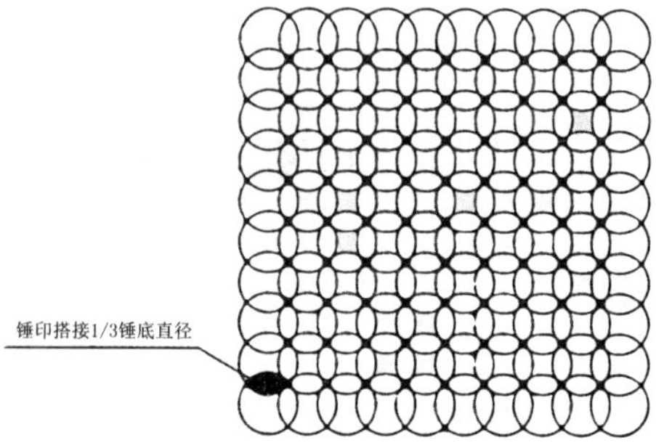

锤印搭接1/3锤底直径

图 2 满夯示意图

（4）单点的夯击数与夯击遍数。单点夯击数按现场试夯得到的夯击次数和夯沉量关系曲线确定，并满足以下条件：

最后两击的平均夯沉量不大于 50 mm；

夯坑周围地面不应发生过大的隆起；

不因夯坑过深而发生起锤困难。每夯击点之夯击数一般为 5～10 击。

（5）两遍间隔时间。两遍夯击之间应有一定的时间间隔，以利于土中超静孔隙水压力的消散，待地基土稳定后再夯下一遍，两遍之间间隔为七天。

2.3 检测布置及现场检测

根据设计文件要求，面层沉降板每 5000 m² 一个测点，标准贯入试验（SPT）每 5000 m² 一个测点，电子式圆锥贯入试验（CPT）每 10000 m² 一个测点，压实度每层、每 2000 m² 一个测点等，对 33 万 m² 堆场地基强夯施工前后布置监（检）测点（表2，图3）。

表 2　地基处理监(检)测设备数量表

监(检)测项目	工程数量	备注
面层沉降板	64	每 5000 m² 一个测点
标准贯入试验（SPT）	64	每 5000 m² 一个测点
电子式圆锥贯入试验（CPT）	32	每 10000 m² 一个测点
压实度	990	每层、每 2000 m² 一个测点
钻孔取土	14	
载荷板试验	14	
孔隙水压力计	14	
深层沉降板	14	
水位观测	14	

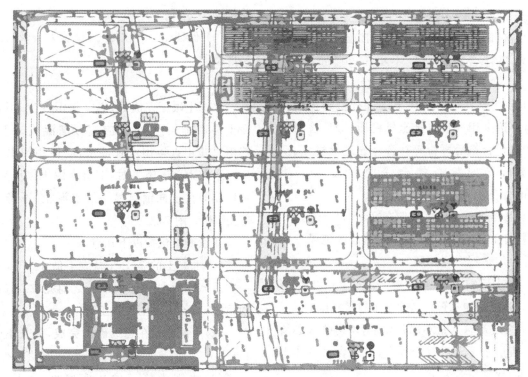

图 3　监(检)测点布置示意图

施工完成后检测地基回弹模量值(图 4、图 5)及具体数据分析,落球式回弹模量测试仪测点 10 处,数据均小于 35 Pa,不满足设计要求;落锤式弯沉仪检测点位 8 处,推算模量值均小于 35 Pa,不满足设计要求。

图 4　落球检测地基回弹模量

图 5　落锤检测地基回填模量

强夯后地基处理检测数据结论:回弹模量值不满足设计指标要求,拟采用水泥稳定土对地基进行加固处理施工。

3　水泥土施工

3.1　施工准备

(1)在施工前,选取代表性的土样进行颗粒分析、液限、塑限、击实等试验,确定水泥土的最大干密度及最佳含水量。

(2)施工中使用的水泥等原材料按照《港口道路与堆场设计规范》(JTS168—2017)规范要求对其技术指标进行检验,并在达到规范及设计要求后方可使用。

3.2　施工放样

在路基上恢复中线,直线段 20 m 设一桩,平曲线段 5～10 m,并在两侧路肩边缘外设高程控制桩。

3.3　控制素土含水量

应根据试验得到的最佳含水量数值,增大 2%～3%,在拌合施工的前一天,检测原素土含水量,若含水量偏低,要进行洒水闷料。

3.4　布设水泥

素土含水量满足要求刮平机刮平之后,根据确定的水泥掺量采用水泥撒布车进行水泥摊铺,现场试验人员随时检验掺水泥量是否均匀,对不均匀处及时进行调整,保证掺水泥的均匀性。

3.5 拌合

（1）路拌机型号为 WBY210B，路拌宽度为 2.1 m，每幅拌合搭接宽度不小于 20 cm，防止漏拌。

（2）使用路拌机对水泥土层进行粉碎拌和两遍（拌合一遍采用履带式推土机稳压一遍，检测含水量，含水量合格后再粉碎拌合一遍进行稳压、整平、压实），随时检查拌合深度并侵入下层 1～2 cm，保证上下黏结。

（3）路拌机行走速度控制在 5～8 m/min。

（4）施工接缝留 20～30 cm 随后续施段一同碾压，并再加水泥重新拌和。

3.6 调整碾压前含水量

（1）碾压前控制最佳含水量 0.5%～1.5%。

（2）若实测含水量不满足要求，均匀喷水必须为雾状，表层水下浸后重新拌合，检查含水量和干湿均匀度，保证符合要求。

3．碾压过程应严格控制含水量，含水量低不易成型，过大会形成翻浆。

3.7 精平

（1）拌和结束后，刮平机整平一遍。

（2）对地基进行标高复测，标高控制按照设计加 3 cm，整平后路基表面平整光洁、无凸起、无坑洼；路基标高控制点布设间距：曲线段每 5 m 布设一个控制点，直线段每 10 m 布设一个控制点，后续施工应根据试验段取得的松铺系数控制。

（3）直线段刮平按照由两侧向中间，曲线超高段刮平按照内侧向外侧。

（4）坑洼处，耙松找平后碾压。

（5）施工过程中，严禁控制车辆通行。

3.8 碾压

（1）整平后，应紧随其后进行碾压。

（2）拌合、稳压、整平、碾压采取流水分段作业，工序间衔接紧密，缩短施工时间，减少水分散失。

（3）碾压工艺采用 22 t 振动压路机静压一遍、再用 26 t 振动压路机强振四遍，22 t 弱振一遍，静压收面保证无轮迹。

（4）直线段碾压按照两侧向路中心，曲线超高段碾压由内向外，重叠 1/3 轮迹，按先轻后重、先慢后快进行。

（5）在已完成的或正在碾压的路段上严禁压路机调头、急刹车。

（6）保证碾压一次成型，试验人员及时进行压实度检测。

3.9 养生

水泥土碾压完成后，必需保湿养生，不得使水泥土层表面干燥，也不应过分潮湿或时干时湿。养生时禁止直接用水管冲水，应使用细水喷洒养生。水泥土分层施工时，下层水泥土碾压完成后，可以立即在上面铺筑另一层水泥土，不需要专门养生（图 6、图 7）。

注意事项包括以下几点。

（1）水泥土的施工气温应不低于 5℃，并在第一次重冰冻到来的 15～30 天之前完成。宜避免在雨季施工，不应在雨天施工。

（2）水泥土宜在当天碾压完成，最长不应超过 4 天。

（3）水泥土施工的压实厚度，每层不小于 10 cm，也不超过 20 cm，并应遵循先轻型后重型的顺序进行碾压。

图 6　水泥土施工

图 7　水泥土养护

3.10 试验检测

水泥土施工过程中分别对击实（水泥掺量：4%、6%、8%、10%），EDTA 标准曲线（4%、6%、8%、10%），直接剪切（水泥掺量：4%、6%、8%、

10%,成型压实度:90%、93%、96%)进行数据分析(表3,图8～10)。

试件养护:养护7天(5天标准养护,2天泡水);养护28天(5天标准养护,23天泡水)。

表3　击实、直接剪切检测数据

检测项目		检测结果(4%)	检测结果(6%)	检测结果(8%)	检测结果(10%)	结果判定
击实试验	最大干密度/(g/cm³)	1.853	1.867	1.873	1.889	实测值
	最佳含水率/%	11.3	118	12.5	13.2	实测值
7天直接剪切试验(90%)	黏聚力 C/kPa	104.42	122.56	139.66	148.38	实测值
	摩擦角 φu(°)	33.5	39.5	42.6	45.7	实测值
7天直接剪切试验(93%)	黏聚力 C/kPa	122.09	135.00	157.56	165.82	实测值
	摩擦角 φu(°)	37.4	40.9	42.5	43.8	实测值
7天直接剪切试验(96%)	黏聚力 C/kPa	135.47	153.49	163.96	172.91	实测值
	摩擦角 φu(°)	38.2	40.9	44.8	44.7	实测值
28天直接剪切试验(90%)	黏聚力 C/kPa	106.98	123.25	138.75	158.38	实测值
	摩擦角 φu(°)	35.8	42.5	47.1	50.8	实测值
28天直接剪切试验(93%)	黏聚力 C/kPa	125.70	138.73	160.00	173.26	实测值
	摩擦角 φu(°)	41.7	43.1	45.8	47.8	实测值
28天直接剪切试验(96%)	黏聚力 C/kPa	140.59	156.63	165.24	175.82	实测值
	摩擦角 φu(°)	37.5	43.0	47.5	49.3	实测值

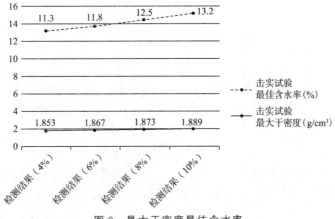

图8　最大干密度最佳含水率

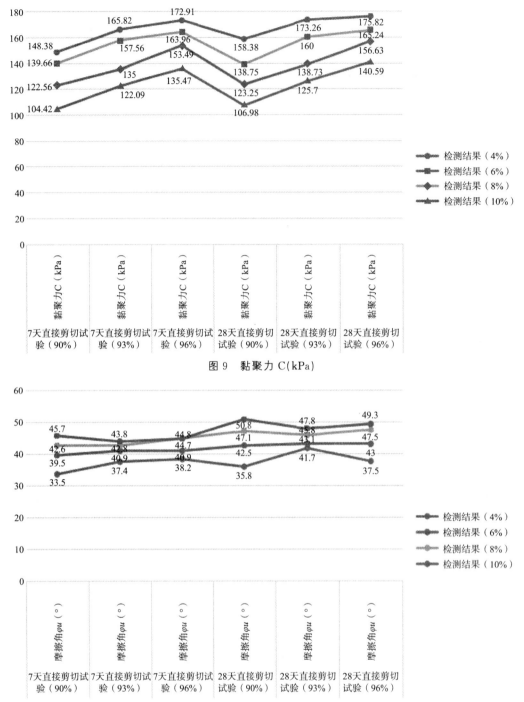

图 9　黏聚力 C(kPa)

图 10　摩擦角 φu(°)

通过试验结果分析对比，考虑经济和施工指标最优方面，最后选用含量 8％水泥稳定土对堆场地基处理加固施工。

4　结论

通过对黄河流域小清河济南港堆场地基强夯后采用水泥加固试验研究和分析，可以获得下列结论。

黄河流域地区粉质黏土经受强夯后土体气泡体积被压缩，土体内孔隙水上升且消散慢，局部易出现弹簧现象，土体塑性差，抵抗变形能力差，回弹模量小，对下一步工序施工造成严重影响。结合水泥稳定土的固化作用，对地基进一步加固处理达到设计指标要求，对后续工程施工遇到类似问题解决提供了思路和方法。

作者简介：李知凯，中建筑港集团有限济南港项目副总工

联系方式：871472532@qq.com

基于改进灰色关联评价法的半柔性路面融雪剂优选

迟恩涛 曹之磊 董国帅 玄 超 刘金龙 孙启仙

摘要：为了研究融雪剂对半柔性路面路用性能影响，挑选出针对半柔性路面最优的融雪剂，为在半柔性路面上融冰化雪提供科学依据，使用氯化钠、氯化钙、醋酸钠三种融雪剂，运用组合赋权灰色关联评价法，根据融雪剂溶液 3 h 的融冰量，经过融雪剂干湿循环处理 20 次后的浸水残留稳定度，经过融雪剂冻融循环处理 15 次后的冻融强度比，经过融雪剂冻融干湿循环处理 15 次后的冻融强度比，经过融雪剂冻融干湿循环处理 15 次后的动稳定度，经过融雪剂冻融干湿循环处理 15 次后 60 min 的车辙深度，经过融雪剂冻融干湿循环处理 15 次后的抗弯拉强度，经过融雪剂冻融干湿循环处理 15 次后的最大弯曲应变的结果进行综合评价。结果表明：三种融雪剂的性能优劣为醋酸钠＞氯化钠＞氯化钙，醋酸钠具有较好的综合性能，既能起到很好的融冰化雪的作用，同时对半柔性路面的基本路用性能影响较小。

关键词：半柔性路面；融雪剂；组合赋权；灰色关联评价

半柔性作为一种新型路面材料，各国学者一直不断从施工工艺进行研究，并铺筑了多条半柔性试用路。张肖宁[1]通过研究，确定了能达到半柔性路面空隙率要求的基体沥青混合料的级配。郝培文[2]通过研究，确定了能达到半柔性路面流动度的水泥砂浆配比。在国内诸多学者的共同努力下，我国在 2019 年颁布了第一版与半柔性路面施工相关的技术规程——《道路灌注式半柔性路面技术规程》。[3]就目前国内研究状况而言，半柔性路面施工工艺方面已经得到了很大的完善。半柔性路面的相关研究逐步倾向于耐久性方面研究。马蕾[4]通过干湿循环的方法对半柔性路面抗硫酸盐侵蚀性能做了研究，并研究出了较好的抗硫酸盐侵蚀的配比，该配比为水胶比 0.5，砂胶比 0.2，粉煤灰掺量 20%～25%，硅灰掺量 2.0%～2.5%，减水剂掺量 0.3%。还通过电镜扫描和 X 射线衍射解释了硫酸盐侵蚀破坏的原因。[5]

半柔性路面在北方应用推广过程中势必需要经历雨雪天气的考验，融雪剂的侵蚀也成为必不可少的环节，目前，融雪剂对刚性、柔性路面的路用性能及破坏机制均有较为完整的研究[6-10]，但由于半柔性路面是一种新的路面形式，融雪剂对于半柔性路面的路用性能影响研究甚少。为此，本文将重点研究不同融雪剂融雪性能以及对半柔性路面路用性能的影响，从而为推动半柔性路面在全国范围内的广泛应用提供科学依据。

1 试验概况

1.1 原材料

（1）基质沥青：试验采用茂名 70 号石油沥青，参照规范《公路工程沥青及沥青混合料试验规程》[11]，对其主要技术性能指标进行测试，其测试结果见表 1。

表 1 基质沥青主要技术指标

技术指标	规范要求	试验结果	试验方法
针入度(25℃,100 g,5 s)/(0.1 mm)	60～80	67	T0604—2011
针入度指数 PI	−1.5～+1.0	−1.31	T0604—2011
软化点(环球法,℃)	≥46	48.0	T0606—2011
延度(10℃,5 cm/min,cm)	≥15	31.8	T0605—2011

续表

技术指标	规范要求	试验结果	试验方法
延度(15℃,5 cm/min,cm)	≥100	>100	T0605—2011
蜡含量(蒸馏法,%)	≤2.2	1.9	T0615—2011
闪点(开口)(℃)	≥260	>300	T0611—2011
溶解度(三氯乙烯)/%	≥99.5	99.70	T0607—2011
密度(15℃,g/cm³)	实测结果	1.033	T0603—2011

(2)集料:试验所需集料均用石灰岩,对于集料各项技术指标按照《公路工程集料试验规程》[12]的要求进行集料的技术性质试验,集料的主要技术指标见表2。

表2 集料主要技术指标

粒径指标/mm	试验项目	单位	试验结果	规范值
16.0～13.2	表观密度	g/cm³	2.726	≥2.50
	毛体积密度	g/cm³	2.715	—
	吸水率	%	0.42	≤3.0
	针片状含量	%	5.5	≤18.0
13.2～9.5	表观密度	g/cm³	2.704	≥2.50
	毛体积密度	g/cm³	2.694	—
	吸水率	%	0.48	≤3.0
	针片状含量	%	8.2	≤18.0
9.5～4.75	表观密度	g/cm³	2.749	≥2.50
	毛体积密度	g/cm³	2.717	—
	吸水率	%	0.69	≤3.0
	针片状含量	%	6.4	≤18.0
4.75～2.36	表观密度	g/cm³	2.715	≥2.5
2.36～1.18			2.723	
1.18～0.6			2.721	
0.6～0.3			2.692	
0.3～0.15			2.728	
0.15～0.075			2.722	

(3)基体沥青混合料级配见表3,最佳油石比为2.61%。

表3 基体沥青混合料级配

级别	1	2	3	4	5	6	7	8	9
筛孔规格/mm	16	13.2	9.5	2.36	1.18	0.6	0.3	0.15	0.075
通过率/%	100	68.9	8.7	6.7	5.3	3.9	—	3.3	2.8

(4)灌注材料选用流动性较大的水泥砂浆,水胶比0.5,砂胶比0.3,矿粉掺量10%,粉煤灰掺量15%。

1.2 试验方法

研究对象选用浓度为0.3 g/mL的氯化钠水溶液、氯化钙水溶液、醋酸钠水溶液,具体评价指标如下:1 ℃下融雪剂溶液3 h的融冰量,经过融雪剂干湿循环处理20次后的浸水残留稳定度,经过融雪剂冻融循环处理15次后的冻融强度比,经过融雪剂冻融干湿循环处理15次后的冻融强度比,经过融雪剂冻融干湿循环处理15次后的动稳定度,经过融雪剂冻融干湿循环处理15次后

60 min 的车辙深度,经过融雪剂冻融干湿循环处理 15 次后的抗弯拉强度,经过融雪剂冻融干湿循环处理 15 次后的最大弯曲应变。试件放入冷冻至 1℃的融雪剂溶液或水中浸泡,使试件充分饱水。然后用塑料袋包好放入－12℃冰箱中 16 h,而后取出放回 1℃的溶液或水中 8 h,取出试件放入 50℃烘箱进行 8 h 干燥处理,最后把干燥后的试件再次放入 1℃的融雪剂溶液或水中浸泡 16 h,以此为一次冻融－干湿循环处理,仅进行前 24 h 往复循环为冻融循环。

由于在评价过程中,半柔性材料本身的特点为高温稳定性优良,低温抗裂性相对不足,故在分析的过程中所选择的路用性能并非同等重要,需要进行主观判断,同时为了达到科学、可靠、准确的目的,还需要进行数据的客观分析,故选择 AHP－熵权组合赋权的灰色关联评价法进行综合评价。

2　组合赋权灰色关联评价法

2.1　主客观赋权法

层次分析法是一种主观赋权法,是通过建立层次模型、构造判断矩阵、计算权向量并进行一致性检验的一种方法,计算步骤如下所示。

(1)建立层次结构模型:根据决策的目标、准则因素建立系统的递阶层次结构。

(2)构造判断矩阵:根据表 4 通过两两比较的方法,构造判断矩阵 A(正交矩阵),用 a_{ij} 表示第 i 个指标相对于第 j 个指标的比较结果。

$$A=(a_{ij})_{n \times n}=\begin{bmatrix} a_{11} & a_{12} & \cdots & a_{1n} \\ a_{21} & a_{22} & \cdots & a_{2n} \\ \vdots & \vdots & \cdots & \vdots \\ a_{n1} & a_{n2} & \cdots & a_{nn} \end{bmatrix}$$

表 4　判断矩阵元素的数值标度

a_{ij}	含义
1	指标 i 与指标 j 同等重要
3	指标 i 比指标 j 稍微重要
5	指标 i 比指标 j 明显重要
7	指标 i 比指标 j 强烈重要
9	指标 i 比指标 j 极端重要
2,4,6,8	上述相邻判断的中间值
倒数	上述两指标的反向比较

(3)计算权重:归一化处理后,得到 $\omega=(\omega_1, \omega_2, \cdots \omega_n)$,即为权重向量。

(4)一致性检验:根据公式(1)、(2)对判断矩阵进行一致性检验,当满足 $CR<0.1$ 时,可认为判断矩阵满足一致性要求。

$$CI=\frac{\lambda_{max}-n}{n-1} \qquad (1)$$

$$CR=\frac{CI}{RI} \qquad (2)$$

式中,CI 为一致性指标;CR 为一致性比例;λ_{max} 为最大特征值;n 为判断矩阵的阶数;RI 为平均随机一致性指标,取值见表 5。

表 5　平均随机一致性指标 RI 值

阶数 n	1	2	3	4	5	6	7	8
RI	0	0	0.52	0.89	1.12	1.26	1.36	1.41
阶数 n	9	10	11	12	13	14	15	
RI	1.46	1.49	1.52	1.54	1.56	1.58	1.59	

（5）层次排序：从最高层向最底层依次计算确定指标对于总目标的排序权值。

熵权法是一种典型的客观赋权法，计算步骤如下。

（1）数据标准化：假设 n 为样本量，m 为评价指标，x_{ij} 为第 i 个样本的第 j 个指标数值，根据原始数据可构建矩阵 $X=[x_{ij}]_{n\times m}$，根据公式（3）、（4）标准化后可得新矩阵 $Y=[y_{ij}]_{n\times m}$。

$$正向指标：y_{ij}=\frac{x_{ij}-\min\limits_{j}(x_{ij})}{\max\limits_{j}(x_{ij})-\min\limits_{j}(x_{ij})} \quad (3)$$

$$逆向指标：y_{ij}=\frac{\max\limits_{j}(x_{ij})-x_{ij}}{\max\limits_{j}(x_{ij})-\min\limits_{j}(x_{ij})} \quad (4)$$

（2）求各指标的信息熵：根据公式（5）、（6）计算第 j 指标熵值 E_j。

$$s_{ij}=\frac{y_{ij}}{\sum\limits_{i}^{n}y_{ij}} \quad (5)$$

$$E_j=-\frac{1}{\ln n}\left(\sum\limits_{i=1}^{n}s_{ij}\ln s_{ij}\right) \quad (6)$$

规定当 s_{ij} 时，$s_{ij}\ln s_{ij}=0$。

（3）计算各指标熵权值：根据公式（7）计算第 j 项指标熵权 μ_j。

$$\mu_j=(1-E_j)/(m-\sum\limits_{i=1}^{m}E_j) \quad (7)$$

主客观赋权法既有主观合理性又有客观准确性，兼顾专业经验和认知的同时保证了客观真实性[13]，本文组合计算模型采用最小二乘法优化[14]，公式见（8）。

$$\begin{cases}\min H(W)=\sum\limits_{i=1}^{n}\sum\limits_{j=1}^{m}\{[(\omega_j-w_j)y_{ij}]^2+[(\mu_j-w_j)y_{ij}]^2\} \\ st.\ \sum\limits_{j=1}^{m}w_j=1 \\ w_j\geq 0,j=1,2,\cdots,m\end{cases} \quad (8)$$

式中，w_j 为组合权重；ω_j 为主观权重；μ_j 为客观权重；a 为权重分配系数，$\alpha\in[0,1]$；y_{ij} 为客观赋权法中的标准化数值。

2.2 改进灰色关联度评价法

灰色关联度评价方法通过比较对象的评价指标与评价指标最优值之间的差距求关联度，然后计算权重，最后算出每个比较对象的得分来进行评价。本文将原来的权重计算方法结合相应的权重赋值方法进行改进来体现各指标的个性。

改进后的灰色关联度评价法计算步骤如下。

（1）无量纲处理：为了保留结果重要性的相对顺序，本文采用一般线性变换法根据公式（9）、（10）进行无量纲处理，$X=[x_{ij}]_{n\times m}$ 处理后可得新矩阵 $Z=[z_{ij}]_{n\times m}$。

$$正向指标：z_{ij}=\frac{x_{ij}}{\max\limits_{j}(x_{ij})} \quad (9)$$

$$逆向指标：z_{ij}=\frac{\min\limits_{j}(x_{ij})}{x_{ij}} \quad (10)$$

（2）确定比较数列和参考数列：新矩阵的每一行都是一个比较数列 $z_{ij}=[z_{i1},z_{i2},\cdots z_{im}]$，在新矩阵中每一列选一个最大值构成一个参考数列 $z_{0j}=[z_{01},z_{02},\cdots z_{0m}]$。

（3）计算灰色关联度：根据公式（11）计算第 i 个比较对象的第 j 个指标与参考数列的灰色关联度 γ_{ij}。

$$\gamma_{ij}=\frac{\min\limits_{i}\min\limits_{j}|z_{0j}-z_{ij}|+\rho\max\limits_{i}\max\limits_{j}|z_{0j}-z_{ij}|}{|z_{0j}-z_{ij}|+\rho\max\limits_{i}\max\limits_{j}|z_{0j}-z_{ij}|} \quad (11)$$

（4）计算比较对象的最终得分：借助权重赋值法所得到的各指标权重值 w_j 根据公式（12）进行得分计算。

$$S_i=\sum\limits_{i=1}^{n}\gamma_{ij}w_i\times 100 \quad (12)$$

3 半柔性路面融雪剂优选

3.1 权重计算

3.1.1 层次分析法计算主观权重

（1）层次分析法的目标层为半柔性材料融雪剂优选，层次结构模型见图1。

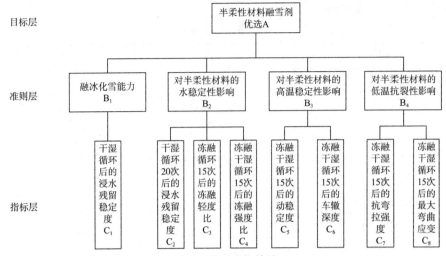

图 1　层次结构模型

（2）根据行业专家分析评价确定各层次判断矩阵见表 6～9。

表 6　目标层的判断矩阵

A	B_1	B_2	B_3	B_4	权重 ω^2	一致性检验
B_1	1	1/3	2	1/2	0.1601	$\lambda_{max}=4.0310$
B_2	3	1	4	2	0.4673	CI=0.0103
B_3	1/2	1/4	1	1/3	0.0954	CR=0.0116
B_4	2	1/2	3	1	0.2772	符合要求

表 7　准则层 B2 的判断矩阵

B_2	C_2	C_3	C_4	权重 $P_2^{(3)}$	一致性检验
C_2	1	1/2	1/3	0.1634	$\lambda_{max}=3.0092$
C_3	2	1	1/2	0.2970	CI=0.0046,
C_4	3	2	1	0.5296	CR=0.0088
					符合要求

表 8　准则层 B3 的判断矩阵

B_3	C_5	C_6	权重 $P_2^{(3)}$	一致性检验
C_5	1	3	0.75	$\lambda_{max}=2$
C_6	1/3	1	0.25	CI=0,CR=0 符合要求

表 9　准则层 B4 的判断矩阵

B_4	C_7	C_8	权重 $P_4^{(3)}$	一致性检验
C_7	1	2	0.6667	$\lambda_{max}=2$
C_8	1/2	1	0.3333	CI=0,CR=0 符合要求

（3）将各层权重合成，得到指标层最终权重，见表10。

表 10 各指标权重汇总

B	$\omega_1^{(2)}=0.1601$	$\omega_2^{(2)}=0.4673$	$\omega_3^{(2)}=0.0954$	$\omega_1^{(2)}=0.2772$	权重 $\omega^{(3)}$
C	$P_1^{(3)}$	$P_2^{(3)}$	$P_3^{(3)}$	$P_4^{(3)}$	
C_1	1	0	0	0	0.1601
C_2	0	0.1634	0	0	0.0764
C_3	0	0.2970	0	0	0.1388
C_4	0	0.5396	0	0	0.2522
C_5	0	0	0.75	0	0.0716
C_6	0	0	0.25	0	0.0239
C_7	0	0	0	0.6667	0.1848
C_8	0	0	0	0.3333	0.0924

故主观权重 $\omega=[0.1601,0.0764,0.1388,0.2522,0.0716,0.0239,0.1848,0.0924]$。

3.1.2 熵权法计算客观权重

原始数据见表11，标准化处理结果见表12。

表 11 原始指标结果

融雪剂	融冰量/g	干湿循环浸水残留稳定度/%	冻融循环冻融强度比/%	冻融干湿循环冻融强度比/%	动稳定度/(次/毫米)	车辙深度/mm	抗弯拉强度/Mpa	最大弯曲应变(μ∈)
氯化钠	80.3	76.9	54.3	67.4	19373	0.4741	5.9	1561
氯化钙	66.6	47.3	53.5	48.5	26854	0.3491	5.23	1718
醋酸钠	50.8	50.9	67.4	70.9	28992	0.3001	6.74	1290

表 12 熵权法标准化结果

y_1	y_2	y_3	y_4	y_5	y_6	y_7	y_8
1.0000	1.000	0.0576	0.8438	0.0000	0.0000	0.4437	0.6332
0.5356	0.0000	0.0000	0.0000	0.7777	0.7184	0.0000	1.0000
0.0000	0.1216	1.0000	1.0000	1.0000	1.0000	1.0000	0.0000

经计算，客观权重熵权值

$\mu=[0.1064,0.1778,0.2088,0.0963,0.0973,0,0986,0,1134,0,1014]$

3.1.3 组合权重

选择最小二乘法优化模型，根据公式（8）将主观权重和客观权重进行组合计算，各指标的组合权重为

$$Z=\begin{bmatrix}1.0000 & 1.0000 & 1.0000 & 1.0000 & 1.0000 & 1.0000 & 1.0000 & 1.0000 \\ 1.0000 & 1.0000 & 0.8056 & 0.9506 & 0.6682 & 0.6330 & 0.8754 & 0.9086 \\ 0.8294 & 0.6151 & 0.7938 & 0.6841 & 0.9263 & 0.8596 & 0.7760 & 1.0000 \\ 0.6326 & 0.6619 & 1.0000 & 1.0000 & 1.0000 & 1.0000 & 1.0000 & 0.7509\end{bmatrix}$$

$w=[0.1332,0.1271,0.1738,0.1742,0.0844,0.0612,0.1491,0.0969]$

3.2 改进灰色关联度评价

将表4.6中的融雪剂各指标的原始数据按照公式（9）、（10）进行无量纲处理后，确定参考数列和比较数列，得到矩阵 $Z=[z_{ij}]_{n\times m}$，（$i=0,1,2\cdots n,j=1,2,3\cdots m$）

根据公式(11)计算灰色关联度矩阵$[\gamma_{ij}]_{n \times m}$

$$[\gamma_{ij}]_{n \times m} = \begin{bmatrix} 1.0000 & 1.0000 & 0.4975 & 0.7959 & 0.3671 & 0.3440 & 0.6070 & 0.6780 \\ 0.5310 & 0.3333 & 0.4827 & 0.3786 & 0.7230 & 0.5783 & 0.4621 & 1.0000 \\ 0.3438 & 0.3627 & 1.0000 & 1.0000 & 1.0000 & 1.0000 & 1.0000 & 0.4358 \end{bmatrix}$$

将各指标组合权重

$w = [0.1332, 0.1271, 0.1738, 0.1742,$
$0.0844, 0.0612, 0.1491, 0.0969]$代入公式 3.12,
计算氯化钠、氯化钙、醋酸钠关于半柔性路面融冰
化雪的综合评分,评分集

$$S = [69.37, 52.51, 77.69]。$$

由评分集可知,三种融雪剂的性能优劣为醋
酸钠＞氯化钠＞氯化钙。

4 结论

(1)从融冰量可知,融冰能力强弱为氯化钠＞
氯化钙＞醋酸钠。

(2)根据组合权重结果可知,影响指标排序为
冻融干湿循环处理15次后的冻融强度比＞冻融循
环处理15次后的冻融强度比＞冻融干湿循环处理
15次后的抗弯拉强度＞融雪剂溶液3 h的融冰量
＞干湿循环处理20次后的浸水残留稳定度＞冻融
干湿循环处理15次后的最大弯曲应变＞冻融干湿
循环处理15次后的动稳定度＞冻融干湿循环处理
15次后60 min的车辙深度。

(3)基于融冰化雪能力、对半柔性材料的水稳
定性、高温稳定性和低温抗裂性影响综合评价,三
种融雪剂的性能优劣为醋酸钠＞氯化钠＞氯化
钙,醋酸钠具有较好的综合性能,既能起到很好的
融冰化雪、保障交通畅通的作用,同时对半柔性路
面的基本路用性能影响较小。

参考文献:

[1]潘大林,张肖宁,王树森.半柔性路面基体沥青混合料的设计方法[J].中南公路工程,2000(1):22-23.

[2]程磊,郝培文.半柔性路面用水泥胶浆的配比[J].长安大学学报(自然科学版),2002(4):1-4.

[3]中国工程建设标准化协会标准.T/CECS;D51-01-2019,道路灌注式半柔性路面技术规程[S].北京:人民交通出版社,2019.

[4]马蕾,温勇,张文艺,等.干湿循环作用下灌注性水泥砂浆抗硫酸盐侵蚀研究[J].新型建筑材料,2019,46(3):36-40.

[5]马蕾.半柔性路面灌注性水泥砂浆抗硫酸盐侵蚀研究[D].乌鲁木齐:新疆大学,2019.

[6]Mc Donald D B, Perenchio W F. Using salt to melt ice[J]. Concrete International,1997,7:23-25.

[7]Reface S A M, Robert C. Inhibition of chloride pitting corrosion of mild steelby sodium glaciates[J]. Applied Surface Science,2000,157(3):199-206.

[8]Jin Y, Li X L, Peng F X. Study on influence of snowmelt agent to performances of asphalt[J]. Advanced Materials Research,2014,3247(960).

[9]杨全兵.盐及融雪剂种类对混凝土剥蚀破坏影响的研究[J].建筑材料学报,2006(4):464-467.

[10]吴泽媚,高培伟,陈东丰,等.氯盐融雪剂对沥青混合料低温抗裂性的影响[J].公路工程,2012,37(4):26-30.

[11]中华人民共和国交通运输部.JTG E20—2011,公路工程沥青及沥青混合料试验规程[S].北京:人民交通出版社,2017.

[12]中华人民共和国交通运输部.JTG E42—2005,公路工程集料试验规程[S].北京:人民交通出版社,2020.

[13]罗宁,陈露东,卢嗣斌,等.基于聚类分析和改进灰色关联的配电网运行可靠性评价[J].武汉大学学报(工学版),2020,53(7):636-642.

[14]王长青,张一农,许万里.运用最小二乘法确定后评估指标权重的方法[J].吉林大学学报(信息科学版),2010,28(5):513-518.

作者简介:迟恩涛,中建筑港集团有限公司,助理工程师,项目工程部经理

联系方式:584018098@qq.com

临河富水厚砂层破碎带灌注桩施工技术研究

吴祥亮　张文凯　赵忠强　陈宝山　孔令宜　梁　宇

摘要：以兖矿泰安港公铁水联运物流园码头工程钻孔灌注桩施工为背景，介绍了该工程面对临河富水厚砂层地质且存在裂隙发育情况下的钻孔灌注桩施工工艺，并从多方面进行施工质量要点控制，为此类地质下的桩基础施工提供一种新的解决思路。

关键词：钻孔灌注桩；砂层；构造破碎带

随着我国基础设施建设领域的不断完善，钻孔灌注桩作为桩基础的成熟施工工艺，广泛应用于各类工程项目建设中。但面临厚砂层地质条件及其他复杂地质情况下，施工工艺不当易引发塌孔等问题，造成工期延误、成本增加等不良影响；因此，对该种地质的钻孔灌注桩施工工艺研究尤为重要。对此，本文依托项目施工过程中出现的情况进行分析总结，提出解决措施，为同类型施工提出新的解决思路。

1　工程概况

1.1　项目概况

兖矿泰安港公铁水联运物流园码头工程建设于山东省泰安市东平县处，位于京杭运河大清河航道内，依托瓦日铁路、京杭运河、高速国道公路网等多式联运，实现北煤南运、西煤东运等多项资源调配工作，是实现山东省产业转型升级、新旧动能转换的重要能源保障。本项目建设 5 个 1000 吨级泊位及相应配套设施，泊位全长 400 m，码头采用高桩梁板式结构，共有码头钻孔灌注桩 375 根，分为 59 排架，桩间距较小，桩径为 1 m 或 1.2 m，桩长从 33 m 至 42 m 不等，桩位密集且工作面较小。

1.2　地质概况

根据项目前期岩土地质勘察报告及后续补勘报告，钻孔灌注桩施工区域代表性地质情况如下：

Ⅰ细砂：该层主要以石英长石为主，级配一般，砂质较均匀，局部含粉质黏土薄层，分层厚度 4.0～5.8 m；

Ⅱ粗砂：主要成分为石英长石，砂质不均，黄褐色，饱和，稍密至密实，级配一般，局部含少量小粒径圆砾。分层厚度为 15.2～18.9 m；

Ⅲ粉质黏土，该层硬塑，切面稍有光泽，土质均匀，韧性较好，干强度较高，局部见铁质氧化物和砾石，底层含少量钙质结核，分层厚度约为 5.2 m；

Ⅳ中风化页岩：泥质结构，岩芯呈短柱状及碎块状，局部风化强烈呈碎块状，出现漏水现象；

Ⅴ强风化灰岩：隐晶质结构，层状构造，节理裂隙较发育，局部见溶蚀孔洞；

Ⅵ溶蚀裂隙：无充填。

2　工况条件

2.1　地质条件

根据地质勘测结果显示，场区上覆巨厚粗砂层，厚度普遍大于 20 m，局部可达到 25 m；且受地质构造活动影响，场区部分区域构造破碎带裂隙发育；构造破碎带主要成分为岩石碎块、碎屑及黏土矿物等，构造破碎带内成分复杂，间隙较大且正在发育。

综上所述，项目钻孔灌注桩施工普遍需穿越 20 m 以上厚砂层，部分区域还需穿越裂隙发育区域。

2.2　水文条件

本项目码头区域涅建设的 375 根钻孔灌注桩施工条件为干地施工，但上部 20 m 砂层松散富水，地下水类型为潜水，与大清河具有一定循环水力联系，在构造破碎带内形成地下水流动通道，易造成桩基施工泥浆沿地下水流动通道流失，造成孔内外压力失衡，泥浆护壁作用失效，且砂层较厚，直立性较差，可能引起孔壁坍塌及埋钻，坍塌范围进一步延伸可导致地面塌陷。

2.3 工作面条件

码头施工区域共计 5 个泊位，长 400 m，宽 25 m 或 30 m，导致桩间距较小，桩位密集。群桩作业时钻机及泥浆池位置相互制约，工作面较小；且施工场区位于临河砂层且富水，水压较大，集中施工易扰动，工作面受限。

2.4 工期条件

本项目合同要求工期紧，任务重，为保证工期履约，按项目部工期计划，钻孔灌注桩施工应在 3 个月内完成；否则将延误后续码头上部结构施工，导致工期紧张。因此钻孔灌注桩施工保质保量的同时还需提高施工效率，保证施工工期。

3　施工工艺

项目桩长范围内的地层自上而下为 20～25 m 厚砂层（包含细砂、中砂、粗砂），3～6 m 厚粉质黏土及下层全风化、强风化、中风化片麻岩、灰岩等，施工区域内无大规模空洞发育，但构造破碎带内裂隙及岩块空隙较多，存在裂隙发育现象，约占整体桩基施工区域的 1/5，因此在施工过程中应分不同区域选用不同类型的施工工艺。

3.1 钻机选用

目前钻孔灌注桩施工（图 1）较为成熟的施工设备有冲击钻机、回转钻机、旋挖钻机等，在本项目地质情况下设备的选用对工程施工各方面有较大影响。

经比较，反循环钻机造价低，成孔速度快，但遇岩层很难钻进，适合砂层地质钻进施工。

冲击钻机适合在岩层或裂隙区域内施工，成孔效率较反循环钻机高，且孔壁较为坚固。因此下层裂隙区域宜选用冲击钻机施工。

3.2 特殊地质施工工艺要点

3.2.1 非裂隙发育区域

项目普遍存在超 20 m 厚砂层，选用反循环钻机进行施工，施工时应注意泥浆性能指标，同时控制钻进速率，避免钻进速度过快、泥浆性能差导致塌孔；因现场桩位较为密集，钻机钻进时应采用隔钻法进行施工，即同时钻进的两处孔位应至少互相间隔一处孔位，防止因地层扰动造成塌孔等问题。

3.2.2 裂隙发育区域

据地质勘察报告推测，裂隙发育位置标高范围在 12.92～20.59 m 处，入孔深度范围为 29.00～37.90 m。基于本区域工程地质特性，反循环钻机无法适用，故引入冲击钻机进行施工，反循环钻机进行辅助施工。为保证施工工期，提高施工效率，此区域前 20 m 砂层钻进时选用反循环钻机，工效为 2～3 h；钻进深度达到 20 m 后，转为冲击钻机进行钻进施工至孔底标高。此时距勘测裂隙发育区域仍有 9～10 m，且下方存在 3～6 m 厚粉质黏土，可在钻机钻孔过程中达到自行造浆效果，以便达到更好的泥浆护壁效果。[1]

在此类地质下的桩基施工中，较为可行的办法为加强泥浆护壁法，即现场利用黏土及片石进行裂隙填充，亦可加入袋装水泥增加密度，回填后继续冲击夯实，此方式可有效加强泥浆护壁，行之有效。

3.3 施工流程

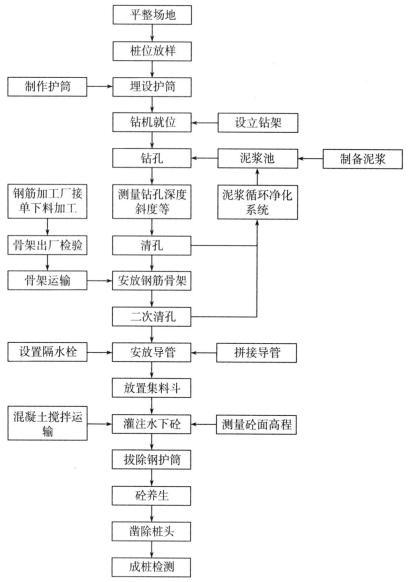

图 1　钻孔灌注桩施工工艺流程

3.4 关键工序

按照本项目地质情况，决定采用基于冲击钻及反循环钻机展开钻孔灌注桩施工，采用泥浆护壁，利用换浆法及滤砂器联合作用进行清孔，导管法灌注水下混凝土。

3.4.1 埋设护筒

场地平整后，根据桩位点设置护筒，护筒内径应大于桩基直径 200 mm，护筒中心和桩位中心偏差不大于 50 mm，倾斜度偏差不大于 1%，护筒与坑壁之间应用黏土填实，钢护筒顶标高高出地面 0.3 m。环护筒周边夯实定位。

3.4.2 钻机就位

反循环钻机就位时，要事先检查钻机的性能状态是否良好，确保钻杆中心和桩位中心在同一铅垂线上，其对中误差不得大于 20 mm。冲击钻机起落钢丝绳中心应对准桩中心。钻机定位后，底座平整，稳固，确保在钻进中不发生倾斜和位移，保证钻进中钻具的平稳及钻孔质量。

正式钻孔前，钻机要先进行运转试验，检查钻机的稳定和机况保证钻机工作正常。

3.4.3 钻机钻进

冲击钻开钻时先在孔内倒入黏土，加入清水，采用小冲程、高频率反复冲砸，使孔壁坚实不坍不漏。待钻进深度超过钻头全高加冲程后，方可进行正常冲击。在开孔阶段 4～5 m，为使钻渣挤入孔壁，减少掏渣次数，正常钻进后应及时掏渣，确保有效冲击孔底。在钻进过程中，应注意地层变化，对不同的土层采用不同的冲程。

钻进成孔过程中，根据地层、孔深变化，合理选择钻进参数，及时调整泥浆指标，保证成孔质量。刚开钻时，要轻压慢钻，回转速度不能太快，以免钻杆过分抖动，造成孔位偏斜；当钻进至护筒底口位置时，应谨慎操作，发现整车或钻进阻力较大时，应停钻分析原因，必要时提钻检查，以防止钻头钩挂护筒。

3.4.4　终孔与清孔

当钻孔达到设计标高后，由项目部质检员同监理工程师一起检查机上余尺，确认孔深无误后，方可提钻；用测绳实测孔深，并与用钻杆测得的孔深予以校核，以确定孔深是否达到设计深度。用护桩"十"字线复核孔位，用钻头直径核验孔径，吊垂球检查钻杆垂直度以确定钻孔倾斜度。

钻机终孔并提钻后，还要对桩孔再次详细检查，可用专用仪器检查，为方便起见，多用检孔器进行检查。检孔器外形是钢筋笼形状，直径 D 为设计桩径，长度为 4~6 dm。使用时用吊车将检孔器自孔口吊放至孔底，可检查孔径、孔形、倾斜度。

清孔采用换浆法，用换浆法清孔不需另加机具，且孔内仍为泥浆护壁，不易塌孔，但容易造成清孔不彻底，应特别注意，一定要保证清孔时间及清孔质量，避免出现缺陷桩。二次清孔后进行灌注水下砼。钢筋笼下放完毕，须进行二次清孔，当泥浆浓度、含沙率及沉渣厚度达到设计要求和规范要求后，并经监理同意，可以进行灌注水下混凝土。

3.4.5　钢筋笼制作及安装

根据桩基钢筋笼尺寸，将主筋连接成所需长度，并检查接头质量合格，吊放于主筋储料架上备用；严格按照图纸要求进行加工制作；焊接时注意搭接长度，保证焊缝饱满；制作完成后经验收方验收合可进行转运安装。

钢筋笼分节吊放，上下主筋位置应对正，保证钢筋笼上下轴线一致，主筋搭接位置应错开 50% 以上；钢筋笼下放至孔内后，全站仪复核钢筋笼中线偏位在允许范围内，用直径 28 钢筋做定位钢筋，沿钢筋笼外缘呈"十"字形与护筒焊接固定，对钢筋笼进行定位，同时可防止砼浇注时钢笼上浮或偏位，待灌注混凝土结束后即可分离支撑定位钢筋。

3.4.6　水下混凝土浇筑

钢筋笼安装完毕后，立刻下放导管，利用导管法灌注水下混凝土。下放导管前应进行接头抗拉试验及水密承压试验，满足要求后进行后续施工。灌注首批封底混凝土的数量最少应能满足导管首次埋置深度 1.0 m 以上的需要；完成封底混凝土后，灌注时应采取减缓砼入孔措施，防止钢筋骨架上浮。首批混凝土入孔后，混凝土应连续灌注，并保证导管埋深在 2.0~6.0 m；通过计算后确定拆管长度。控制好导管拨出速度，严禁将导管提出混凝土灌注面。[2]

4　钻进过程要点控制

4.1　泥浆指标

泥浆指标是成孔质量的重要影响因素之一，尤其在过厚砂层的钻孔灌注桩施工中，若泥浆指标过小，护壁效果较差，易导致缩孔、塌孔等严重质量问题；若泥浆指标过大，易增加钻头阻力，影响施工进度。

现场采用含砂率为 3.0%、塑性指数为 25.7 的黏土作为造浆原料，并掺入 0.05% 左右的羟甲基纤维素，提高泥浆黏度。将制备好的泥浆填入桩基孔内，加入清水利用桩头反复冲击进行制浆，低冲程冲砸造浆，泥浆比重控制在 1.4 左右。钻进到 0.5~1.5 m 时，再回填黏土。继续以低冲程冲砸。如此反复二三次，必要时多重复几次。所制泥浆排入泥浆池中。

在钻进过程中，应配置滤砂器；孔内泥浆与泥浆池循环时，将泥浆中悬浮的砂粒过滤，防止沉渣过厚。经现场实践，在本项目富水厚砂层钻进施工所适宜的泥浆指标见下表 1。

表 1　不同钻机施工时泥浆指标性能

类型	泥浆比重	黏度	含砂率/%	胶体率/%
反循环钻进	1.37~1.42	28~33	4	97
冲击钻钻进	1.40~1.45	30~35	5	96

4.2 水头控制

在临河富水厚砂层地质下，施工地层与河道具一定水力联系，存在地下水流动通道，泥浆易流失，孔内缺少泥浆护壁，孔内外压力失衡，进而导致缩孔、塌孔等现象，故需密切检测孔内泥浆水头高度，对于此种地质情况，泥浆水头高度应不低于地下水位高度 2.0 m。同时施工前现场应预备黏土及片石，施工中利用一种泥浆液面监测装置，若发现泥浆液面快速下降，能够及时发出警报，钻机操作人员可及时填补泥浆，并提钻回填黏土及二片石，若漏浆严重可增加袋装水泥进行回填。采用装卸设备回填 3～4 m 深度后，继续冲击堵住裂隙形成护壁，然后继续钻孔作业。

4.3 钻进速率控制

反循环钻机在厚砂层地段，反循环钻机钻进速率应控制在 1～3 m/h，若在砂层地段钻进过快，极易发生塌孔，进而扰动地层扰动，造成地面塌陷，对机械设备及人员造成伤害。

冲击钻机在反循环钻机辅助钻进后进行全风化、强风化等岩层钻进时宜选用小冲程的方式，冲程控制在 60～80 cm 区间，且应适时提钻检查钻头磨损情况。

5 结语

综上所述，在此种临河富水厚砂层且受地下裂隙发育影响的地质下进行桩基施工，首先应注意地层扰动问题，采用隔钻法进行施工，施工时应加强泥浆护壁，控制钻进速率；其次在裂隙发育区域，为保证施工效率可利用反循环钻机辅助，冲击钻机成孔的方式施工，施工时应密切关注泥浆液面高度，并准备好必要补救措施。

本工程码头区域共计 375 根钻孔灌注桩，按设计要求采用声测管基桩检测 118 根，小应变检测 248 根，高应变检测 9 根，Ⅰ类桩达到 100%，成功证明本文所述工艺的正确性，且本工程所面临的工况条件相对具有普适性和代表性，经优化总结后的钻孔灌注桩施工工艺具有一定的推广价值。

参考文献：

[1] 陈占.复杂地质条件下钻孔灌注桩施工技术 [J].交通世界,2020(4):134-135.

[2] 程千红.超厚砂层地质条件下钻孔灌注桩的施工方法探讨[J].城市道桥与防洪,2015(1):841-843.

作者简介：吴祥亮,中建筑港集团有限公司高级工程师

联系方式:zwk8777@163.com

水上钻孔灌注桩施工钢平台设计及应用

崔宏飞　代世坤　陈　冬　游鹏浩

摘要：水上灌注桩施工钢平台是灌注桩施工的关键，为水上灌注桩施工提供平台的同时可为现场施工人员及小型设备提供场地，直接关系到灌注桩施工质量及安全。本文结合宜春港丰城港区尚庄货运码头一期工程，详细介绍了水上灌注桩施工钢平台的方案设计及施工工艺应用，并对主次梁、钢护筒强度以及平台的稳定性进行复核验算。

关键词：水上钻孔灌注桩；施工钢平台；钢平台方案设计；施工工艺

1　工程概况

宜春港丰城港区尚庄货运码头一期工程位于赣江干流左岸鹏洲—铁路桥上游 850 m 之间，龙头山航电枢纽上游，北纬 28°10′55″、东经 115°41′55″，水深条件丰水期可适航 1000 吨级以上江船，距离下游赣江龙头山水电枢纽 13 km，丰电铁路联络线约 850 m。码头平台为钻孔灌注桩基础，均为水上桩，水上钻孔灌注桩直径 1200 mm，采用 C30 水下混凝土，桩长为 27～30 m，每榀排架布置 4 根直桩。根据设计要求设置永久性钢管桩，钢管桩直径同灌注桩直径，钢管桩长度为 21.0 m，壁厚为 8 mm。丰城港区设计高水位 30.05 m，设计低水位 23.44 m。

为节省建设资金，在切实满足钢平台功能要求的同时，节约资源，缩短建设工期，钢平台采用现场已施工的钢管桩作为基础。结合地质勘察报告，场地地层自上而下分别为杂填土、中粗砂、粉质黏土、全风化砂质泥岩、强风化砂质泥岩、中风化砂质泥岩，钢管桩段（入土 8.0 m）主要支撑在中风化夹层，该层地基土容许承载力为 300 kPa。

钢平台可为桩基施工作业提供施工平台，同时为现场施工人员和小型材料设备（电焊机、导管、泥浆箱等）提供场地。

2　钢平台设计

2.1　主要参数

（1）钢管桩：φ1200 mm，壁厚 8 mm。

（2）牛腿：100 mm×350 mm×350 mm 梯形。

（3）主次梁：36a 工字钢，相邻主梁间距 5.6 m；次梁：25a 工字钢，间距不大于 1.1 m，长度根据现场主梁间距现场加工（根据现有材料，36a 工字钢不足的部分采用 40a 工字钢代替一部分，次梁 25a 工字钢不足的部分采用 20a 工字钢代替）；横撑：25♯槽钢。

（4）面层钢板：厚度 8 mm，尺寸约为 1.5 m×6 m。

（5）焊接牛腿顶标高：28.3 m；码头钢平台面标高：29.02 m。

（6）横撑：25♯槽钢或工字钢（牛腿往下约 1 m）。

（7）护栏 1.2 m，采用 φ48×3.0 mm 钢管。

2.2　结构设计

钢平台采用已完成的钢管桩作为基础，在钢管桩两侧焊接双牛腿，如图 1 所示。在钢管桩两侧牛腿上方铺设 36a 工字钢作为钢平台主梁，相邻主梁间距 5.6 m；在 36a 工字钢上铺设 25a 工字钢作为次梁，次梁在主梁上方均匀布设，间距不大于 1.1 m，在钢管桩两侧的次梁采用双拼 25a 工字钢，其余部分采用单根 25a 工字钢。次梁上方铺设 8 mm 厚钢板作为钢平台面层，如图 1 所示。为确保钢管桩及平台整体稳定性，在钢管桩横向之间利用 25♯槽钢进行连接，位置约位于钢管桩牛腿往下 1.0 m 处，如图 2。钢平台沿码头后沿一侧设置 1.5 m 宽人行通道，采用型钢制作钢平台上下通道与平台相通，如图 3 所示。为确保施工安全，钢平台四周设置高度为 1.2 m 栏杆，立杆间距 2.0 m，水平杆间距 0.6 m。

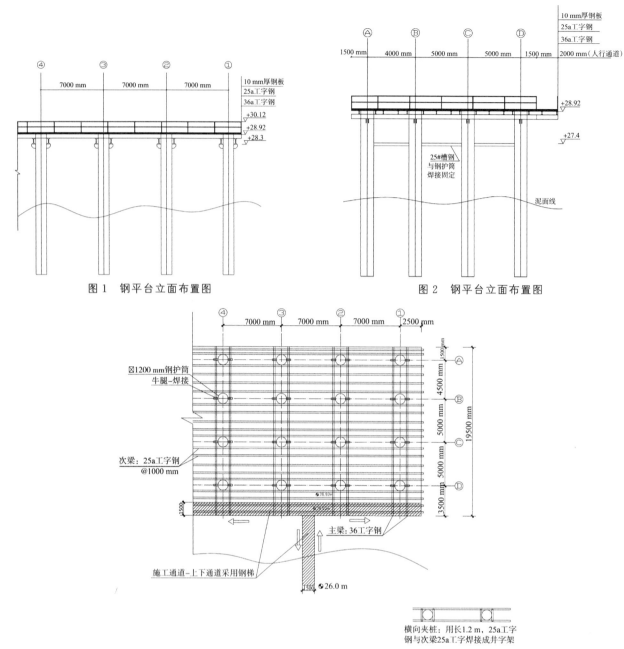

图 1　钢平台立面布置图

图 2　钢平台立面布置图

图 3　钢平台平面布置图

3　钢平台复核计算

3.1 材料参数

钢平台面板、分配梁以及钢管桩均采用 Q235 钢材，其设计强度及弹性模量取值[1]如表 1 所示。

表 1　钢材设计强度及弹性模量（单位：MPa）

材料	f（抗拉、压、弯）	fv（抗剪）	E
Q235	215	125	2.06×10^5

3.2 荷载

（1）恒载（永久作用）：自重恒载由程序根据有限元模型设定的材料和尺寸自行计算施加。[2]

（2）活载（可变作用）：钻机全套自重 12 t，钻机及钻头重 3 t；水泵重量为 5 t；施工人员考虑重 0.3 t；其他材料重 3 t；泥浆面及循环系统重约 10 t。[2]

3.3 结构计算

采用 Midas Civil 有限元软件进行计算分析，除桥面板采用板单元外，其余构件均采用梁单元进行计算，有限元模型建立如图 4 所示。

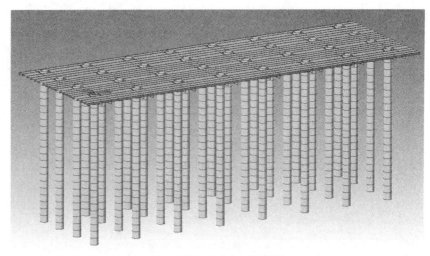

图 4　钢平台有限元模型图

计算工况:工作平台搭设好好后,钻孔灌注桩施工作业时的机械设备、材料及人员荷载。

钢平台计算结果如 5 所示。

(1) 平台整体变形:最大变形为 10.58 mm＜L/400＝17.5 mm(L 为相邻两跨最大间距),刚度满足要求。

图 5　整体变形模型图

(2) 面板:组合应力最大值为 11.22 MPa＜215 MPa,强度满足要求。

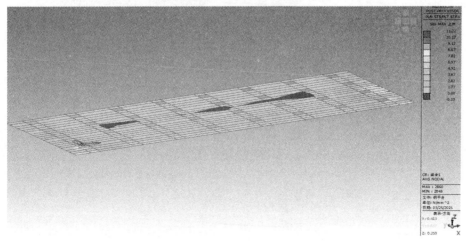

图 6　面板组合应力模型图

（3）I36a 主梁：组合应力最大值为 104.23 MPa＜215 MPa，强度满足要求。

图 7　主梁组合应力模型图

（4）I25a 次梁：组合应力最大值为 66.93 MPa＜215 MPa，强度满足要求。

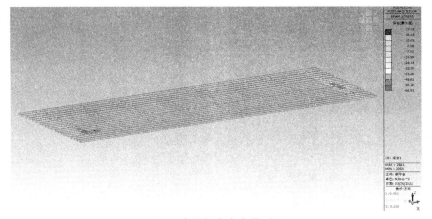

图 8　次梁组合应力模型图

（5）钢管桩：组合应力最大值为 16.31 MPa＜215 MPa，强度满足要求。

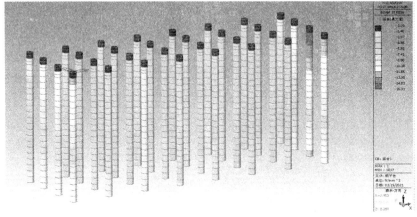

图 9　钢管桩组合应力模型图

（6）钢护筒横撑：组合应力最大值为 11.56 MPa＜215 MPa，强度满足要求。

图 10　钢护筒横撑组合应力模型图

钢平台牛腿计算结果如下：

对焊接相关计算如下：$\tau = \dfrac{N}{h_e 1_w} \leqslant f_f^{w\,[1]}$

式中，$N = 100000$ N，$h_e = 0.7 \times 5.66 = 3.96$ mm，$\tau = 170$ N/mm。

$L_w \geqslant 149$ mm，在实际施工中，1_w 取值为 280 mm，并且在每个牛腿包含两块 8 mm 厚钢板，安全系数大幅度增加，满足现场施工生产要求。

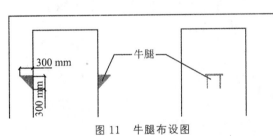

图 11　牛腿布设图

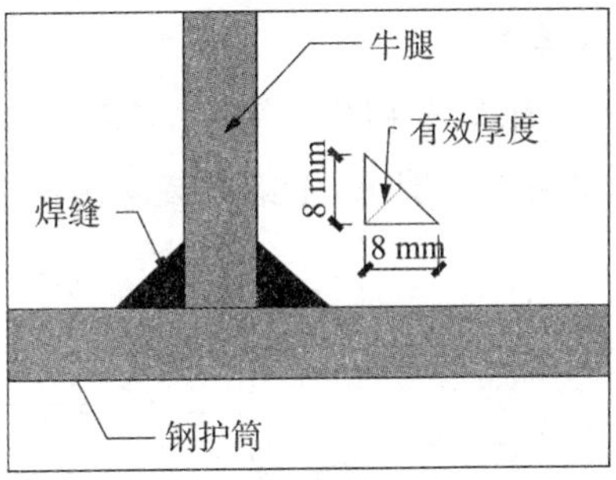

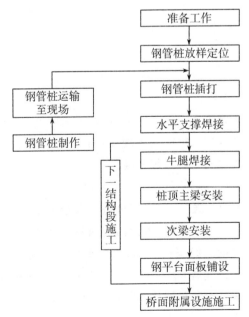

图 12　牛腿焊接示意图

4　钢平台应用

钢平台不考虑上吊机、罐车等重型设备，工作平台仅供灌注桩成孔作业。桩基采用反循环钻机进行施工，桩基施工完成一定工作面后，即将工作平台拆除并倒运至新的工作面进行钢平台搭建，循环使用钢平台，完成桩基施工。

4.1　施工工艺流程

准备工作

钢管桩放样定位

钢管桩插打

水平支撑焊接

牛腿焊接

桩顶主梁安装

次梁安装

钢平台面板铺设

桥面附属设施施工

钢管桩运输至现场

钢管桩制作

下一结构段施工

图 13　施工工艺流程图

4.2 钢平台施工

4.2.1 钢管桩插打

为确保钢管桩（钢管桩，以下统称钢管桩）插打定位准确，施工效率快，使用桩架式打桩船，锤击法沉桩作业，钢管桩施工达到设计要求，底部到达桩基持力层。钢管桩施工完成后焊接水平撑，加强钢管桩之间的连接，增强钢平台整体稳定性。

4.2.2 牛腿施工

钢管桩插打完成后，在桩侧面焊接牛腿，牛腿由高于设计标高的钢管桩材料加工制作而成，材质为Q345，厚8 mm，焊接牛腿前，在钢管桩桩身进行放样，确定焊接位置及标高，由浮吊船配合，人工进行牛腿的焊接，牛腿焊接长度不小于28 cm，且牛腿均为两面焊，要求焊缝饱满。

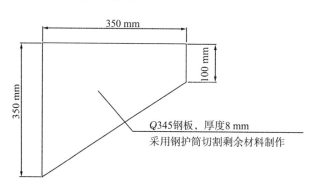

图 14　牛腿大样图

4.2.3 主梁安装

主梁由船舶运至相应位置后，由浮吊将主梁36a工字钢吊装至牛腿上，主梁吊装采用两条钢丝绳，由陆用吊装设备与船舶组合作业将主梁从运输船舶吊装并安装固定于牛腿上，由电焊工将主梁点焊固定于牛腿。

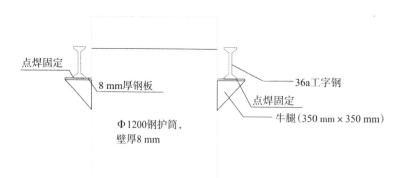

图 15　主梁安装大样图

4.2.4 次梁安装

次梁采用25a工字钢，间距不大于1.1 m，次梁长度根据主梁的间距现场进行加工、调整，次梁与主梁之间采用点焊连接。

4.2.5 面层钢板安装

次梁安装完成后，即可进行面层钢板吊装，面层钢板为8 mm厚，依次吊装布置于次梁之上，钢板与次梁之间采用点焊连接，钢板之间也需采用点焊进行连接，确保钢平台整体性。钢管桩顶部多余部分切除后铺设钢板网片，防止人员坠落，确保安全。

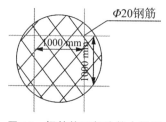

图 16　钢管桩顶部防护大样图

4.2.6 施工平台栏杆、照明等附属设施

施工通道设置在码头后沿，码头后侧钢平台边缘1.5米范围，设置人行及泵管布设通道，如图3。

施工平台设栏杆，高1.2 m，在高0.6 m设置横撑，采用Φ48×3.0 mm钢管焊接，立柱间距2 m，焊在平台次梁上，栏杆统一用红白色油漆涂刷,红白色按 30～40 cm 交替布置,栏杆底设置 18 cm 踢脚板。现场施工电缆从钢平台后方栏杆外侧集中布设,电缆架空。在平台周围可设置安全警示灯、警示标志牌,栏杆上布置灭火器、救生衣等安全防护设施。

钢平台照明设施采用 LED 照明灯,码头前后沿对称布置,间隔 45 m,钻机上设置小型照明设施,作为补充照明,满足施工需求。

5 结束语

目前本项目已完成全部水上钻孔灌注桩施工作业,平台(图 17)工作稳定,提高了桩基施工质量,节约资源,缩短了建设工期。实践表明,在钢平台设计时不仅要考虑钢管桩强度、入土深度及钢管桩纵横向连接,还要进行平台稳定性计算。同时,在钢平台搭设过程中严格按照赵设计要求进行焊接、搭设;在水上灌注桩施工期间要加强钢平台的沉降及位移监测,根据监测结果及时采取相应措施,避免事故的发生。总之,水上灌注桩施工钢平台解决高桩码头桩基施工难题,节省了建设资金,缩短了施工周期。

图 17 水上钻孔灌注桩施工钢平台

参考文献:

[1] 中华人民共和国住房和城乡建设部. GB50017—2017 钢结构设计标准[S].北京:中国建筑工业出版社,2017.

[2] 中华人民共和国交通运输部.JTJ144－1－2010 港口工程荷载规范[S].北京:人民交通出版社,2010.

作者简介:崔宏飞,中建筑港集团有限公司,助理工程师,项目工程部经理

联系方式:2552685636@qq.com

低供油量条件下滚动轴承自集油滚道设计及润滑特性研究

刘成龙　　郭　峰　　谢自奇　　巨　斌

摘要：为降低轴承摩擦阻力，笔者设计了新型带有润湿性梯度滚道的滚动轴承，利用全轴承试验机对其减摩特性进行了研究。通过在轴承滚道两侧进行疏油涂层设计，制成的虚拟挡边（Virtual Retaining Border，VRB）轴承改变了轴承滚道上限量润滑剂的分布，提高了轴承润滑剂回填效果，从而达到降低轴承搅动摩擦和磨损的效果。考虑润滑油回填机制对轴承运行状态的影响，探究了全轴承的摩擦力矩和润滑特性。试验结果表明，在低供油条件下，两类轴承摩擦力矩均有所降低；随着乏油程度增加，VRB轴承的摩擦力矩降低效果更加明显。

关键词：滚动轴承；摩擦力矩；限量供油；润滑特性

滚动轴承是高端装备的核心部件，有机械"关节"之称。现代工业发展对滚动轴承提出更高的性能要求，例如高转速、高强度、长寿命、低摩擦力矩等。[1]其中轴承的摩擦力矩与其润滑状态有着密切的关系，摩擦力矩的降低得益于润滑状态的优化和润滑技术的提升。[2]近年来新能源汽车发展要求轴承具有更低的摩擦能耗，以实现更高的扭矩增量和高驱动性能等。[3]因此，轴承的低摩化设计成为高端制造业的关键技术。工程师们主要通过结构设计、润滑优化和材料升级等，实现轴承的低摩化要求。例如，JTEKT轴承公司针对汽车低油耗标准，开发了系列低扭矩化轴承，显著降低了轴承中润滑油的搅拌阻力。[4]Kotzalas等[5]针对轴承疲劳失效进行了研究，指出了过量供油带来的搅油摩擦加剧轴承失效的问题。

在轴承的润滑设计中，常常对润滑剂的供给予限制，即限量供油润滑，如高速主轴的油气润滑和微器件的润滑。限量供油润滑使用尽量少的润滑剂实现摩擦副的有效润滑，摩擦副工作在减磨降摩的最佳状态，有效降低搅油和摩擦功耗，实现低摩擦力。在限量供油条件下影响润滑效率的重要因素是表面自集油效应，即润滑轨道上润滑油向接触中心区回流并参加润滑。常见的机械零部件运行过程中自发出现的乏油现象属于被动的限量供油润滑，研究人员对此已进行了研究。Wedeven等[6]首次报道了乏油条件下滚动接触的弹性流体动力润滑油膜测量结果，润滑油被滚动

体碾压分离到轨道两侧未能充分回流而产生乏油。Kingsbury[7]在点接触模型中供给了几百纳米的润滑剂，轴承可以在长时间内维持平稳的运转，最终轴承失效来自润滑油膜的氧化而非表面磨损。该试验证实苛刻的供油条件也可以产生良好的润滑效果。Hamrock等[8]、Chevalier等[9]利用数值方法对乏油润滑的膜厚进行了研究，探寻了乏油对润滑的影响。近年来，在限量供油条件下，研究者通过提高接触区两侧润滑油的利用效率，有效促进了润滑油膜的形成。栗心明等[10]试验表明表面速度异向效应可促进润滑油的有效供给，供油边界与接触区入口距离增加。Ali等[11]利用柔性机械刮板人为增加了接触区外的润滑剂回填，维持了少油量条件下供油的稳定性。Liu等[12]通过润湿性梯度涂层设计，提高了润滑轨道的回流效果，增加了膜厚，降低了磨损量。上述研究针对球—盘接触模型，借助机械力、表面张力等作用，增加了润滑剂的利用率，优化了限量供油条件下的润滑行为。

然而，真实滚动轴承的运转受到润滑剂、结构参数、材料参数等多因素影响，优化轴承润滑的关键是有效促进润滑滚道的供油。梁鹤等[13]制造了具有透明外环的轴承，利用荧光观测技术对轴承滚动体周围油池的动态分布进行了分析。刘牧原等[14]设计的新型纤维导流喷嘴应用到高速电主轴中，成功提高了润滑油的供给效率。Ge等[15]通过轴承内圈沟槽式导流结构的设计，分析了导流结

构对轴承润滑增效特性的影响。可以看出，在轴承内进行集油增强设计对于增加轴承的润滑具有积极作用。

本文在轴承滚道中心一定宽度的亲油钢表面两侧各制备一层疏油涂层（Anti-fingerprint coating，AFC），利用该设计将润滑油限定在亲油润滑滚道内，称该类轴承为虚拟挡边（Virtual Retaining Border，VRB)轴承。利用自制的全轴承摩擦力矩测量试验机，对比了 VRB 轴承与普通轴承的摩擦力矩和温升特性，给出了限量供油条件下 VRB 轴承的润滑机制，为实现高端装备能耗改善创造了有利条件。

1　试验部分

1.1　测量系统

图 1 为本试验所用的全轴承试验机的示意图和实物图，可对摩擦力矩和轴承温升进行测量。试验机通过扭矩传感器测量主轴端摩擦力矩。伺服电机通过联轴器驱动主轴带动测试轴承旋转，通过压力传感器记录径向载荷。同时采用接触式热电偶进行轴承外圈的温度测量。

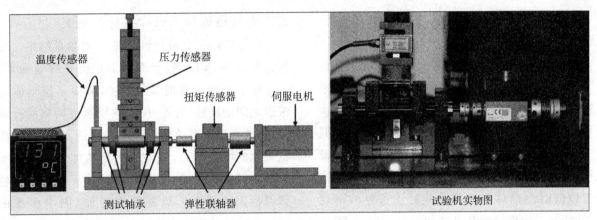

图 1　全轴承试验机

1.2　样品制备及试验

使用 1204 调心球轴承，具体参数如表 1 所示。采用对称方式安装，每个轴承承受相同载荷，实验过程中测试四个轴承整体的摩擦力矩。试验使用的润滑剂为 PAO4 和 PAO20。表 2 为所有润滑剂黏度稳定后测量值。为验证 VRB 轴承在有限量供油条件下的减摩效果，测试不同供油量、载荷和的摩擦力矩测试，试验条件如表 3 所示。

限量供油时，使用微量进样器将润滑剂均匀注入四个轴承中，并低速运行 10 min 以确保润滑剂在轴承中均匀分布；充分供油时，使用容量为 1 mL 的注射器将润滑剂均匀注入四个轴承中，并低速运行 10 min 以确保润滑剂在轴承中均匀分布。

表 1　1204 轴承参数

参数	数值
内径/mm	20
外径/mm	47
宽度/mm	14
极限转速/(r/min)	17000

表 2　润滑剂黏度

润滑剂	黏度(20℃，MPa·s)
PAO4	29.5
PAO20	396

表 3　试验条件

参数	数值
温度(℃)	20 ± 1
湿度/(%RH)	60 ± 5
载荷/N	160，280，400
速度/(r/min)	19 ~ 2865
供油量/μL	20,40,80,120,充足

VRB 轴承的制备过程如图 2 所示，在轴承内圈两个滚道进行亲疏油相间涂层制备，当轴承乏油产生时，疏油涂层起到虚拟挡边作用，VRB 轴承自集油效果增强。

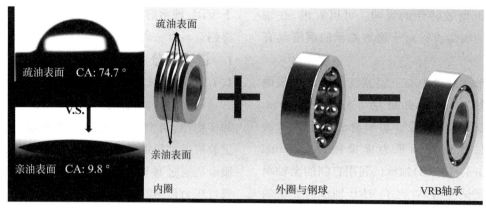

图 2　VRB 轴承的制备

2　试验结果及讨论

2.1　原始轴承的摩擦特性

图 3 为全轴承试验机使用普通 1204 轴承的摩擦力矩随转速变化的特性曲线。在充分供油与限量供油（20 μL）条件下，普通轴承摩擦力矩随转速增加均呈现出先降低后上升的趋势。轴承中不同部分的摩擦，如滚动体的滑动摩擦、滚动摩擦以及保持架相关的摩擦等，均随速度发生变化。例如，速度较低时滚动体与滚道之间处于边界润滑状态，此状态下润滑油的黏度特性未发挥作用，滚动体与滚道有较大面积的固－固接触，故轴承低速运转时摩擦力矩较高；随着速度增加，滚动体和滚道之间油膜逐渐形成，滚动体与滚道之间的固－固接触面积降低，故摩擦力矩随转速增加而降低；当转速增加到一定值时，随着膜厚增加，剪切速率增加，使得剪切力增大，摩擦力矩增加；充分供油条件下，轴承摩擦力矩的变化曲线与限量供油润滑特点类似，但充分供油条件下搅油摩擦占较大比重，故摩擦力矩明显高于限量供油。高速条件下，更容易产生局部乏油，使得摩擦力矩继续增长，但摩擦力矩上升趋势逐渐趋于平缓。

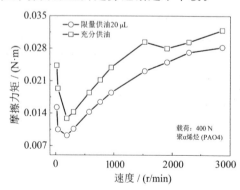

图 3　转速对轴承摩擦力矩的影响

2.2　虚拟挡边轴承低摩擦特性研究

图 4 给出了充分供油条件下的测量结果。在低速条件下，VRB 轴承摩擦力矩低于普通轴承。一是由于更多润滑剂参与成膜，减少了滚动体与滚道之间的接触；另外，位于轴承滚道两侧的疏油涂层，改变了滚道的润滑油亲和特性，能够有效降低轴承的滑动摩擦，使轴承内滚动体、滚道、润滑剂以及保持器之间的摩擦力降低，从而使轴承整体摩擦阻力降低。随着速度增加（图中虚线区域），此时轴承滚动体打滑摩擦以及搅油摩擦占比上升，充分供油时两类轴承摩擦力矩差别不明显。

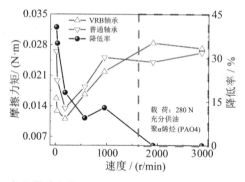

图 4　充分供油条件下 VRB 轴承与普通轴承摩擦力矩对比

限量供油条件（20 μL）下，载荷对 VRB 轴承与普通轴承摩擦力矩的影响如图 5 所示。在限量供油条件下，VRB 轴承相对于普通轴承的摩擦力矩明显降低。在乏油严重（速度较大）时，VRB 轴承的摩擦力矩降低作用效果更加明显。在限量供油条件下，由于轴承自身结构影响，部分润滑剂向轴承两侧甩离，轴承滚动体与滚道润滑状态趋于边界或者混合润滑，在此状态下载荷由流体润滑膜、边界润滑膜、有序分子膜和粗糙峰的干接触共同承担，摩擦力矩较大。相反，VRB 轴承在虚拟挡边的作用下，润滑剂能有效回流入滚道，大大改善了润滑状态,因此 VRB 轴承表现出较低的摩擦力矩。随着载荷增加,摩擦力矩最大降低率逐渐降低。载荷的增加使得滚动体与滚道接触区宽度增加,润滑剂流回接触区中心所需时间延长,限量润滑剂在有限时间内回流效果变差,加剧了乏油程度,因此随着载荷的增加两类轴承的摩擦力矩均增大。速度因素和载荷因素均可导致乏油程度增加,因此也会影响 VRB 轴承摩擦力矩的降低率。

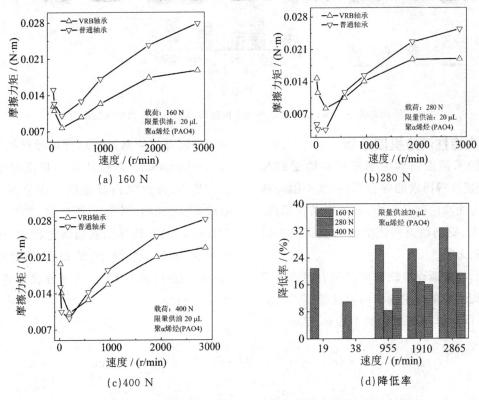

(a) 160 N   (b) 280 N

(c) 400 N   (d) 降低率

图 5   不同载荷下 VRB 轴承与普通轴承的摩擦力矩及摩擦力矩降低率对比

在 280 N 载荷下,VRB 轴承与普通轴承使用不同黏度润滑剂的摩擦力矩对比如图 6 所示。随着黏度增加,VRB 轴承摩擦力矩降低率发生改变,VRB 轴承摩擦力矩在低速条件下效果更加明显。随着润滑剂黏度增加,润滑剂自身流动性减弱,在低速下受离心力、气穴等外界因素影响较小,VRB轴承能够实现有效成膜,降低摩擦力矩;随着转速增加,限量供油下难以形成稳定的油膜、高黏度润滑油受离心力、气穴影响甩出接触区后因润滑剂自身黏度过高难以有效回流、高黏度润滑油形成的剪切应力较大的油膜,三者共同作用使得 VRB轴承摩擦力矩降低率下降。

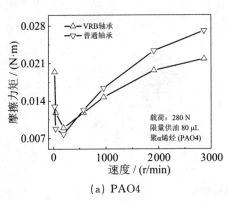

(a) PAO4

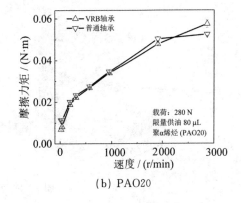

(b) PAO20

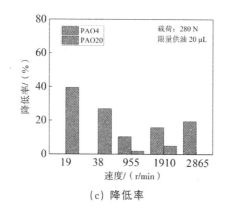

（c）降低率

图 6　不同黏度下 VRB 轴承与普通轴承的摩擦力矩及摩擦力矩降低率对比

3　轴承摩擦特性调控机制分析

考虑到轴承滚道内润滑剂横向回填受到黏度、载荷以及速度等因素的综合影响，其中阻碍油滴回流的力为油滴的黏滞阻力，润滑剂黏度越高，黏滞阻力越大；驱动油滴回流的力为油滴在不同表面的表面张力差。

疏油表面与亲油润滑轨道形成的表面张力差对润滑剂的集油效果可用油滴的铺展模型进行验证。采用 CFD 流体仿真软件的 Fluent 模块对集油润滑轨道的油滴铺展过程进行模拟，采用三维的 Navier-Stokes 方程结合多相流模型 VOF 方法。其中，计算域内以变量 α 区分油气两相，当 α＝1 时，为油相；当 α＝0 为气相，在油气两相边界上 0＜α＜1。计算油滴铺展过程的三维 Navier-Stokes 方程，连续方程以及 VOF，连续性（continuity），和 VOF 相边界方程如式（1）～（3）所示。

$$\frac{\partial}{\partial t}(\rho v) + \nabla \cdot (\rho vv) = -\nabla p + \nabla \cdot [\mu(\nabla v + \nabla v^T)] - \rho gk + f \tag{1}$$

$$\frac{\partial \rho}{\partial t} + \nabla \cdot (\rho v) = 0 \tag{2}$$

$$\frac{\partial \alpha}{\partial t} + v \cdot \nabla \alpha = 0 \tag{3}$$

式中，$v=(u,v,w)$ 和 p 分别为速度向量和压力；ρ 和 μ 分别为流体密度和黏度；$k=(0,1,0)$ 表示 y 方向的单位向量；f 是由于表面张力或界面曲率引起的合外力。如图 7 所示，模型中设置油滴从初始位置自由下落，接触下表面后开始铺展，油滴半径为 0.25 mm，油滴高度为 0.05 mm，记录油滴铺展过程中的变化过程。出口压力为大气压力，模拟时间为 10^{-5} s。

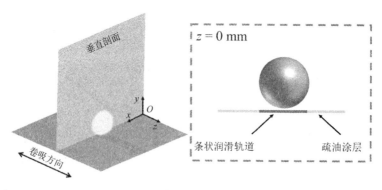

图 7　油滴下落铺展模型

模型中疏油涂层围成的区域宽度为 0.5 mm，如图 8 所示，油滴在两侧驱动力作用下，在轨道内趋向于沿着卷吸速度方向分布。显然，当摩擦副运动时，挤压到轨道外的润滑剂在两侧润湿性梯度作用下，快速回到轨道并沿卷吸速度方向分布，将提升摩擦副的减摩抗磨性能。油滴沿着 x 与 y

方向的扩散半径随时间的变化也显示出织构集油　　　　润滑轨道对油滴具有定向铺展的能力。

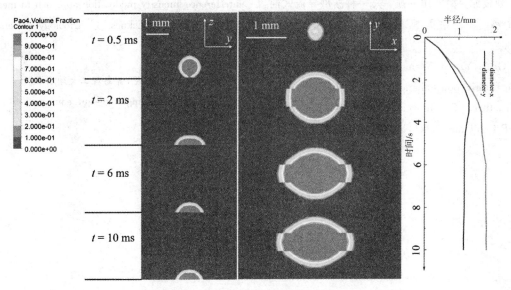

图 8　集油轨道油滴铺展过程

4　结论

本文对全轴承摩擦力矩进行了研究,应用润湿性梯度滚道实现了轴承的润滑增效,从而降低了轴承的摩擦力矩。得到以下结论。

(1)普通轴承摩擦力矩随着转速增加呈现出"先下降后上升"的趋势,且随着径向载荷的增加摩擦力矩逐渐增大,随着供油量的增加摩擦力矩会有一定程度的下降。

(2)在少量供油条件下,VRB轴承表现出较好的低摩擦特性。乏油程度增加,VRB轴承的摩擦力矩降低率效果更明显;供油量对VRB轴承摩擦力矩的降低率具有反向作用。

(3)在少量供油条件下,VRB轴承相较普通轴承能降低10%～15%的摩擦力矩,有效改善了轴承的摩擦性能。

参考文献:

[1]杨晓蔚.机床主轴轴承最新技术[J].轴承,2010(1):61-63.

[2]温诗铸,黄平.摩擦学原理[M].第2版.北京:清华大学出版社,318-334.

[3]Farfan-Cabrera L I. Tribology of electric vehicles:A review of critical components,current state and future improvement trends[J]. Tribology International,2019,138:473-486.

[4]https://www.jtekt.co.jp/e/news/200527.html.

[5]Kotzalas M N,Doll G L. Tribological advancements for reliable wind turbine performance[J]. Philosophical Transactions of the Royal Society A:Mathematical,Physical and Engineering Sciences,2010,368(1929):4829-4850.

[6]Wedeven L D,Evans D,Cameron A. Optical analysis of ball bearing starvation[J]. Journal of Lubrication,1971,93(Series F):349-363.

[7]Kingsbury E,Schritz B,Prahl J. Parched elasto-hydrodynamic lubrication film thickness measurement in an instrument ball bearing[J]. Tribology Transactions,1990,33(1):11-14.

[8]Hamrock B J. Fundamentals of fluid film lubrication[M]. New York:Mc Graw-Hill,Inc.,1994.

[9]Chevalier F,Lubrecht A A,Cann P,et al. Film thickness in starved EHL point contacts[J]. Journal of Tribology,1998,120:126-132.

[10]栗心明,周广运,郭峰,等.异向卷吸作用下润滑剂回填增强效应试验研究[J].机械工程学报,2020,56(17):225-232.

[11]Ali F,Křupka I,Hartl M. Enhancing the parameters of starved EHL point conjunctions by artificially induced replenishment[J]. Tribology International,2013,37:134-142.

[12]Liu C L,Guo F,Wong P L,et al. Tribological behaviour of surfaces with stepped wettability under limited lubricant supply[J]. Tribology International,2020,141:105880.

[13]梁鹤,张宇,王文中.轴承内部润滑油分布及回流的试验观察与研究[J].摩擦学学报,2020,40

（4）：450-456.

［14］刘牧原，郭峰，焦一航，等. 一种新型导流式油气润滑喷嘴［J］. 中国机械工程，2018，29（11）：1284-1288.

［15］Ge L，Yan K，Wang C，et al. A novel method for bearing lubrication enhancement via the inner ring groove structure［C］. Journal of Physics：Conference Series，IOP Publishing，2021，1820（1）：012092.

［16］Liu H C，Guo F，Guo L，et al. A dichromatic interference intensity modulation approach to measurement of lubricating film thickness[J]. Tribology Letters，2015，58（1）：1-11.

作者简介：刘成龙，青岛理工大学副教授

联系方式：liuchenglong@qut.edu.cn

轿车子午线轮胎胎面复合结构对滚动阻力的影响研究

孟照宏　史彩霞　王君　周磊　翟明荣　庄磊

摘要：如何在确保操控、磨耗性能的同时降低滚动阻力是乘用车子午线轮胎配套开发过程中的难点之一。本文对 10 个不同规格轮胎进行有限元建模仿真和滚动阻力、操控性能测试验证，探究胎面复合结构对滚动阻力和侧偏性能影响的一致性规律。研究发现，保持胎面中部橡胶材料不变，对胎肩部位应用低滚动阻力配方材料，能够达到操控性能与滚动阻力协同提升的目的，为轮胎平衡各项性能提供参考。

关键字：子午线轮胎；胎面复合结构；有限元法；滚动阻力；侧偏特性；黏滞损耗率

在轮胎配套开发过程中，针对主机厂与轮胎配套供应商联合测评开出的操控、磨耗、燃油经济性等方面的不符合项，如何协同提升各项性能指标，既是对轮胎供应商技术能力的挑战，又是展现自身核心技术实力和争取更高配套份额的机遇。

子午线轮胎胎面作为轮胎与地面直接接触的部件，其滚动阻力、湿抓性能和磨耗性能由于橡胶材料在温度、频率评价区间的不同，形成相互关联、相互制约的关系，即轮胎性能的"魔鬼三角"规律。[1-2]国内外在平衡三者性能方面做了大量研究，包括 Veiga 等[3-6]在配方材料设计与测试方面配方参数正交试验研究，Serafinska 等[7-10]在结构参数正交试验或仿真优化方面的研究，王国林等[12-14]在滚动阻力、抓地性能与接地特性参数相关性和性能综合提升方面的研究。

综上所述，胎面配方材料优化对轮胎性能平衡和提升最具优势，结构优化次之，但其开发周期和性能验证的复杂性很难满足车辆开发周期要求，且大多局限于对单一轮胎产品性能的优化。

本文参考以往研究[11,15-16]，构建了 10 个不同规格轮胎有限元仿真模型，并对其滚动阻力、操控性能进行测试验证，以研究一种兼顾操控性能和滚动阻力的胎面复合结构设计方法，探究胎面复合结构应用不同低滚动阻力配方材料对降低滚动阻力的一致性影响，为轮胎工程设计提供理论性指导。

1　轮胎有限元模型

1.1　材料模型

本文采用美国 INSTRON-5966 型高低温材料拉伸试验机和德国 Gabo 公司 Eplexor® 150N 型动态热力学分析（DMA）仪对去除 Mullins 效应的试片进行拉伸和温度—频率扫描测试，以表征橡胶材料的超—黏弹特性；采用英国 Testrite 公司 MK3 帘线干热收缩仪和美国 INSTRON-5965 型材料拉伸试验机分别测试纤维帘线干热收缩特性、经受干热收缩后的弹性模量，以表征轮胎经受硫化后充气后的拉伸性能；相关测试设备如图 1 所示，部分材料特性参数见文献[11]。

(a) 高低温材料拉伸试验机　　　　　(b) DMA 仪　　　　　(c) 帘线干热缩仪

图 1　轮胎材料测试仪器

1.2 结构模型

复杂胎面花纹轮胎有限元建模过程参考文献[11,16]，在此展示 10 种规格的轮胎三维有限元模型，如图 2 所示。

T01	T02	T03	T04	T05
T06	T07	T08	T09	T010

T01—165/70R14 81T DH05；T02—195/60R15 88H DH02；T03—205/55R16 91V DH08C；T04—205/55R16 91V EVA；T05—205/50R17 93W DSU02；T06—215/60R17 96H DH16S；T07—225/65R17 102H HR808；T08—235/65R17 104H DS01；T09—245/35ZR19 93Y DSU02；T10—285/40ZR19 107Y DSU02

图 2　复杂花纹轮胎有限元模型

2　轮胎有限元模型验证

本文从滚动阻力和侧偏动态力学特性的角度采用偏最小二乘回归法对 10 种规格的轮胎有限元模型进行仿真验证，测试条件及其验证结果如表 1 和图 3 所示。

表 1　轮胎有限元分析及测试验证条件

编号	项目	充气压力/kPa	径向负荷	速度/(km·h⁻¹)
1	滚动阻力	210	80%LI	80
2	侧偏刚度	228	80%LI	60

注：1)滚动阻力按 ISO：28580—2018 方法，在德国采埃孚公司的滚动阻力试验机上测试；2)侧偏刚度参考 GMW 15206—2013《轮胎残余的回正力矩》方法，在美国 MTS 系统公司的 Flat-Trac CT Ⅲ 六分力试验台测试；3)表中 LI 表轮胎胎侧标识的承载质量；4)测试过程均取三个平行样，并以均值作为最终测试结果。

从图 5 验证数据可以看出，轮胎滚动阻力和侧偏刚度仿真结果与实验测试具有很好的一致性，整体精度在 97% 以上，可以用于轮胎结构设计参数对热和力学特性的影响研究。

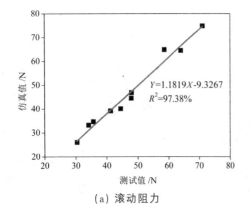

$Y=1.1819X-9.3267$
$R^2=97.38\%$

（a）滚动阻力

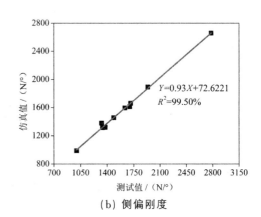

$Y=0.93X+72.6221$
$R^2=99.50\%$

（b）侧偏刚度

图 3　轮胎测试与仿真验证结果

3　轮胎仿真方案设计

鉴于轮胎花纹对滚动阻力的影响[13,17-18]，本文对仅保留纵向花纹主沟的轮胎进行胎面部位复合结构设计（图 4），研究兼顾操控性能和滚动阻力的结构设计方法。图 4 中，以分割线将胎面分割为胎面 A 和胎面 B 两部分，分割线与水平线夹角在 40°左右，以保证胎面多复合挤出工艺稳定和不同材料之间的黏结；分割线与行驶面交点距离最近的主沟沟壁顶点在 10 mm 左右，防止主沟边缘应力集中破坏材料交界面。

维持其他结构件材料属性不变，对胎面 B 分别应用胶料配方 HT1、HT2、HT3、HT4，对应方案编号依次为 1#、2#、3#、4#，其中 HT1 为原方案、偏抓地性能胶料，HT2、HT3 为低滚阻配方胶料，HT4 为兼顾磨耗性能的低滚阻配方胶料。

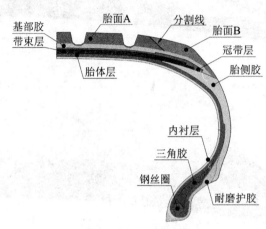

图 4　胎面复合结构

4　结果与讨论

4.1　胎面复合结构对轮胎滚动阻力的影响

图 5 所示为各方案整胎滚动阻力计算结果以原方案为基础归一化处理后生成的变化趋势图。从图中可以看出，各方案胎面 B 应用不同方案胶料后，滚动阻力均呈下降趋势，与轮胎规格无关，其中 2# 方案和 3# 方案滚动阻力降幅分别在 6% 和 4% 以上；当兼顾磨耗性能（4# 方案）时，滚动阻力变化规律随着轮胎规格的不同而不同，表现出轮胎性能的"魔鬼三角"规律。

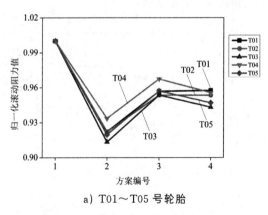

a）T01~T05 号轮胎

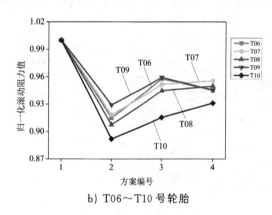

b）T06~T10 号轮胎

图 5　滚动阻力变化趋势图

测试经验表明，胎肩部位是轮胎失效破坏关注点之一。[11]胎面滚动产生热量传递至带束层端点部位，将加速该处材料的疲劳损坏，而胎面的热生成能力可以用黏滞损耗率（或称摩擦损失率）表示，图 6 展示了 T04 轮胎胎面 B 应用不同低滚动阻力配方方案后的断面生热情况。

结合图 5，从图 6 可以看出，胎面肩部黏滞损耗率数值和分布面积变化趋势与整胎滚动阻力变化趋势一致，胎面肩部黏滞损耗率数值和分布面积由高到低依次为 1# 方案、3# 方案、4# 方案、2#

方案;1#方案配方材料具有较高的生热能力,易引起胎面与带束层端点部位的热量叠加,加速疲劳失效;同时,也应注意到,肩部黏滞损耗集中于胎面复合结构的分割线(图中点划线)处,需要对胎面A和胎面B橡胶材料的黏合性进行分析验证,或优化花纹沟槽结构,使得分割线避开黏滞损耗集中区域。

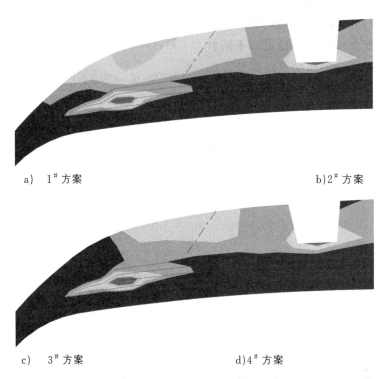

a) 1# 方案　　　　　　　　　　　　b)2# 方案

c) 3# 方案　　　　　　　　　　　　d)4# 方案

图6　T04轮胎断面黏滞损耗率分布云图

4.2 胎面复合结构对轮胎侧偏性能的影响

图7所示为各方案稳态侧偏刚度计算结果以原方案为基础归一化处理后生成的变化趋势图。从图中可以看出,各方案胎面B应用不同方案胶料后,侧偏刚度总体变化范围在4%以内,变化很小。结合图5所示滚动阻力变化趋势,表明本文研究的胎面复合结构设计能够实现操控性能基本不变的情况下,降低滚动阻力。

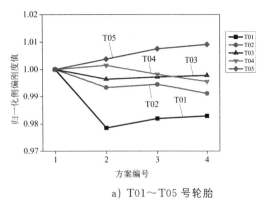

a) T01～T05 号轮胎

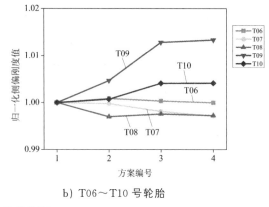

b) T06～T10 号轮胎

图7　侧偏刚度变化趋势图

5　结论

本文对10个不同规格复杂花纹轮胎进行了滚动阻力和侧偏特性的建模仿真,探究了一种兼顾操控性能和滚动阻力的胎面复合结构设计方法,得到以下3点结论。

（1）胎面复合结构中应用不同配方材料能够实现轮胎性能的平衡和综合提升,但受到"魔鬼三角"规律的影响。

（2）对胎面复合结构中胎面B应用低滚动阻力配方胶料,均能够降低整胎滚动阻力,且与轮胎规格无关,最大降幅可达 6% 以上。

（3）胎面肩部黏滞损耗集中于胎面复合结构的分割线附近,需要验证胎面 A 和胎面 B 橡胶材料的黏合性或优化花纹沟槽结构使分割线避开黏滞损耗集中区域后加以应用。

参考文献：

[1] 唐源,张春华,田庆丰,等.高性能轮胎胎面胶"魔三角"性能平衡研究进展[J].橡胶工业,2019,66(5)：388-394.

[2] Akutagawa K. Technology for reducing tire rolling resistance[J]. Japanese Society of Tribologists, 2017,12(3):99-102.

[3] Veiga V D,Rossignol T M,Crespo J,et al. Tire tread compounds with reduced rolling resistance and improved wet grip[J]. Journal of Applied Polymer Science,2017(39/40):134.

[4] Mao C,Ma Y,Wu S,et al. Wear resistance and wet skid resistance of composite bionic tire tread compounds with pit structure[J]. Materials Research Express,2019,6(8):085331.

[5] 王建功,黄义钢,张锡熙,等.欧洲市场 Premium HP 夏季轿车子午线轮胎胎面胶配方的开发[J].轮胎工业,2021,41(5):315-319.

[6] 庞松.高性能胎面胶材料的设计与制备：机器学习与实验研究[D].北京:北京化工大学,2021.

[7] Serafinska A,Kaliske M,Zopf C,et al. A multi－objective optimization approach with consideration of fuzzy variables applied to structural tire design[J]. Computers & Structures,2013,116:7-19.

[8] Korunovic N,Miloš Madć,Miroslav Trajanović, et al. A procedure for multi-objective optimization of tire design parameters[J]. International Journal of Industrial Engineering Computations,2014,6(2):199-210.

[9] Aldhufairi H S,Olatunbosun O A. Developments in tyre design for lower rolling resistance：A state of the art review[J]. Proceedings of the Institution of Mechanical Engineers,Part D:Journal of Automobile Engineering,2018, 232:1865.

[10] 孙奇涛,孙巍,王林,等.半钢子午线轮胎结构设计对滚动阻力的影响分析[J].橡胶科技,2021,19(2)：86-88.

[11] 史彩霞,孟照宏,苏明,等.复杂花纹轿车子午线轮胎带束层结构对轮胎高速温度场的影响研究[J].橡胶工业,2022,69(8):578-585.

[12] 王国林,安登峰,吴旭,等.轿车轮胎花纹参数对滚动阻力的影响分析[J].橡胶工业,2019,66(2):83-88.

[13] Liang C,Li H,Mousavi H,Wang G,et al. Evaluation and improvement of tire rolling resistance and grip performance based on test and simulation[J]. Advances in Mechanical Engineering,2020,22:1-14.

[14] 张勇,刘坤,乔元梅,等.轮胎性能实车评价与室内评价的关联性研究[J].橡胶科技,2020,18(10):589-593.

[15] Cho J R,Lee H W,Jeong W B,et al. Numerical estimation of rolling resistance and temperature distribution of 3-D periodic patterned tire[J]. International Journal of Solids and Structures,2013(50):86-96.

[16] 孟照宏,史彩霞,翟明荣.轮胎残余回正力矩的有限元分析及关键影响因素研究[J].橡胶工业,2021,68(11):822-826.

[17] 胡德斌,王剑波,李磊.轮胎滚动阻力与花纹特性的相关性研究[J].轮胎工业,2022,42(5):272-276.

[18] Nakajima Y. Advanced tire mechanics[M]. Singapore:Spriner,2019:931-1017.

作者简介：孟照宏,双星集团有限责任公司高级工程师

联系方式：mengzhaohong@doublestar.com.cn

装车楼装车作业满载率优化

张雷波　刘福乾　杨廷帅　薛　宁　王钦斌　邱兆凯

摘要：为提高装车楼作业中的配料质量，结合本人在长期的装车楼操作实践，本文的研究针对不同的货种，调整不同配料门槛值，在实际操作过程中努力提高装车满载率，实现了"禁超少亏"的目的。

关键词：装车楼；计量方法；门槛值；满载率

装车楼系统是目前国内外普遍采用的大宗散货的火车装车系统，具有计量精准、装车均衡、速度快、效率高等优点。由于采用了静态称重方式，其理论称重误差可以控制在千分之一左右，大大超过了以往使用的铁路轨道衡等动态计量方式。

1　装车楼工作过程

由中控室启动作业流程，堆取料机根据货种的实际情况，按照合适的流量取料作业。皮带将上游输送机输送来的物料暂时存放在最上部的缓冲仓中，通过缓冲仓下方的1、2、3、4号闸板将物料下放到定量仓中，定量仓根据车辆扫描系统提供的车型及额定载重量确定每一节车配多少料，依靠在定量仓四个支撑点下方的承重传感器，计量下放的物料重量，达到装车应有的重量后，关闭缓冲仓闸板。但受货物性质的限制，配料人员需手动打开缓冲仓闸板加料，加到接近于车皮的额定装载量。下一步，装车员牵引火车车皮，当按下"循环称重"之后定量仓闸板自动打开向车厢放料，将计量过的物料装入火车车厢，完成装车作业。同时，将称重的物料重量存储于系统的数据库中，以便生成最终的装车数据报表。装车员通过控制溜槽弧形闸板的开度，来控制下料流量，确保装车平整度。当定量仓余料在门槛值以下时定量仓闸板会自动关闭，准备计量下一节火车的货物，如此往复循环直至整列火车装完。

装车楼的整个作业过程中最重要的环节就是称重，由于作业现场情况复杂，以及各种货物的性质不同，铁路部门以及货主方面都对货物的计量有很严格的要求，所以需要有一种科学、高效、精确的计量方法。

2　在实际操作中总结出的配料规律

定量仓配料的准确性是提高满载率的最重要环节。为了满足"禁超少亏"的要求，在装车作业缓冲仓向定量仓放料时设定缓冲仓闸板关闭的门槛值，以便自动关闭缓冲仓闸板。缓冲仓四个下料口下料多少由三个门槛值控制。

为此，针对不同货种设定缓冲仓闸板的关闭门槛值，流动性越好，门槛值越大；流动性越差，门槛值越小。通过调整门槛值使所配的重量最大限度接近额定载重量，不够的部分配料员可通过手动加料补足。

缓冲仓料位也是影响配料精度的重要因素。缓冲仓最多可装500 t矿石，但货物越多，配料越慢。缓冲仓内货物保持在150～200 t为最佳状态。不但能确保配料精度，也能提高装车效率。

在装车楼工作的这段时间，针对公司对生产的需求，为更好地提高满载率，对不同货种的配料方法进行研究，不断进行改进、思考和实践。通过调整门槛值使所配的重量最大限度接近额定载重量，减少配料员过多的手动补料，大大提高了装车满载率。

通过总结实际作业中不同货种的配料门槛值的设定及手动补料的时间规律，在实际操作中将配料这一关键作业环节做到了精准把控，操作法也得到了"员工品牌"的光荣称号。

3　针对目前装车楼计量方法需解决的问题

根据实际生产情况，综合各方面的作业要求和实际作业条件，我们认为目前的装车楼计量方法需主要解决以下几个问题。

（1）称重作业原则简单概括为"禁超少亏"。

① 禁超：如果实际装载重量超过了车厢的额定载

重量,就对铁路的运行安全造成了影响,必须坚决避免。若在实际装车作业中出现了超载的现象,必须对超载的车厢进行减载作业,依靠人工进行卸载,一是增加了作业环节、延长了整列车厢的在港时间、打乱了铁路正常作业安排、降低了作业效率,二是不能保证计量的准确(对卸载的货物不能精确计量)。② 少亏:为了保证货主的利益,需要装车楼在作业时尽量在不超载的前提下多装。

(2)对于待装车厢因不同的车型,其额定载重量并不相同。装车作业前需人员对整列车厢的车型进行统计,以便计算每一节车厢的额定载重量,并按顺序人工输入装车数据报表,对每一节待装车按额定载重量进行配载,增加了作业人员的负担和作业中出错的风险,极大地降低了作业效率。

(3)对于整列待装车中若有个别车厢不符合铁路运输要求而不能装载货物,即有禁装车时,需要操作人员在整个作业过程中人工甄别。如果作业中误将禁装车装上货物,为了避免作业流程中断,只能将所有车厢装完后再将整列火车拖至指定位置对误装的禁装车进行扒载,这样就增加了作业成本,降低了效率。

一种新型的计量称重方法,简化作业中人工操作的环节,降低操作人员的负担,避免误操作的出现;精确计量,使装车报表的数据能够准确反映出实际的装车重量;在不超载的前提下尽量提高满载率,充分利用铁路运力,实现消除误差,提高准确率及作业效率的目的。

4　针对目前装车楼计量方法的改进

改进的计量方法简要概括为"二次称重"。主要步骤如下:

在装车系统中设计两个临时数据库,整个装车作业顺序介绍如下。

(1)缓冲仓闸板打开,对放入定量仓的货物重量进行计量,所取得的数值存入临时数据库1。

(2)缓冲仓闸板关闭,一次称重结束。

(3)将定量仓内经过计量的货物装车。

(4)在定量仓货物即将装车完毕时(取定量仓闸板关闭前 2 s),定量仓外部安装的振动器自动开始振动,尽量减少定量仓内黏结的物料。

(5)定量仓物料装车完毕后,振动器停止振动,同时根据门槛值的设定定量仓闸板关闭。对定量仓内货物的重量再次进行称重,即二次称重,所取得的数值存入临时数据库2。

(6)将两个临时数据库的数值相减,取得最终实际装车重量,存储于称重数据库中,以便生成最终的装车数据报表。

5　计量方法的改进作用及效果

装车楼计量方法的使用,极大地降低了操作人员的劳动强度,彻底消除了误装禁装车的现象;门槛值的合理设定,使车厢满载率大大提高,目前已经达到 99.9% 以上,接近 100% 的目标,实现了"禁超少亏(甚至是不亏)"的目的;计量精准,精确反映了真实的装车重量。

6　结术语

装车质量是装车楼的生存之本。本计量方法及门槛值的设定对称重程序进行了优化和改造,运行稳定;提高了装车楼系统的可靠性、安全性以及高了装车效率;减少了港口堆场的库存,降低了堆场的压力;极大地缩短了输运火车的在港时间,加快了铁路的周转;同时对火车运力做到了利用最大化,达到了港口、货主、铁路"三方受益、三方满意"的效果,创造了良好的经济效益和社会效益。

参考文献:

[1] 韩传林.装车楼定量仓平板闸板液压回路故障处理[J].设备管理与维修,2019(15):47-48.

[2] 李磊,刘福乾,毕涛.装车楼装车质量的综合治理[J].港口科技,2016(12):39-42.

[3] 杨廷帅,董伟峰,曹建风.干散货码头自动化火车装车系统改造[J].港口科技,2021(5):12-14+20.

作者简介:张雷波,青岛港国际股份有限公司前港分公司高级技师

联系方式:994760023@qq.com

第二章

夯实城市数字基础　引领智慧城市发展

新技术赋能企业数字化转型研究

乔 静 颜财发 孙晓君

摘要：基于目前较少研究新技术赋能下供应链中企业数字化转型的同时履行企业社会责任(CSR)的实际,本文以食品饮料供应链为对象,采用 F-H 方法系统分析供应链上游企业、下游企业和政府(CSR 履行的监督方)多个参与者数字化转型过程中履行企业社会责任(CSR)的冲突问题。研究结果表明,理论上该冲突问题最终可以得到三个全局稳定性结局,考虑到政府政策以及供应链企业价值主张的差异,供应链上、下游企业和政府所选择的全局稳定性结局也会有所不同,设定三种不同情景对共同稳定性结局做进一步选择分析,提出新技术赋能推动供应链企业数字化转型同时履行 CSR 的应对策略。

关键词：新技术;数字化转型;企业社会责任(CSR);冲突分析

企业社会责任是从非财务信息的角度来分析企业在社会、环境等方面的影响,物流业在企业社会责任中体现最明显的是对生态环境的影响。党的二十大报告中提出构建新一代信息技术、人工智能、生物技术、新能源、新材料、高端装备、绿色环保等一批新的增长引擎,加快发展物联网,建设高效顺畅的流通体系,降低物流成本。后疫情时代,习总书记强调要推动互联网、大数据、人工智能和实体经济深度融合。我国高度重视供应链的创新发展,引导和鼓励企业加强协同合作,越来越多的供应链企业开启数字化转型之路。由于大部分企业新技术深度应用尚未成熟,伴随着数字化转型过程中经营成本的提高,面临的企业社会责任(Corporate social responsibility,简称 CSR)问题日益凸显。基于此,本文从新技术赋能的视角研究供应链企业数字化转型时社会责任履行的冲突问题,根据冲突分析的结果探究不同情境下供应链中企业进行数字化转型时对履行社会责任的不同选择,并提出新技术赋能推动供应链企业数字化转型同时履行 CSR 的应对策略。

1 文献综述

1.1 新技术赋能数字化转型

新技术对企业的数字化转型具有重要的作用,产业数字化、数字产业化已经成为经济高质量发展的基本趋势。[1-2]新技术赋能数字化转型具有不同的途径,黄汝龙(2019)研究了区块链技术赋能企业数字化转型的措施建议[3];邓晰隆(2020)对云计算技术推动企业数字化转型进行实证分析[4]。汪传雷(2019)以供应链节点企业共同发展为目标,对供应链核心企业进行了数字化转型研究。

1.2 企业社会责任相关理论

学术界对 CSR 的研究主要集中在三个方面。一是 CSR 对企业、社会和环境的影响[6]。二是履行 CSR 对企业内部员工的影响。朱月乔等(2020)基于归因理论发现 CSR 对员工幸福感有明显的正向影响[7];马苓等(2020)以海底捞为对象,利用案例研究发现 CSR 的履行对员工个人价值的实现影响越大[8]。三是 CSR 对供应链的影响。倪得兵等(2015)认为供应链上游企业和供应链下游企业为自己的 CSR 行为负责可以获得较高的经济绩效和社会绩效[9];范建昌等(2017)将政府作为企业实施 CSR 的利益相关方,研究在 CSR 下供应链上游制造商和下游零售商组成的两阶段供应链中的产品质量决策[10]。

1.3 冲突分析

针对广泛存在的冲突问题,最基础的解决方法是 F-H 法,赵微(2010)、程丽丽(2016)、李林(2017)等利用 F-H 方法解决了水资源分配方面的冲突问题和产学研三方利益分配的冲突问题。[11-13]在解决比较复杂的冲突问题时,冲突分析图模型的应用较为广泛,Rami(2015)、赵士南(2016)利用冲突分析图模型理论解决多个决策者

及供应链中的相关问题。[14-15]

综上所述，新技术的飞速发展助推企业进行数字化转型。在此基础上企业进行新技术的研发以及建设新型基础设施的成本也在迅速增加，如何利用新技术进行数据融合使得供应链上、下游企业在数字化转型的同时履行 CSR 是本文的研究重点。鉴于现有文献对供应链中企业数字化转型中 CSR 履行方面的研究较少，本文以食品饮料供应链为对象，采用 F-H 方法系统分析供应链上游企业、下游企业、政府多个参与者在供应链企业数字化转型中 CSR 履行的冲突现象，结合政府政策的差异性和供应链上、下游企业的不同价值主张，研究不同情境下供应链上、下游企业数字化转型中 CSR 履行的全局稳定性结局，最终结合新技术对供应链中企业在数字化转型的同时履行 CSR 提出相应建议。

2 供应链企业数字化转型中 CSR 履行的冲突模型

2.1 冲突主体结构及 CSR 描述

由于不同行业供应链中企业数字化转型的冲突表现各异，不失一般性，本文以食品饮料供应链为研究对象。食品饮料供应链中企业数字化转型的主体分别是以供应商为首的供应链上游企业、以零售商为首的供应链下游企业。企业进行数字化转型是为了适用市场，增加企业的经济收益，随着 5G 技术、人工智能、大数据等技术的深度应用支持企业传统基础设施转型升级，供应链上游企业和下游企业在新技术支持下进行数字化转型时升级新型基础设施以及新技术的研发和应用所需要的成本将会加大，在新技术的使用以及新设备

的采用中会优先选择成本费用较低的选项，而不会考虑因此带来的环境以及能源消耗问题，使得 CSR 履行的冲突问题也日渐明显。由于 CSR 的内涵十分广泛，本文所研究的企业数字化转型中的 CSR 的履行主要是指在选择新技术及新设备进行数字化转型时不仅要关注自身企业的经济效益也要关注社会责任，减少能耗，低碳环保，保护环境。而社会责任、能源消耗和环境问题不能完全依靠于市场的调节，需要政府的参与并对其进行监督，因此本文中的冲突主体主要有供应链上游企业、供应链下游企业以及政府。

2.2 供应链企业数字化转型中 CSR 履行的冲突分析

本文以食品饮料行业数字化转型为例，采用 F-H 方法对食品饮料供应链上游企业、下游企业、政府三方进行冲突分析。各冲突主体的策略选择也有所不同，其中上游企业有以下两种选择：①履行 CSR，②不履行 CSR。下游企业有以下两种策略选择：①履行 CSR，②不履行 CSR。政府的选择有以下两种：①补偿政策，对履行 CSR 的企业进行补贴；②惩罚政策，对不履行 CSR 的企业进行惩罚。

针对局中人可能的策略，为了更为简便直观地计算，在具体的计算过程中选择用一个十进制数表达更为清晰，具体公式为：$q = x_0 \times 2^0 + x_1 \times 2^1 + \cdots + x_n \times 2^n$，根据以上三方的策略选择，可以得到 64 种基本结局。将不符合逻辑或者是无效的结局去掉之后，最后剩下 12 种可行局势，具体如表 1 所示，其中 1 表示选择该策略，0 表示拒绝该策略。

表 1 可行结局

局中人	策略	局势											
上游企业	履行	1	1	1	1	1	1	0	0	0	0	0	0
	不履行	0	0	0	0	0	0	1	1	1	1	1	1
下游企业	履行	1	1	0	0	0	0	1	1	1	1	0	0
	不履行	0	0	1	1	1	1	0	0	0	0	1	1
政府	补偿	0	1	0	0	0	1	0	1	0	1	0	0
	惩罚	0	0	1	0	1	0	0	0	1	0	1	1
	十进制数	5	21	57	9	41	25	6	54	22	38	10	42

为了确定冲突各方的优先序，本文以伊利股份有限公司、光明乳业股份有限公司①等食品饮料行业的上市公司为样本，挖掘分析有关政府补贴方面的数据，发现政府补贴项目中关于环保节能、技术改造升级及新技术应用方面的内容。从中了解企业和政府对数字化转型及绿色环保、社会责任方面的重视程度，为以下各冲突方的局势偏好提供依据。基于此可得到冲突各方可行结局的优先序如表 2 所示。

表 2　局中人局势偏好向量排序

局中人	局势偏好向量排序											
上游企业	22	6	10	21	57	25	5	41	9	42	38	54
下游企业	25	9	10	21	54	22	5	38	6	42	41	57
政府	21	5	57	54	25	22	41	38	9	6	42	10

通过以上优先序的选择对供应链上、下游企业与政府的可行局势进行稳定性分析，最终稳定性分析结果如表 3 所示。

表 3　稳定性分析结果

局中人	稳定性分析											
总体	N	N	N	E	E	N	E	N	N	N	N	E
上游企业	r	r	r	s	r	r	s	r	s	u	r	r
	22	6	10	21	57	25	5	41	9	42	38	54
	22				6				10	41		
下游企业	r	r	r	s	r	r	s	r	s	u	r	x
	25	9	10	21	54	22	5	38	6	42	41	57
	25				9				10	38		
政府	r	s	s	r	r	u	u	u	u	u	u	u
	21	5	57	54	25	22	41	38	9	6	42	10
	21		57	54		57	54	57	54	57	54	42

注：r,合理稳定局势；s,连续处罚稳定局势；u,非稳定局势；N,非全局稳定性结局；E,全局稳定性结局。

由表 3 可以得到，上游企业的稳定性结局为（22　6　21　10　57　25　5　41　9　38　54）；下游企业的稳定性结局为（25　9　10　21　54　22　5　38　6　41　57）；政府的稳定性结局为（21　5　57　54　42）。在三方的稳定性结局中，共同的稳定结局为（21　5　57　54），即全局稳定性结局，而在现实情况中，如果政府不补贴也不惩罚，那么企业在数字化转型中很难自觉地去履行 CSR，因此稳定结局 5 不符合现实情况将其删除。

对以上三方进行稳定性分析之后，可以得到三个全局稳定性结局。它们分别是以下三个结局：结局 21，即供应链上游企业和下游企业都履行 CSR，政府对供应链上、下游企业进行补贴；结局 57，即供应链上游企业履行 CSR，供应链下游企业不履行 CSR，政府对供应链上游企业进行补贴，对下游企业进行惩罚；结局 54，即供应链上游企业不履行 CSR，供应链下游企业履行 CSR，政府对供应链上游企业进行惩罚，对下游企业进行补贴。

根据目前政府的相关政策以及政府补贴方面的有关数据可知，政府大力扶持企业进行数字化转型并加大力度完善新型基础设施建设，以此来降低企业进行数字化转型所增加的经营成本，鼓励企业在进行数字化转型时注重 CSR 的履行，促进企业和社会共同可持续发展。因此结局 21 是目前食品饮料供应链上、下游企业和政府最可能选择的全局稳定结局。

---

① 伊利股份有限公司 2021 年获得的绿色、节能项目政府补贴总额约为 1.8 亿元；光明乳业股份有限公司 2021 年获得的物流标准化、环保减排项目政府补贴约为 5600 万元。以上数据均来自新浪财经。

3 结论与建议

随着社会及新技术的发展，企业数字化转型成为提升企业核心竞争力、实现跨越式发展的必然需求，在此过程中社会责任、资源消耗和环境问题也越来越重要。在目前科学技术飞速发展的环境下食品饮料供应链上、下游企业在进行企业数字化转型的同时履行 CSR，实现企业经济效益与社会、生态效益的可持续发展是社会发展的必然要求。本文采用 F-H 方法研究在政府参与下食品饮料供应链上、下游企业进行企业数字化转型中履行 CSR 的冲突分析，最终提出了在新技术的推动下供应链中企业在进行数字化转型的同时履行 CSR 的相应建议，具体如下所示。

3.1 完善供应链成本控制策略

供应链企业在进行数字化转型中采用新型技术以及对企业传统基础设施进行升级改造且注重对社会及生态环境的影响，对此所增加的成本是阻碍企业履行 CSR 的关键因素。但企业可利用人工智能、云计算、互联网、大数据等新技术进行数据融合，识别出供应链中各个节点企业的核心成本并参考供应链中其他企业所反馈来的数据信息来进行合理性生产，进而达到对整体供应链成本的有效控制，降低企业进行数字化转型时的实际成本，促使企业履行 CSR。

3.2 注重引进新技术人才

新技术人才是供应链企业数字化转型必不可少的要素。企业大力引进具备新型信息技术与行业经验的融合型人才，引进掌握数字技术、人工智能技术的高质量人才，实现企业员工由低技能低成本向高技能高附加值转型，促使企业更加关注员工个人价值的实现，这也决定了企业数字化转型的效率以及企业社会责任的履行。

3.3 政府大力支持新技术的深度应用

在供应链中企业进行数字化转型并履行 CSR 的过程中，政府扮演着宏观调控的角色。因而企业数字化转型中政府要加大力度推进新技术的发展，鼓励企业深度应用互联网、人工智能、大数据等技术，完善新型基础设施建设并为供应链中企业提供一个和谐、稳定、安全的数据环境。

参考文献：

[1] 那磊.新一代信息技术赋能煤炭行业智慧化发展[J].煤炭工程,2020,52(8):193-196.

[2] 王小艳.人工智能赋能服务业高质量发展:理论逻辑、现实基础与实践路径[J].湖湘论坛,2020,33(5):136-144.

[3] 黄汝龙.以区块链为代表的新型技术赋能企业数字化转型[J].张江科技评论,2019(2):46.

[4] 邓晰隆,易加斌.中小企业应用云计算技术推动数字化转型发展研究[J].财经问题研究,2020(8):101-110.

[5] 汪传雷,胡春辉,章瑜,等.供应链控制塔赋能企业数字化转型[J].情报理论与实践,2019,42(9):28-34.

[6] 于洪彦,黄晓治,曹鑫.企业社会责任与企业绩效关系中企业社会资本的调节作用[J].管理评论,2015,27(1):169-180.

[7] 朱月乔,周祖城.企业履行社会责任会提高员工幸福感吗?——基于归因理论的视角[J].管理评论,2020,32(5):233-242.

[8] 马苓,陈昕,赵曙明,等.企业社会责任促使员工敬业的内在机制——基于海底捞的案例分析[J].管理案例研究与评论,2020,13(3):274-286.

[9] 倪得兵,李璇,唐小我.供应链中 CSR 运作:相互激励、CSR 配置与合作[J].中国管理科学,2015,23(9):97-105.

[10] 范建昌,倪得兵,唐小我.企业社会责任与供应链产品质量选择及协调契约研究[J].管理学报,2017,14(9):1374-1383.

[11] 赵微,刘灿.基于 F-H 方法的冲突局势稳定性分析方法及其应用[J].长江流域资源与环境,2010,19(9):1058-1062.

[12] 李林,彭磊.基于局中人偏好的产学研协同创新项目利益分配冲突分析[J].科技管理研究,2017,37(21):64-69.

[13] 程丽丽,沈滢.冲突分析视角下的产学研合作各方亲密度研究[J].科技和产业,2016,16(9):113-117.

[14] Rami A K,Oskar P,Keith W. at el. Advanced decision support for the graph model for conflict resolution[J]. Journal of Decision Systems,2015,24(2):117-145.

[15] 赵士南,徐海燕,侯晓丽.基于冲突分析图模型的双渠道供应链价格冲突研究[J].中国管理科学,2016,24(S1):609-616.

作者简介:乔静,青岛城市学院教师
联系方式:jing.qiao@qdc.edu.cn

数字鸿沟背景下数字信任推进智能养老服务使用意愿研究

颜财发　蔡　平　程洪乾

摘要:在老龄化以及数字鸿沟双冲击下,我国面临极严峻的养老问题,推动智能养老服务有助于解决这个问题。本文主要探讨如何透过数字信任推进智能养老服务使用意愿。本文的研究通过问卷调查获取403份有效问卷。分析结果显示受访者对数字工具与应用程序的感知易用性会显著影响数字信任与使用意愿。然而,考虑数字信任下的数字风险对使用意愿影响不显著。最后,本文的研究建议加强老年人的数字知识与技能教育,强化他们对智能养老服务的信任,有助于提升其使用意愿,化解老龄化以及数字鸿沟双冲击。

关键词:使用意愿;数字信任;养老服务;老龄化;数字鸿沟

根据世界卫生组织在2022年所发布的国民寿命排行中,日本、瑞士以及新加坡的国民平均寿命已经超过83岁。全球人类平均寿命不断提高,也代表高龄化的时代来临。所谓的高龄化比例,一般指65岁以上人口占总人口的比例,比例越高,代表高龄人口越多。经济发达的国家,如日本(27％)、意大利(23％)、德国(21％)、法国(20％)、英国(19％)、加拿大(17％)、澳大利亚(16％)以及美国(15％),高龄化比例都超过15％,凸显出这些国家正面临养老服务需求以及供给的问题。

2020年我国进行了人口第七次普查,数据显示,我国65岁及以上人口为1.9亿人,占总人口的13.50％,老龄化程度提升,高龄化速度也加快。[1]和先进国家一样,我国也面临老龄化的供给与需求问题。而且,我国在2022年的人口出生数为956万人,死亡人口1041万人,显示我国已经进入人口减少期,不易通过人口增长避免高度高龄化。[2]此外,2020年第七次人口普查数据显示,中国老年抚养比(old-age dependency ratio,ODR)正由2010年的18.94％快速增加到2020年的29.53％。高龄化带来的老年抚养比问题,正逐步考验着我国的养老政策、养老体系以及财政规划等。[3]

换言之,高龄化极有可能出现更多失能、失婚、孤寡和留守等弱势老人与养老服务问题。[4-5]这些问题除影响老年人自己以外,也会影响他/她的家庭、所居住的小区,形成社会问题。[6-7]而且,较高的高龄人口数量也象征就业人口数减少,对

经济发展也产生不利影响。[8]针对这些高龄化所衍生的问题,研究指出,全方位提升老年人数字素养,促进智慧产品与服务的精准匹配以及将新一代信息技术融入养老产业发展是可行方向之一。[9]而且,厘清老年人对养老服务的态度与意愿,建构一个智慧养老平台,也是一个缓解高老年抚养比的可能方案之一。[10]

然而,在数字鸿沟的时代,许多老年人受到身体与心理因素限制,不会、不擅长或不习惯使用智能手机等数字工具处理养老事务。这些老年人对智能工具使用与适应上不足的现象,被称为数字鸿沟。[11-13]如能建立他们对数字工具的信心,并提高他们的使用意愿,将有助智能养老服务的推广。因此,探讨老年人对智能工具的信任(本文称数字信任)影响因素以及信任对智能工具使用意愿的影响,成为非常重要的研究议题。具体而言,本文的研究所针对的研究议题,是老年人对数字工具与应用程序的使用行为。其中,使用行为又受使用意愿影响。因此,本文的研究实际上是探讨老年人数字工具与应用程序的使用意愿。

针对老年人数字工具与应用程序的使用意愿,本文的研究界定为老年人对信息接入与接受的数字工具与应用程序的使用与采用意愿。这些数字工具包括智能电话、电脑、智能电视、智能手表以及智能手环等;这些应用程序涵盖各种养老金申请、就医预约挂号、点餐、出行、在线购物、休闲娱乐等。在智能工具信任的前因方面,考虑到数字鸿沟问题与研究特性,本文的研究选择易用

性与数字风险作为信任的前置因素,并分析直接影响他们使用意愿以及透过数字信任间接影响使用意愿的情况。综合上述,本文的研究目的即是分析高龄人对数字工具的感知易用性与感知数字风险,数字信任以及使用意愿的现况,厘清易用性与数字风险对数字信任的影响,梳理易用性、数字风险、数字信任对使用意愿的影响,并研提建议。

1 研究方法

1.1 研究假设

基于 Marikyan 等[14]、Sembada 和 Koa 的研究的[15],本研究提出以下几种假设。

假设1:老年人对数字工具与应用程序的感知易用性显著影响其使用意愿。

假设2:老年人对数字工具与应用程序的感知易用性显著影响其数字信任。

假设3:老年人对数字工具与应用程序的数字风险显著影响其使用意愿。

假设4:老年人对数字工具与应用程序的数字信任显著影响其使用意愿。

假设5:老年人对数字工具与应用程序的数字风险显著影响其数字信任。

1.2 测量工具的发展

本文探讨数字营销中的变量关系,在研究设计上属于量化研究。本文的研究采用问卷调查法获取资料。在变量定义上,参考 Yen 与 Davis 的研究,将感知易用性定义为在老年人与数字工具和应用程序的接触与使用关系中,他们在操作与使用数字工具之前,对数字工具与应用程序所感知的预期难度。[8]参考 Yen 的研究并考虑研究目的与作答情况,共采用三个测量题项,包括"使用数字工具与应用程序搜寻很容易""使用数字工具与应用程序办事很容易"以及"使用数字工具与应用程序处理问题很容易"[8]。

在数字风险方面,参考 Marikyan 等与 Yen 的研究,将数字风险定义为"在老年人与数字工具和应用程序的接触与使用关系中,对操作与使用数字工具与应用程序的不确定性"[8,14]。参考 Marikyan 等与 Yen 的研究并考虑研究目的与作答情况,共采计两个题目,即"使用数字网络办事可能要花一些时间"与"数字网络办事可能有一些不确定性"[8,14]。

在数字信任方面,参考 Sembada 和 Koa 的研究,将数字信任定义为"在数字鸿沟背景下,老年人对智能工具与应用程序的信心与信赖度评估"。测量题共采用三个题目,即"数字网络平台服务值得信任""我会注意数字网络平台系统的提示"以及"我相信数字网络平台系统"[15]。

在数字工具与应用程序的使用意愿方面,参考 Yen 的研究,将它定义为"在数字鸿沟背景下,老年人愿意使用与推荐智能工具与应用程序的程度"[8]。测量项目共采用三个题目,即"我会透过手机数字网络办事""我很乐意透过手机数字网络办事""我会向亲友们推荐数字网络办事"。所有的题目皆参考李克特的五点量表衡量,"1"表示非常不同意,"5"表示非常同意,构面总得分越高,代表受访者具有越高的同意度。此外,所采用的问卷题目,经专家判别与修正,具有专家效度。

1.3 问卷调查

本文的研究采用线下问卷的方式,由访员通过春节期间走问卷搜集资料。在样本数方面,问卷题数共11题,一般建议样本数至少是题目数的10倍。另外,考虑到后续结构模式分析需要,本文的研究预计收回有效样本数300份以上。问卷于2021年12月建置于问卷星,至2021年12月底共获得429份问卷,扣除答案单一的样本26份,有效问卷403份,有效问卷比率为94%。

2 实证结果

2.1 描述统计、效度分析以及信度分析

首先,在数据处理方面,利用统计软件SPSS22对样本数据进行描述统计、效度分析以及信度分析,本文采用李克特量表由1～5分别代表"非常不同意""有点不同意""普通(一般)""有点同意""非常同意"。因此,平均值介于2.19～2.42属于"有点不同意"至"普通"。标准偏差介于0.829～1.058,受访者看法差异不大。此外,偏态系数绝对值小于3(0.246～0.657)与峰度系数绝对值小于10(−0.840～0.196),样本资料未违反常态性假设。

其次,在效度方面,问项来源于文献,具有理论基础;且经专家检测,具有良好的专家效度。透过主成分分析(Principal Component Analysis, PCA),以最大变异法(Varimax Method)为转轴法,萃取出特征值(eigenvalue)大于1的因素,进行因素分析。因素分析结果显示,所有构面

(construct)的 KMO 皆大于 0.5,Bartlett 球形检验皆达显著水平($P<0.01$),显示所有构面皆适合进行因素分析;检验后的累计变异萃取量分别为易用性 57.9%、数字风险 72.6%、数字信任 60.0% 以及使用意愿 59.4%,因素负荷皆大于 0.7。整体而言,本文的研究使用的量表具有良好建构效度(construct validity)。

最后,在信度方面,Cronbach 的 Alpha 值(α)介于 0.621～0.664 之间,均为中等信度,测量工具具有良好的内部一致性(表 1)。

表 1　描述统计效度以及信度

构面	问卷题目	M	SD	SK	KU	FL	Cronbach's α
易用性 ($V_E=57.9\%$)	1.使用数字工具与应用程序搜索很容易	2.19	0.986	0.433	−0.504	0.797	0.637
	2.使用数字工具与应用程序办事很容易	2.23	0.928	0.497	0.036	0.734	
	3.使用数字工具与应用程序处理问题很容易	2.29	0.989	0.657	0.196	0.751	
数字风险 ($V_E=72.6\%$)	1.学习数字网络办事可能要花一些时间	2.32	0.995	0.521	−0.287	0.852	0.621
	2.数字网络办事可能有一些不确定性	2.47	1.058	0.341	−0.452	0.852	
数字信任 ($V_E=60.0\%$)	1.数字网络平台服务值得信任	2.27	0.829	0.298	−0.138	0.797	0.664
	2.我会注意数字网络平台系统的提示	2.19	0.918	0.246	−0.840	0.739	
	3.我相信数字网络平台系统	2.30	0.966	0.444	−0.179	0.788	
使用意愿 ($V_E=59.4\%$)	1.我会透过数字网络办事	2.19	0.856	0.453	−0.099	0.770	0.656
	2.我很乐意透过手机数字网络办事	2.19	0.953	0.574	−0.086	0.730	
	3.我会向亲友们推荐数字网络办事	2.23	0.940	0.553	−0.051	0.809	

注:V_E:因素分析中的抽取变异;M:平均数;SD:标准偏差;SK:偏态;KU:峰度;FL:因素负荷。

2.2 假设检定

本文的研究模式有两个依变量,故有两条回归方程式。本文的研究分别以数字信任以及使用意愿为依变量进行逐步回归,观察变量间的关系,假设检定结果如表 2。

首先,在数字信任的预测方面,模式 1 与模式 2 的模式契合度良好($F=159$ 与 167),且共线性问题不严重($VIF<10$)。分析结果显示,易用性与数字风险皆显著影响数字信任,影响系数为 0.51 与 0.13,两者合计可有效预测数字信任 29.9% 的变异。在数字信任的预测中,本文的研究发现仅以易用性作为预测变量即可预测数字信任 28.5% 的变异,加入数字风险仅增加 1.4% 预测力。这显示老年人的数字风险感知程度较低,只要数字工具容易使用,他们会对数字工具产生数字信任。据此,假设 2 与假设 5 获得支持。

其次,在数字工具的使用意愿预测方面,模式 3、模式 4 以及模式 5 的模式契合度良好($F=159$,164,284),且共线性问题不严重($VIF<10$)。模式 3 的分析结果显示受访者感知的易用性($\beta=0.53$,$t=12.62$)会显著影响其使用意愿,预测力为 28.3%。当模式加入数字风险后,两者会显著影响其使用意愿,预测力增加为 29.1%。换句话说,加入数字风险可提高使用意愿 0.8% 的预测力。最后,当模式加入数字信任时,易用性($\beta=0.27$,$t=6.09$)与数字信任($\beta=0.48$,$t=10.95$)会显著影响使用意愿。然而,数字风险($\beta=0.04$,$t=1.09$)对使用意愿的影响力是不显著的。在预测力方面,模式 5 的预测力为 45.3%,显示易用性与数字信任可预测受访者使用意愿的 45.3% 变异。由于模式 5 比模式 3 的解释力多 16.2%,本文的研究确认数字信任的加入可提升使用意愿 16.2% 的预测力。据此,假设 1 和假设 3 获得支持,假设 4 未获得支持。

表2 回归分析($n=403$)

自变量	依变量				
	信任 β(t)			使用意愿 β(t)	
	模式1	模式2	模式3	模式4	模式5
易用性	0.53**(12.63)	0.51**(11.84)	0.53**(12.62)	0.51**(11.90)	0.27**(6.09)
数字风险		0.13**(2.92)		0.10*(2.37)	0.04(1.09)
数字信任					0.48**(10.95)
R^2	0.285	0.299	0.283	0.291	0.453
F	159.46	167.97	159.32	164.92	284.88
VIF	1	0.95	1	0.95	0.71~0.94

注：*，$P<0.05$；**，$P<0.01$。

3 结论与建议

受访者对数字工具与应用程序的感知易用性会显著影响数字信任与使用意愿，且数字风险会影响数字信任。然而，考虑数字信任的时候，数字风险对使用意愿影响不显著。这说明获取老年人数字信任的重要性。最后，笔者建议政府部门加强老年人的数字知识与技能教育，强化他们对智能养老服务的信任。另外，智能养老服务平台应设计简便操作接口，方便老年人学习与使用。这些措施有助于提升老年人的使用意愿，化解老年化以及数字鸿沟的双冲击。

参考文献：

[1] 中华人民共和国中央政府.第七次全国人口普查公报[EB/OL].[2023-10-10].http://www.gov.cn/guoqing/2021-05/13/content_5606149.htm.

[2] Yen T F. Digital risk, digital privacy and their impacts on the usage of smart senior healthcare service[J]. International Journal of Social Sciences Perspectives，2022,11(2):105-113.

[3] Li R F, Yen T F. The concept and application of inversion of elderly care services in the context of inversion of urban and rural aging[J]. Journal of Global Technology Management and Education,2022, 5(2): 21-33.

[4] 王向阳.劳动力市场、婚姻缔结路径与农村家庭代际交换——基于鲁东、豫南农村的田野调研[J].学习与实践,2020(11):132-140.

[5] 穆光宗.我国机构养老发展的困境与对策[J].华中师范大学学报(人文社会科学版),2021,51(2):31-38.

[6] 何丹,刘洪.中国人口老龄化发展现状、影响及应对策略[J].中共中央党校学报(国家行政学院),2019,23(4):84-90.

[7] 张磊,方勇.2020—2050年中国城乡老年人残疾规模及其护理成本研究[J].中国卫生统计杂志,2021,38(1):39-42.

[8] 颜财发,李润发.广东省农村智慧养老的问题与对策研究[J].全球运动休闲管理期刊,2022,5(2):21-33.

[9] 陶涛,王楠麟,张会平.多国人口老龄化路径同原点比较及其经济社会影响[J].人口研究,2019,43(5):28-42.

[10] 李诗婷,李岳,陈家健,等.积极应对人口老龄化国家战略下我国智慧养老产业发展研究[J].商业经济,2022(08):34-36.

[11] 黄春霞.老年人数字鸿沟的现状、挑战与对策[J].人民论坛,2020(29):126-128.

[12] 卢杰华,魏小丹.老年人数字鸿沟管理的分析框架、概念及路径选择——基于数字鸿沟和知识鸿沟理论的视角[J].人口研究,2021,45(3):17-30.

[13] 张晓静,朱倩.武汉市老年人微信的采用、使用及知识获取:基于"数字鸿沟"的视角[J].媒体观察,2021(3):11-19.

[14] Marikyan D, Papagiannidis S, Rana O F, et al. "Alexa, let's talk about my productivity"：The impact of digital assistants on work productivity[J]. Journal of Business Research,2022,142(3):572-584.

[15] Sembada A Y, Koa K Y. How perceived behavioral control affects trust to purchase in social media stores[J]. Journal of Business Research, 2021, 130(6): 574-582.

作者简介：颜财发,青岛城市学院副教授
联系方式:1722997311@qq.com

智慧社区水系统优化方案设计

张燕妮　胡丽娜　赵凤英　邵媛媛　郑　荣

摘要：社区是构成城市面貌的一道重要底线，是实现智慧城市建设中的节约和有效循环利用水资源的重要参与者。利用计算机和辅助工控设备搭建社区水资源管理系统，同时利用水循环系统将社区水资源进行再处理和再利用，投入社区管辖内的绿植、耕地的灌溉作业中，不仅有助于实现水资源的有效循环利用，也有利于提高小区文明程度的稳定、协调和持续发展。因此，研究智慧社区水系统优化方案有其重要的现实意义。

关键词：智慧城市；工控设备；智慧社区；水资源

1　水资源现状

水是生存之本、文明之源，是维系人类健康与人类生命的基本需求，也是经济社会发展所需的重要战略资源。根据世界水资源研究所发布的报告，目前全球有超过 10 亿人生活在缺水地区，到 2025 年将有 35 亿人面临缺水。放眼国内，水资源呈现出结构性缺乏的局面。我国的基本水情是北缺南丰、夏汛冬枯，水资源时空分布不均衡，不少城市严重缺水。[1]

一直以来，国家层面都高度重视水资源的战略地位，并多次"定调"，做出部署。习近平总书记强调："进入新发展阶段、贯彻新发展理念、构建新发展格局，形成全国统一大市场和畅通的国内大循环，促进南北方协调发展，需要水资源的有力支撑"。党的二十大报告提出，加快补齐关系安全发展领域的短板，提升战略性资源供应保障的能力。

水资源短缺是青岛的基本水情，也是青岛国民经济和社会发展的重要制约因素。青岛市的人均水资源量大约为 186 m^3，是全国平均水平的 9.5%。多年来，青岛通过引黄济青、南水北调工程引水入青，用水短缺问题虽有所缓解，但未从根本上解决。随着城市规模的扩大和产业发展的加速，青岛的用水量不断攀升，用水缺口越来越大，长距离引水"远水难解近渴"[2]。

随着经济社会的不断发展，城市居民的用水量需求不断增加，城市管理和环保要求提高，公共用水量也在不断上涨，如何切实提升水资源利用率，牢牢把控社区这道口子，搭建水资源再利用系统方案，既能解决环境污染，也能缓解水资源短缺的现状，是我们能从小及大地高效利用水资源的有效保障，也是对城市更新和城市建设的有效助力。

2　解决"社区弃水"势在必行

党的二十大报告指出，全面建设社会主义现代化的国家，首要任务是高质量发展，推动经济社会发展的绿色低碳化是实现高质量发展目标的关键环节。为深入贯彻党的二十大精神，认真落实习近平总书记对山东工作的重要指示要求，在新时代新征程上"走在前、开新局"，加快建设绿色低碳高质量发展先行区，根据《国务院关于支持山东深化新旧动能转换推动绿色低碳高质量发展的意见》（国发〔2022〕18 号），2022 年 12 月 20 日，山东省委、省政府印发了《山东省建设绿色低碳高质量发展先行区三年行动计划（2023—2025 年）》，并发出通知，要求各级各部门各单位结合实际认真贯彻落实。

《行动计划》中指出提升水网管理智慧化精细化水平、实施城市更新行动、实施新型智慧城市提升行动等内容，其中提升水网管理智慧化精细化水平加快数字水利新型基础设施、水利业务支撑平台和一体化业务应用平台、重点水利工程数字化运行管理平台建设，提升"预报、预警、预演、预案"能力。到 2025 年，全省重点水利工程数字化率超过 85%，重要河湖水域岸线监管率 100%。实施城市更新行动。推进 16 个国家、省级城市更新试点城市和 14 个试点片区建设，建立"一年一体检、五年一评估"城市体检制度。推动城市建成雨水污水合流管网、黑水臭水动态清零，城市污水处理厂提高指标改造完成 60% 以上，城市生活污水集中收集率达到 70%。实施新型智慧城市提升行动。推动设区的市全部建成"城市大脑"，60% 的县（市、区）建成四星级以上新型智慧城市，加快推进城镇通信网络建设、基础算力分析、智能终端搭建等信息基础设施建设，智能化升级传统市政设施，打造数字孪生城市。实施智慧社区突破行动，2025 年年底前智慧社区覆盖率超过 90%。

水资源环境状况以及承载能力与坚持经济社会的可持续发展相适应，采取经济、行政、技术等多元化措施，提高城市、工农业的节水能力，进一步提高水资源的利用效率。目前我市已从以下几方面实施：一创建节水型城市，按照国家和省节约水资源行动任务要求，抓好城市的节水工作；二建立全区域水量控制体系，科学配置水源，逐级分解用水总量指标；三利用价格杠杆促进水资源的节约，制定超重用水的计算和缴费办法，实施水价累进加价；四优化再生水资源价格机制，实行市场调控价，提高再生水资源价格优势和再生水资源的利用率，促进再生水资源化利用[3]。

社区是城市的重要构成，节水工作要做好，社区节水不能少。目前我市很多社区采取自来水直接灌溉社区内绿化及社区基本农田，如图 1 所示，对水资源的使用量非常大。若能有效改造提升社区水资源利用模式，有效解决社区弃水和社区缺水的矛盾，为我市社区寻找有效的节水举措，打造一批"制度完善、设施到位、用水高效"的智慧社区，是更好地助力城市提高水资源利用效率，解决制约城市经济社会发展中遇到的水资源短缺的有效举措，也能大幅度提升社区居民幸福感。

图 1 社区灌溉绿化

3 总体方案设计

3.1 搭建水量实时采集系统

水资源节约和利用也是智慧社区中最重要的环节，应尽量减少公共用水或利用非传统水源。绿地用水、水景、游泳池、车辆冲洗用水、路面地面冲洗用水等公共用水可用非传统水源，或将生活用水、雨水等进行循环。搭建水量实时采集管理系统打通所有设备，给水官网可通过自动检漏系统，发现社区管网漏损，及时通知维修人员处理，才能及时检测设备情况，避免资源浪费。

通过利用各种感知技术，全面感知社区水资源信息的各个方面，通过关键区域的传感器和工控设备将形成物联网（图 2），实时测量、监控和分析水资源流动的整个过程，实现被动到主动、全面的感知。整个服务过程可视化、可管理、可追溯，实现社区服务的主动性，实现提高社区服务能力的有力保障，同时利于社区管理人员掌握管理全景，方便社区居民查询接收信息，最终实现社区水管理和服务的有机协调运行。

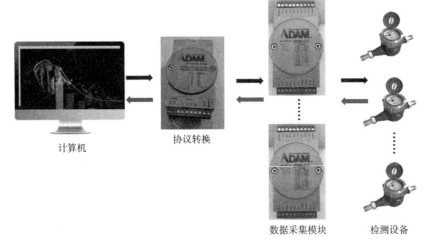

计算机　　　　协议转换

数据采集模块　　　　检测设备

图 2 物联网方案图

3.2 采用多元化的节水措施

3.2.1 采用污水源热泵供暖技术

我国北方地区,冬季的取暖主要是依靠煤和天然气等燃料的燃烧来获得,但是这些燃料都是不可再生资源,长期、大量地使用煤或者天然气等燃料,不仅这些资源会枯竭,而且会给周围的空气环境造成非常严重的污染,使得采暖与环保成为一对难以解决的矛盾。随着城市人口的日益增多,城市污水是北方寒冷地区不可多得的热泵冷热源。它的温度一年四季里相对稳定,冬季的温度比环境空气高,夏季的温度比环境空气低,该温度特性使得污水源热泵比空调系统运行效率都高,节能减排的同时,也降低了运行费用。污水源热泵供暖技术(图3),以污水作为热源,冬季采集来自污水的热能,利用热泵系统,消耗一些电能,将所获得的能量供屋内取暖;夏季把屋内的热量释放到水中,以达到夏季空调制冷的目的[4]。

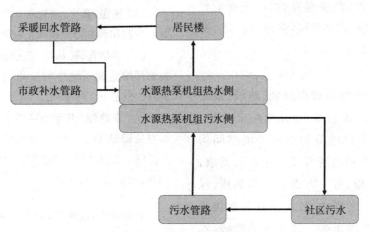

图 3　污水源热泵供暖技术

3.2.2 中水处理技术的应用

中水主要是指城市和生活中的污水处理以后达到了一定的水质标准,并且可在一定范围内重复使用的非饮用水源,中水的水质介于上水与下水之间。我国对中水的研究越来越深入,为保证中水作为生活杂用水的安全可靠和合理利用,1989年就颁布了《生活杂用水水质标准》(CJ25.1-89)。

社区居民冲刷马桶的污水以及厨房的生活污水通过管道进入城市污水处理厂,这些污水经过初级处理再回流到社区的中水回收系统。配合社区内的中水处理系统,按照各自功能对污水厂回流的中水进行过滤、沉淀、净化、消毒等处理,达到使用标准后再利用,可以用来洗车、冲厕以及小区绿化带的灌溉(图4)。

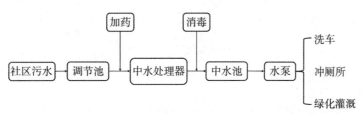

图 4　中水处理

中水处理系统的主要方案为将引水管即中水干管,与社区各栋楼的配水支管相连,室外配水管连接各建筑单元的中水进水管,室内配水管接入进水支管,进入建筑物,水池循环设备采用耐腐蚀钢管200A,管道内壁一般涂环氧树脂。室内配管一般从房屋最低一层的地板下开始,每层的卫生间都是裸露的,设备和仪器包括卫生设施、水表、阀门等。阀门设置在主管、支管和进水管的始端,并放置在阀门井内。自来水出水口与中间水池之间保留不小于25倍管径的空气体隔离,可以用手动阀或电磁阀补充自来水,注意配置超常电源,以防停电停水。根据建筑地形和各用户的水量、水压要求,小区中水管网的布置可采用枝状和环状。如果社区居住区面积小,用水量少,则采用枝状管网,否则采用环状管网。[5]

3.2.3 雨水收集

雨水是社区中水的重要来源,在社区道路上,每隔几米都设置一个落水口,落水口不直接连通市政排水管道,而是连接小区蓄水池。下雨的时候,雨水通过这些管口进入小区的蓄水池,从而进行回收再利用,至少能让70%的降雨实现就地消纳和利用。

3.2.4 鼓励社区成立节水专项小组

完善用水管理制度、严格巡查检修、公开监督电话、张贴节水提示牌,确保不存在跑、冒、滴、漏现象,管好、用好每一滴水。

4 结论与展望

党的二十大提出要加强城市规划、建设、治理工作,建设宜居、韧性、智慧城市,注重生态文明,注重安全发展,注重人口经济和资源环境空间均衡,促进形成绿色生产和消费方式。这是总要求,意味着一方面要补短板,另一方面还要提品质、保安全。[5]在当前城市的发展中,社区的数量在快速增加中,俨然已经成为城市的一道重要的底线,本次方案设计不仅优化社区用水量的实时采集和集中管理,利于实现社区水资源的可靠利用,而且将生活用水进行再处理,实现了水资源再利用,并通过开放化系统管理模式,提高了全民节水用水的觉悟,助力智慧城市的建设。

参考文献:

[1] 甘黎黎. 改革开放以来我国农村环境政策研究[D]. 南昌:江西师范大学,2022.

[2] 邱婷. 引黄济青工程输水效率确定与输配水方案优化分析[D]. 济南:山东大学,2021.

[3] 杨超,张宁,刘晓丽,李茂华. 青岛市水资源预测与开发利用研究[J]. 中国工程咨询,2021(8):96-101.

[4] 姜衍礼,崔从明,董信林. 污水源热泵在威海威高海洋馆空调系统中的应用[J]. 建筑热能通风空调,2021,40(8):63-66+78.

[5] 李政翾. 住宅小区用水规律及相关设计参数的研究及模拟[D]. 天津:天津大学,2020.

[6] 王凯. "双碳"背景下的城市发展机遇[J]. 城市问题,2023(1):15-18.

作者简介:张燕妮,青岛城市学院讲师

联系方式:yannni.zhang@qdc.edu.cn

公交数智化管控一站式解决方案研究

杨希龙　吕　晨　胡　冰　黄钰婷　公维杰　王　威

摘要：大数据互联网飞速发展，深刻地改变着人们衣食住行，也深刻影响了城市公共交通。市民对公交的需求也发生了很大的变化，互联网＋公交融合发展拉近了乘客与公交企业的距离，人们已经从重视出行安全、快速转变为重视提高出行质量、出行的个性体验和服务。青岛公交集团巴士通数字科技有限公司顺应时代发展，在互联网＋公交的融合发展中不断实践，勇于创新，先后建立了智能调度、视频监控、移动支付、车联网、OA办公等系统，促进了互联网技术与企业经营管理各板块加速融合，以互联网引领企业转型升级、创新发展。

关键词：数字化；管控；一站式解决

1　目的

以公交各单位核心管理团队为服务对象，通过大数据、商业智能、虚拟现实等技术，将相互独立的系统，实现数据连通共享，并根据实际需求对数据进行可视化展示，便于管理层多维度了解公司发展情况，通过观察数据变化，指导下一步工作决策，实现了全面、及时、精确的管控目标。

2　面临问题

随着信息化工程的逐步推进，加速了企业"信息孤岛"的问题，各个系统相互独立，数据互不联系，面对各个系统每天产生的大量数据，如何进行数据查找，整合同类数据，成为摆在所有企业面前的一道难题。

目前公交信息化建设围绕现有业务已经有智能调度、视频监控、企业资源计划（ERP）、岗前安全叮嘱、智能钥匙柜、"e行车码"等信息化系统，实现了车辆管理、人员管理、考勤管理、营运统计、客流统计、营运计划编制、排班、发车、行车日志、实时监控、车辆运行状态监控、驾驶行为管控、一键报警、服务稽查、维修保养、物资领料、轮胎管理、修旧件管理、职工就餐、职工卡管理等功能。但随着系统功能越来越多，日常产生积累的数据同样也变得越来越多，数据信息发布、实时管控和考核分析还需分散至各个系统，查看起来十分不便。例如：分公司管理人员如果要了解驾驶员的信息，需要登录多个系统，查看零散的信息（如登录ERP查看驾驶员基本信息、登录车联网系统查看驾驶

员行车状态、登录叮嘱系统查看叮嘱状态、登录智能钥匙柜系统查看钥匙管控情况、登录脉极客查看驾驶员健康状况等）。信息庞杂，操作复杂，不利于现场管理、统一掌握营运现场态势，发生异常情况也很难及时知晓。

3　解决方案

为解决数据庞杂且分散至各个系统的问题，建立公交运营安全数字化管控系统，系统运用数据可视化大屏展示技术、数据分析、数据治理等技术，实现查看、处置、分析营运现场态势，内容包括调度运营信息、车联网行为状态（疲劳驾驶、车危仪、一键报警、陀螺仪）、违章信息、叮嘱状态、钥匙管控、健康状态、运营数据分析考核等。以营运现场管理者的角度，监控分析各公司的安全及运营态势并实时接收安全告警。

系统搭建中遇到的问题，解决方案如下所示。

（1）数据对接：公交运营安全数字化管控系统使用协同数据分析和业务搭建系统，通过新一代信息技术手段打通公交业务之间的内在联系，提升各业务部门的数据协同效率。建成一个公共交通智能分析的全流程平台，实现公交系统运营、生产、分析、决策、结果展现等功能。

（2）接口开发：对接安全叮嘱数据、智能钥匙柜数据、脉极客关键数据指标，开发接口。

（3）规范数据：清洗数据，建立数仓，利用算法，得到规范、符合大屏展示的数据。

（4）大屏平台选型：联系大屏展示解决方案提

供商,找到合适的成熟的大屏展示平台。

（5）搭建大屏展示平台:不同的业务设计不同的图表样式及可视化的交互功能,如钻取、联动、轮播等,定制化制作大屏展示平台。

系统搭建完成后,对收集上来的数据进行处理,按照业务范围分类,将车辆利用率、客运量、载客里程完成率、高峰时段正点率等重要指标建立可视化独立表单,各项指标完成情况一目了然,达到考核标准的继续保持,未达标的项目通过大数据分析总结造成原因,积累工作经验,及时做出决策调整,推动指标完成,运用智能化、数字化手段将管控问题一站式解决。

4　系统介绍

主屏显示安全态势、运营态势、安全预警等综合信息,多屏分别展示安全态势详细信息、运营态势详细信息、客流分析,子屏通过钻取、联动、轮播实现显示驾驶员画像、车联网详情、运营详细数据等(图1~8)。

4.1 信息展示

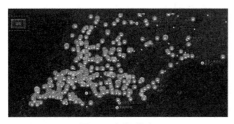

图1　车辆信息

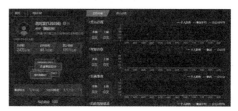

图2　驾驶员画像

图3　车辆设备信息

图4　安全叮嘱信息

图5　钥匙管控信息

图6　营运数据信息

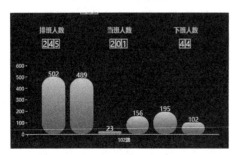

图7　运营数据分析

图8　安全驾驶数据分析

4.2 监控预警

实时安全告警（通过算法获取数据）：疲劳驾驶状态及次数、违章信息、违规驾驶情况、驾驶员超过5次疲劳驾驶后进行预警显示；健康状态预警；危险频率告警；重点人员跟踪；集中事件跟踪；实现互动效果、记录处置情况。

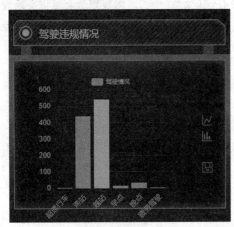

图9 违规情况

5 效果及作用

公交运营安全数字化管控系统是提高公交内部管理智能化的有效手段，其主要作用：一是基础数据的规范统一；二是各系统数据的互联互通；三是各系统数据的综合应用；四是针对不同对象不同渠道信息发布的分类汇总；五是集团决策调整的数据支撑。通过对公交运营安全数字化管控系统的使用，一方面可以从不同方向获知生产管理的成果，同时也可以通过数据倒推生产管理过程的合理性，帮助领导层做出下一步工作安排。

5.1 保障运行安全

按照集团安全"5个1"工作平台要求，围绕一个目标体系：核心是控制伤人事故；一个关键少数：核心是控制直接责任人的行为状态；一个预防机制：核心是时时保证安全工作的动态控制；一个基础保障：核心是全部要素必须确保到位；一个否决控制：核心是安全工作过程的预防预控，全方位开展安全管控工作。借助公交运营安全数字化管控系统清楚了解驾驶员身体状况、车辆运行状况、车辆钥匙使用情况、暖行安全叮嘱情况等，通过系统数据分析事故发生的成因，挖掘其规律性，大数据分析重点人物、路段、时段，以数据支撑优化安全管控工作进行，有效地改善了公交的安全管理环境，为平安公交建设保驾护航。

5.2 优化营运生产

通过公交运营安全数字化管控系统，及时掌握营运过程中各项指标完成情况，按照系统中表单数据，进行多维度数据分析，便于发现各公司营运过程中的薄弱项，以真实数据说话的方式，自上而下筛查原因，梳理造成指标不合格的情况，帮助管理层发现基层营运生产中的难点和痛点，及时做出决策调整，促进指标完成，推动公司高质量发展，实现数据治理优化营运生产。

5.3 推动服务提升

数据展示是了解公交服务水平和品质的重要途径，青岛公交以高度的社会责任感和使命感创新公交服务新方法、新模式，积极推动传统客运服务向智能化科技型服务转变。公交的智能化、信息化、互联网化为乘客出行信息服务开辟了崭新的环境，青岛公交先后实施了客服热线、网站、微博、智能出行查询APP、微信公众号、站台电子站牌、车载信息屏等多媒体公交信息服务形式。成功构建了更加完善的出行信息服务系统，实现发布消息、到离站实时查询、公交换乘、失物招领、好人好事、客流调查等便民功能，丰富了乘客与青岛公交营运服务之间沟通的渠道，实现了与乘客的快速沟通，但随着渠道增加数据来源变得复杂，处理起来十分不便，如今公交运营安全数字化管控系统将多渠道数据分类汇总，通过可视化表单展示，直观反映出公交的服务水平和存在的不足，使公交营运服务具备了从来没有过的快速响应能力。

5.4 降低生产成本

车辆运行、保养和维修一直是公交营运成本的主要支出对象，进行保修数据治理对降低公交车机务费用至关重要。公交运营安全数字化管控系统通过互联网技术实时搜集反映纯电动车各项总成及安全服务车载设备的运行数据，监控车辆运行，采用大数据技术分析优化车辆运行性能，提高驾驶车辆安全经济性，达到提升青岛市公共交通安全水平、提高青岛市公共交通运行效率和节能减排绿色管理能力的目的，降低行车的运行成本。同时此系统现已实现与报修系统和物资管理系统的数据关联共享。车辆的维修、保养、领料通过大数据分类汇总，精确展示出各环节的支出比例，帮助管理层了解营运成本支出的具体情况，便于优化成本支出结构，降低企业营运成本，促进企业高质量发展。

参考文献：

［1］《人民公交》编辑.智能互联改变出行体验——未来交通大会智慧公交一站式解决方案研讨会［J］.人民公交,2019(12):20-21.

［2］全国首个智慧公交充电机器人在天津试运行［J］.电世界,2019,60(12):56.

［3］单佳雯.智慧时代为城市公交创造新机遇［N］.中国交通报,2019-11-06(007).

［4］狄迪.基于智慧交通的公交优先策略博弈分析［C］//中国城市规划学会城市交通规划学术委员会.品质交通与协同共治——2019年中国城市交通规划年会论文集.中国城市规划学会城市交通规划学术委员会：中国城市规划设计研究院城市交通专业研究院,2019:1681-1690.

［5］高永,段冰若,田希雅,等.智慧公交站台规划设计与建设之初探［C］中国城市规划学会城市交通规划学术委员会.品质交通与协同共治——2019年中国城市交通规划年会论文集.中国城市规划学会城市交通规划学术委员会：中国城市规划设计研究院城市交通专业研究院,2019:1831-1841.

作者简介：杨希龙,青岛城运数字科技有限公司会计师

联系方式:qdgjxinxi@163.com

基于全域大数据应用的公交线网优化研究

杨希龙 马玉娇 鲁晓燕 王夕萍

摘要：为应对地铁线路开通对地面常规公交客流的冲击，青岛公交集团积极开展公交线网优化工作，以达到节约运营成本、提升服务质量与提高运营效率的目的。公交线网优化是一项非常复杂的工作，涉及面广，技术难度大，需要科学的优化方法、庞大的数据进行决策支持。本文以手机信令大数据、IC卡和GPS数据为支撑，以《青岛市区政府购买城市公交服务》和青岛公交都市建设目标为契机，构建"干线—支线—区域微循环—定制公交"四层次公交服务网络模型对青岛市内公交优化方法进行研究，并进行优化案例分析。

关键词：常规公交；手机信令；线网优化

交通对于一个城市的形成和发展具有重大的意义，高效便利的交通能够减少居民出行时间，促进经济的发展。公共交通载客量大，能够在很大程度上降低节省交通资源，减少交通压力，因此，提升公交分担率是现阶段解决城市拥堵的重要措施。提升公交分担率需要有高效的公交线网。出行起讫点调查主要有家访调查和网上问卷调查，这些调查可以直观反映出行方式，居民个人属性特征，但这种调查回收率低、效率低，往往需要耗费大量的人力、物力和时间。[1]随着科技的迅速发展，数据更齐全的电子信息技术的迅猛发展，手机已经成为必备的通信工具，据工信部《2022年通信业统计公报》[2]数据，2022年为止，我国手机用户总数再创新高，移动电话用户总数16.83亿户，甚至超过我国人口总数，移动电话普及率达119.2部/百人，这为通过手机信令数据进行交通出行分析提供了可能。现阶段的OD（起讫点）调查中，应用基于手机信令数据的调查方式，不但具有较高的抽样率，还具有更加细化的范围分割，有利于城市交通量预测的进一步优化突破，进而为公交线网优化提供技术支撑。

1 大数据技术手段

青岛现状公交客流分析调查中应用到的大数据技术手段主要包括利用手机信令数据分析居民出行特征与利用公交车辆GPS数据和IC卡数据推算公交运营及客流特征两个方面。

1.1 手机信令

2019年青岛公交集团巴士通数字科技有限公司建设启用手机信令展示系统，手机信令数据样本量大、数据客观、全面、采样不会有很明显的倾向性，且数据具有较强的时空持续性，可以观测到交通出行整个过程，是任何其他数据源无法比拟的。系统以"500米×500米"为网格面积将青岛市划分成4万多个网格，可以通过手机信令数据对每个网格内的出行人群进行分析，展示出热点区域流出流入、居住年龄人群分布、站点乘车分析、区域内流量情况等信息。

通过手机信令数据的收集，研究区域内人口的出行方向和出行量，可以发现潜在的公交客流需求，并与现状公交线网和站点布局进行比对，作为线网优化调整的重要依据，如图1所示。

图1 手机信令数据的应用

1.2 公交 IC 卡和 GPS 数据

目前,青岛居民公交出行刷卡率超过 85%,利用 GPS 和 IC 卡数据得到公交运营及客流特征。通过公交 GPS 数据表(车辆到离站信息表)获取线路号、车号、到站时间、离站时间、GPS 里程等信息,如图 2 所示;公交 IC 卡刷卡数据记录了每个乘客每次乘车刷卡的详细信息,数据表由卡编号、卡类型、打卡时间、线路名称、车辆编号、上车站点、下车站点、换乘优惠、换乘线路编号等关键信息构成,每个乘客每次乘车刷卡的信息为一条记录,如图 3 所示。

线路	时间	车号	驾驶员	GPS里程	GPS速度	信息类型	信息内容	补发	手动
6路	15:04:46	DD1687	武健	12167.61	8	环行	GPS(120.316511,36.063165)	正常	自动
6路	15:05:01	DD1687	武健	12167.64	18.86	环行	GPS(120.316530,36.063096)	正常	自动
6路	15:05:16	DD1687	武健	12167.73	28.55	环行	GPS(120.317598,36.062885)	正常	自动
6路	15:05:31	DD1687	武健	12167.86	26.14	环行	GPS(120.318948,36.062633)	正常	自动
6路	15:05:36	DD1687	武健	12167.91	35.35	到站	青岛路	正常	自动
6路	15:05:46	DD1687	武健	12167.98	9.4	环行	GPS(120.320259,36.062365)	正常	自动
6路	15:06:01	DD1687	武健	12167.99	6.77	环行	GPS(120.320276,36.062363)	正常	自动
6路	15:06:08	DD1687	武健	12168.03	29.02	离站	青岛路	正常	自动
6路	15:06:16	DD1687	武健	12168.08	13.75	环行	GPS(120.321260,36.062153)	正常	自动
6路	15:06:31	DD1687	武健	12168.14	4.1	环行	GPS(120.321156,36.061656)	正常	自动
6路	15:06:46	DD1687	武健	12168.14	0	环行	GPS(120.321151,36.061636)	正常	自动
6路	15:07:01	DD1687	武健	12168.14	11.52	环行	GPS(120.321126,36.061561)	正常	自动
6路	15:07:16	DD1687	武健	12168.23	31.97	环行	GPS(120.321566,36.061051)	正常	自动
6路	15:07:31	DD1687	武健	12168.31	3.6	环行	GPS(120.322388,36.060906)	正常	自动
6路	15:07:46	DD1687	武健	12168.34	21.46	环行	GPS(120.322751,36.060810)	正常	自动
6路	15:07:47	DD1687	武健	12168.35	25.45	到站	大学路	正常	自动
6路	15:08:01	DD1687	武健	12168.43	0	环行	GPS(120.323433,36.060353)	正常	自动
6路	15:08:16	DD1687	武健	12168.43	11.84	环行	GPS(120.323481,36.060321)	正常	自动
6路	15:08:25	DD1687	武健	12168.48	22.21	离站	大学路	正常	自动
6路	15:08:31	DD1687	武健	12168.5	4.39	环行	GPS(120.324058,36.059918)	正常	自动
6路	15:08:46	DD1687	武健	12168.54	22.75	环行	GPS(120.324443,36.059661)	正常	自动

图2 GPS 数据

开始日期: 2022-06-02　截止日期: 2022-06-02　全周 ▽

全部 ▽ 数据来源 新调度系统 ▽

功能: 查询 ▽ 指标: OD客流分析 ▽　查询

乘客	交易类型	交易时间	乘坐路线	车辆自编号	上车站点	下车站点	下车时间
26600020010207777	老兔	2022-06-02 04:54:41	9路	T1620	百通馨苑	李村夏庄路	2022-06-02
26600047600358312	爱心	2022-06-02 04:55:41	9路	T1620	富裕路巨峰路	峰山路	2022-06-02
26600001002079103	普通	2022-06-02 04:55:49	9路	T1620	富裕路巨峰路	李村大集	2022-06-02
26600000000128897	普通	2022-06-02 04:56:54	9路	T1620	富裕路五指峰路	夏庄路金水路	2022-06-02
26600030000249160	老兔	2022-06-02 04:57:05	9路	T1620	富裕路五指峰路	胜利桥	2022-06-02
26600020100033595	老兔	2022-06-02 04:58:13	9路	T1620	黑龙江中路富裕路	夏庄路向阳路	2022-06-02
26600013322079558	普通	2022-06-02 04:58:15	9路	T1620	黑龙江中路富裕路	新村	2022-06-02
26600020010243367	老半	2022-06-02 04:58:17	9路	T1620	黑龙江中路富裕路	夏庄路向阳路	2022-06-02
26600030000711226	老兔	2022-06-02 04:58:19	9路	T1620	黑龙江中路富裕路	夏庄路向阳路	2022-06-02

提示: 明细显示指标基本数据:

图3 IC 卡数据

2　线网优化目标分析

城市公共交通网络对城市居民的生活有着很大影响,公共交通网络的规划必须以公交乘客分布量为依据,以方便居民出行为目的,并兼顾公交企业效益。以《青岛市区政府购买城市公交服务》和青岛公交都市建设目标为契机,改善市区公共交通基本服务供给,提高财政资金使用效率,促进轨道交通与常规公交线网衔接与布局优化,提高运营服务计划的科学性与合理性,激发常规公交运营服务承接主体节支增效的主观能动性,逐步

形成运行高效、服务优质、适度竞争的可持续公交服务市场,构建"财政可负担、市民可承受、服务可持续"的公交服务新机制。

高质量完成政府购买服务指标要求(表1),建设政府放心的公交企业。到2022年,通过减少公交重复布设,网络优化,实现主城区公交运力节约10%,年减少里程2664.5万千米,降低运营成本2.8亿元的目标。

表1　青岛市区政府购买城市公交服务指标要求

序号	名称	指标值
1	计划载客里程完成率	≥95%
2	高峰发车计划完成率	≥95%
3	高峰正点发车率	≥95%
4	首末班时间达标率	≥97%
5	运营车辆平均载客运行速度	≥20千米/小时
6	车载智能终端故障率	≤3%
7	道路交通违法(章)率	≤0.01次/(辆·月)
8	运营车辆中途故障率	≤45次/百万千米
9	公共汽(电)车责任事故死亡率	≤0.05人/百万千米
10	投诉案件数占载客里程比率	≤50件/百万千米

到2022年,全市实现公交全域统筹,全面达到和保持公交都市指标要求(表2),建设全国高质量公交示范单位。

表2　公交都市指标要求

序号	名称	指标值
1	中心城区公共交通站点500米覆盖	100%
2	中心城区公共交通占机动化出行比例	60%
3	公共交通车辆平均载客运营时速	20千米/小时
4	万人公共交通车辆拥有量	25标台
5	绿色公共交通车辆比率	80%
6	公共交通车辆进场率	100%
7	公共交通乘客满意度	92%
8	城市公共交通电子支付卡使用率	80%

除以上目标外,本文在进行公交线网优化时重点考虑以下目标。[3]

(1)为更多的乘客提供服务;

(2)使全体乘客的总出行时间更小,这要求尽可能地缩短出行距离,减少换乘数次等;

(3)路线/线网的效率最大;

(4)保证适当的公交线网密度,即良好的可达性;

(5)保证线网的服务面积率,减少公交盲区。

3 优化方案

3.1 指标选取

对线路优化调整需要统计分析的关键指标主要包括日均客运量、路线长度、发车间隔、平均站间距、非直线系数、客流强度、平均满载率等。[4]此

外，还可以得到每条线路各站点上下客量、断面客运量、线路站点客流 OD 等客流空间分布特征信息(图4～5)。通过大数据技术手段对应各项指标综合分析，筛选出需进行优化调整线路的目标线路。

图 4　线网客流分析

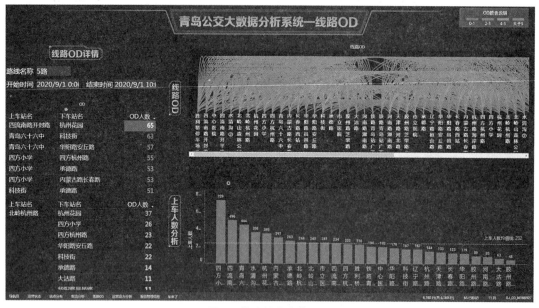

图 5　线路站点客流 OD

3.2 总体策略

按照青岛市"东城提速、西城优化、北城加密"的常规公交发展策略，制定出"骨干通道提效率、区域循环消盲区、接驳地铁更方便、改善营运提服务、定制公交有特色"的主线进行具体分析，达到快干支功能合理的目的。

"骨干通道提效率"主要从以下四方面优化：新增互联网快车，机场专线等，对接机场、火车站、

长途客运站、客运码头等大型交通集散点，及时疏散聚集客流；对区域联通的通过性公交干线调整走向、截弯取直、增加站距、跨站运行等，达到快速通过功能；对部分路线长，效率低，线路绕的路线拆分、重组，提高公交周转效率，缩短乘客出行时耗；承担客流走廊功能的公交线路采用更换大车型等方法，满足大量乘客快速出行需求。

"区域循环消盲区、接驳地铁更方便"主要从

以下四方面优化:开通区域微循环线路或者调整现有线路首末站,不断填补公交服务空白;居住小区步行至最近公交站点时间在 5 分钟内,公交站点 500 米覆盖率达 100%;对接轨道交通站点,从时间和空间两方面优化接驳换乘,打通最后一千米;公交地铁换乘距离尽量不超 100 米,90% 以上出行基本上可通过一次换乘到达目的地;进一步均衡运力投放、优化配置公交资源,减少与地铁有竞争性的平行公交线路及其配车数,增加横向常规公交线路,通过构建以地铁站点为中心的接驳线网。

"改善营运提服务"主要从以下五方面优化:提升车厢服务水平,加强配套设施建设;增加车辆配置,增加发车班次,降低发车间隔;实施公交优先,提升公交到站准点率,乘客等候时间可控;根据乘客需要适当提前首车发车时间,推迟末车时间,与地铁接驳线路的首末车时间要覆盖地铁首末车时间;根据通勤时间协调发车计划,适当增加区间车疏散断面客流。

"定制公交有特色"主要包括两个方面:根据需求和客流情况设计出公交线路,满足特殊乘客的个性化需求;从小区到单位,从单位到小区的一站直达式班车。

4　应用案例

首先,以线路绕行多、线路超长、重复系数大、客流不均、客运量不足等指标作为线路调整考虑因素,通过综合对比分析,筛选出最需要调整的公交线路。其次,根据客流联系强度分析,逐条开设骨架型线路。再次,根据新机场、铁路站及轨道站点的布局方案,在现状线网基础上提出公交线路衔接优化方案。最后,综合考虑场站设施建设、替代线路分析及衔接设施开通计划拟定线路调整实施时序。

4.1　骨干公交线路

骨干线路客流量比较大,从公交大数据平台获取相关数据,可以看出客流分布情况,目前客流量大的线路有 2 路、33 路、隧道 1 路等线路,通过数据分析及现场调查等手段,得出骨干公交线路基本完善,发车间隔时间小,承载了大量客流,基本满足居民的出行需求。

胶东国际机场新开,是重要的客流集散点,因此开通 916 路线,由胶东国际机场到长城路的大站快车,线路自"长城路"始发站,往返沿长城路、正阳路、黑龙江北路、锦宏东路、锦宏西路、G204、和平七路、纺织工业园路、南十路、航平南路、金航六路、机场路至"胶东国际机场"站止,辅助地铁 8 号线快速疏散乘客。

4.2　接驳功能公交线路

地铁把人拉到地,公交把人送到家,通过大数据平台与实地调研、群众热线等方式收集相关信息,不断发现与地铁接驳不方便的公交线路进行优化。例如为加强公交线路与轨道交通的衔接,方便 933 路上行乘客换乘地铁 1 号线,缩短换乘步行距离,增设上行站点"南城阳"、上行站点"庙头社区"。

4.3　新开线路

通过大数据平台客流分析和站点覆盖情况,发现公交覆盖盲区。2021 年以来先后开通 417 路、418 路、947 路等多条线路,方便居民出行。以 418 路为例进行分析:为填补云岭路、银川东路、科大路、桃岭路、崎岭路、午山四路、午山一路公交线网盲区,方便朱家洼小区、鲁商蓝岸丽舍、崂山区第三实验小学等市民出行,增加线路对乘客的吸引力,开通 418 路线。

线路新开后主要数据参数如表 3 所示。

表 3　418 路新开后数据表

分类	新开后
起止站点	云岭路停车场—崎岭路午山一路
线路长度	4.1 千米
日均客运量	217 人次(预测)
日均行驶里程	180.4 千米
客流强度	12000 人次/千米(预测)
计划配车数	2 辆

续表

分类	新开后
日均单车里程	90.2 千米
驾驶员数	3 人
驾驶员公休数	7 天
日均单班数	2 个
平均单班里程	90.2 千米
平均单班时间	7 小时 43 分钟
平均发车间隔	高峰 40 分，平峰 40 分
日均车次数	22 次
站点数	13 站
平均时速	高峰 14.06 千米/小时、平峰 14.06 千米/小时
首末车时间	下行 6:00—20:00、上行 6:15—20:15
非直线系数	1.78
线路功能	通勤
线路票制	无人售票
与地铁重合站数	无
隶属关系	崂山巴士公司

4.4 调整现有线路

现有线路的调整方法主要有缩短线路、延长线路、线路局部调整、线路停运等。2022 年以来数字科技调整 372 路、26 路、116 路、304 路、371 路、113 路、387 路、501 路、115 路、116 路、936 路、503 路、317 路等 30 多条线路，优化公交线网。其中代表性的有以下线路。

局部调整 26 路，线路走向为下行：自"宁夏路永嘉路"始发站，沿原路线至"广西路浙江路"站，沿广西路、费县路、广州路、云南路至"东平路"站止。上行：自"东平路"返程站，沿云南路、郓城北路、费县路兰山路、太平路至"大学路"站，恢复原路线至"宁夏路永嘉路"站止。

缩短 113 路线路走向为下行：自"海大崂山停车场"始发站，沿圣水路、松岭路、396 省道、九水东路辅路、松岭路、九水东路至"北龙口西"站后，恢复原线路至"流清河"站止。上行：自"流清河"返程站，沿原线路至"北龙口西"站，沿九水东路、松岭路、圣水路至"海大崂山停车场"站止。

5　总体效益

本文以大数据为技术支撑，立足青岛城市特征，综合考虑新时代提出的建设交通强国、推进国企深化改革等战略指引，充分结合了乘客－企业－政府三方的需求[5]，创造"乘客满意，品质优良"的地面公交线网。据统计，线路调整后乘客满意度提升了 0.2%，乘客满意度达到 98%；对企业而言，为创造灵活高效的营运方案，公交集团结合市民需求与客流变化态势，重构公交线网，通过两年的努力累计新增调整公交线路 67 条，新增、迁移公交站点 267 处，与地铁对接线路达到 180 条，线路重复系数由 3.12 降到 2.8，下降了 10.26%，车辆到站准点率提升了 4.55%，平均时速提升了 1.58%；对政府而言，管理更加精细全面，财政补贴更有效，设施建设更合理，扶持政策更完善，为公交都市建设贡献力量，如图 6 所示。

图 6　预期效益

参考文献：

[1] 陈美琪.基于手机信令的公交线网改善区识别和优化研究[D].西安:长安大学,2021.

[2] 中华人民共和国工业和信息化部.2022年通信业统计公报[EB/OL].2023-01-19.https://www.miit.gov.cn/gxsj/tjfx/txy/art/2023/art-77b586a554e64763ab2c2888dcf0b9e3.html.

[3] 王炜,杨新苗,陈学武,等.城市公共交通系统规划方法与管理技术[M].北京:科学出版社,2002.

[4] 于莉娟,朱琛,徐泽洲.城市新城公交线网优化方法与实践探索——以青岛市城阳区为例[J].城市公共交通,2018:36-41.

[5] 刘志伟.基于大数据的骨干通道常规公交优化策略——以上海漕溪路沪闵路通道为例[J].城市交通,2010(5):86-41.

作者简介:杨希龙,青岛城运数字科技有限公司会计师

联系方式:qdgjxinxi@163.com

基于大数据技术的港口起重机健康监测方法

王艳慧　于照家　刘　飞　于岱汛　李培建

摘要：现有港口起重机械的状态监测方法大都采用原始的计划维修方式，定期对起重机设备进行检查和保养，没有考虑设备的实际使用情况及真实的健康状态，造成了时间和人力物力的浪费。基于此，本文提出了一种基于大数据技术的港口起重机健康监测方法。研究基于大数据技术，对起重机设备状态监测方法进行了创新，重点对起重机设备状态监测系统中的大数据远程传输、存储等核心问题进行了分析，开发出一套运用大数据技术进行起重机设备状态监测和管理的系统。该系统运行效果良好，对其他企业设备状态监测管理工作有较强的借鉴意义。

关键词：健康监测；大数据；远程传输；数据挖掘；数据采集；数据分析

设备健康状态的监测、诊断以及维护将直接影响企业的生产经营和经济效益。有效的设备预防性维护过程，可在设备健康状况发生恶化之前制定合理的维护决策，杜绝设备的安全隐患。本文对大数据带来的设备健康状态感知、高速数据传输、分布式计算和诊断分析等先进技术进行了调研，并研究了以设备故障监测、诊断、预防性维护为手段，基于运行大数据的设备健康状态监测诊断模式。在感知层、网络层和应用层的三层系统框架下，应用机器学习算法对设备运行大数据进行数据挖掘，建立专家知识库，获得与故障有关的诊断规则，实现了集设备健康状态在线监测、远程监控、远程诊断、故障匹配识别为一体的智能、高效监测诊断模式。该模式对于设备运行维护具有指导意义。

1　背景技术

近年来，随着经济和船舶大型化的发展，航运业对港口运营方作业效率提出了更高的要求；随着国家法律和环保意识的提升，对于港口绿色、环保和节能的要求也日益提高。传统码头设备以人工操作为主，码头的生成效率受人工操作的制约较大，目前沿海各大港口纷纷开展自动化码头的建设工作，希望以自动化技术来突破目前码头运营的瓶颈。

自动化码头发展提出智能化、无人化要求；随着码头自动化进程加快，越来越多的人工操作逐渐被替代，传统的人工巡检严重影响码头的作业

效率，需要一种更加智能化的状态监测方法。

随着物联网及人工智能等领域新技术的兴起与发展，故障诊断领域也进入了"大数据"时代。通过高效快速的数据采集、存储、传递、处理，实现对更大数量、更多测点设备的监测，由此产生的海量数据给港口起重机械智能状态监测的深入研究和应用提供了新的机遇。

现有港口起重机械的状态监测方法大都采用原始的计划维修方式，定期对起重机设备进行检查和保养，没有考虑设备的实际使用情况及真实的健康状态，造成了时间和人力物力的浪费。

鉴于现有技术中存在的上述问题，本文的主要目的在于提供一种操作方便且效率高的基于大数据技术的港口起重机健康监测方法。

2　系统总体架构

本次搭建的监测系统共分三层，总体架构如图1所示。

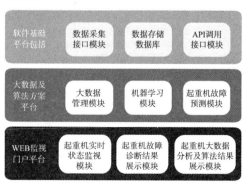

图1　系统总体架构图

基于大数据的港口起重机健康监测系统，其

包括软件基础平台、大数据及算法方案平台和WEB监视门户平台。软件基础平台包括数据采集接口模块、数据存储数据库以及 API 调用接口模块，大数据及算法方案平台包括大数据管理模块、机器学习模块以及起重机故障预测模块，WEB监视门户平台包括起重机实时状态监视模块、起重机故障诊断结果展示模块以及起重机大数据分析及算法结果展示模块。通过上述设计，将码头设备远程监控、数据采集模块整合到一个可视化系统中，实现码头设备的全球定位、实时信息监控、故障诊断、远程维护和报警等功能。同时，结合网络技术、数据采集技术和数据库技术，解决了海量数据实时获取与存储的难题。另外，将故障诊断分为两个阶段，首先通过故障特征匹配实现故障的实时检测；其次结合历史数据和机器学习算法建立更加准确的故障诊断模型。

3　系统技术方案

所述数据采集接口模块通过 MQTT 协议将数据储存到 MySQL 数据库中，所述 MySQL 数据库用于保存设备信息、人员信息、故障记录、维修记录以及工单信息。

所述大数据管理模块用于对所述数据存储数据库进行管理和查询操作，包括对所述数据存储数据库中的历史数据进行分类和更新，以及对所述数据存储数据库中的实时数据进行筛选和标注。

所述 WEB 监视门户平台用于提供人机监测界面，用户通过电脑或手机对起重机状态进行监测。

所述起重机实时状态监视模块包括常规信息显示区域模块、当前画面位置分布说明区域模块、菜单栏模块以及监视画面模块。

所述监视画面模块包括设备实时动画监测区域模块、数据分析展示区域模块以及数据异常智能监测区域。

所述监视模块默认打开码头整体监视模块，所述码头整体监视模块用于显示整个码头机器的实际工况。

所述码头整体监视模块用于实时显示系统KPI指标、基于场地图的码头设备监视和显示。

所述起重机大数据分析及算法结果展示模块包括深度学习中间过程展示模块和典型故障预测

结果展示模块。

4　具体实施方式

港口起重机械是大型复杂设备，要对港口起重机械关键部件的故障进行准确的诊断和预测，离不开长期的数据积累及模型的不断优化更新。港口起重机械状态大数据监测平台提供了相应数据管理软件模块，以方便用户通过软件界面对数据库数据进行管理、查询等操作。码头起重机运行数据，如起重机负载、起升、小车等机构的运行数据，以及机构各部件传感器数据，如振动、温度等数据，以及利用时域特征、频谱特征、时频特征、倒频谱特征等提取的特征数据，机构及各部件的维修记录数据，机构及各部件设备出厂参数及数据，通过不同方式，汇集到码头数据中心的设备原始数据库。数据分为历史数据和实时数据，所设计的大数据管理模块能够实现对历史数据进行分类和更新，以及对实时数据进行筛选与标注。

机器学习中的深度学习是一种强大的数据特征表达技术之一，通过构建高度复杂的非线性特征提取器，能够从输入数据学习获得高阶相关性的特征，适合处理监测信号与故障模式之间的复杂非线性映射关系。

首先，利用后端服务器强大的计算能力，根据不同的工况和应用情景，将所需的数据单向地自动化地筛选到机器学习模型数据库中，构建不同子系统和机构的故障预测模型并进行训练。然后，生成的故障异常诊断和预测模型打包成可容器化运行的程序软件，方便部署到前端监测服务器中，执行实时监测分析服务。后期可以根据不断累积的历史数据和新的故障模式，定期对深度学习模型进行更新，不断提高故障诊断的正确率。

起重机故障预测模块运行于后台，由大数据驱动实现对起重机关键部件的故障诊断与预测。其方法是利用机器学习建立大数据特征提取模型，从大量历史数据中学习不同故障的特征模式，对实时监测数据进行匹配，进行自动化的起重机关键部件故障失效分析及预警。

部署在前端的起重机故障预测模块，实际的监测效果及准确率的基础是需要有大量真实有效的历史数据训练模型。历史数据记录不仅要求有正常的数据记录，同时也需要有故障记录标签，这样的历史数据库的积累有个时间过程，至少需要 2

年时间。首先实现的是针对起重机关键部件的故障预测模型,在此基础上,才能逐步建立起对应部件的寿命预估模型。

起重机故障预测模块对起重机重要机构及部件进行故障分析与预测。故障预测的结果通过实时监视界面及预警信息呈现,并能提供软件接口,供其他系统调用。基于深度学习的大数据故障预测流程如图2所示:首先将采集到的实时信号筛选录入数据库,接着对实时信号数据进行与历史数据相同的处理方法,即工况划分、降噪去干扰、传感器信号融合等预处理与特征张量的构造,然后通过历史数据的特征张量训练深度学习模型,最后将训练好的能预测不同故障的模型作用于实时数据上,得到实时预测结果。

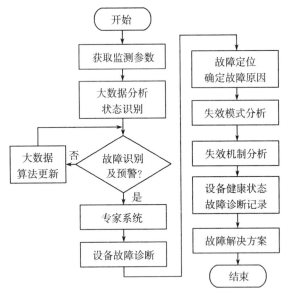

图2　基于深度学习的大数据故障预测流程

5　起重机大数据分析及预测结果展示

起重机大数据分析及预测结果展示模块主要分为以下两部分。

5.1　深度学习中间过程展示

网络结构的交互可视化:应用多形式、深层次的神经网络结构来处理港口采集的大数据,自动提取故障特征进行分类预测。项目通过将整个网络进行互动展示,不仅可以观看整个网络结构的全貌,也可以交互地查看任一层的参数,比如卷积网络的卷积核大小、池化层大小等。此外,还可以查询整个结构的更新日志,调取不同版本的网络进行查阅。

中间层可学习参数的变化曲线:项目将整个

模型的参数进行保存,用户可以轻松调取实时的中间参数变化趋势进行查看。操作人员也可以通过这个参数的变化来不断调整深度学习模型的结构。

数据聚类可视化:通过 t-SNR、PCA 等降维方法,对高维的大数据进行三维可视化展示,实时呈现数据的分布情况。提取出的表征相同的健康状态或者故障的特征向量聚集在一起。用户可以通过鼠标或者触控进行界面的旋转平移,查看整个数据分布的全貌,同时可以点取任一数据点,查看数据背后所对应的故障形式。

5.2　典型故障预测结果的展示

设备不同健康状态的比对:表征不同故障类型的特征向量可以自由调取比对,用户可以查看数据背后对应的设备实际状态。

预测结果:对当前的设备运行状态以概率形式给出柱状图等统计图谱,表征当前最可能发生故障的概率。

6　结语

基于大数据的港口起重机健康监测系统已初步建成并投入使用,大数据技术在设备健康监测中的应用,将确保中、高层技术和管理人员及时掌握设备运行健康状态,进行状态分析和故障诊断,对延长设备检修间隔、缩短检修时间、提高设备可靠性和可用系数、延长设备可用寿命、减少运行检修费用等方面都将产生深远的影响,有助于发现设备关键机械部件的故障原因,指导企业快速维护及合理安排生产,帮助企业找到一条设备运行维护的捷径,有助力提高企业的竞争力和经济效益。

参考文献:

[1] 巩宇,曾广移,李德华,等.基于大数据的设备状态监测系统设计及应用[J].水电与抽水蓄能,2019,5(2):102-108.

[2] 高帆,王玉军,杨露霞.基于物联网和运行大数据的设备状态监测诊断[J].自动化仪表,2018,39(6):5-8.

作者简介:王艳慧,青岛海西重机有限责任公司高级工程师

联系方式:15053200914@126.com

数据驱动方法在工业领域的应用与实践

陈　宇　于忠清　侯忠生

摘要:随着数据科学与人工智能的快速发展,工业过程向着大型化、复杂化、精准化进行技术革新。工业生产过程中的大量离线或在线数据往往具备非线性、强耦合、时变及大滞后现象,为建立受控系统准确数学模型带来了挑战。数据驱动控制理论在机理模型、辨识模型不精确或很难建立的情况下,实现对生产过程和设备的有效控制,甚至实现对系统的监测、预报、诊断和评估。数据驱动优化则在数据科学的基础上,将大数据技术、无模型控制、优化理论、控制系统、领域知识等多学科和多领域的知识结合在一起,在智能制造、减碳降排及技术创新中进行了应用与实践。

关键词:数据驱动控制;数据驱动优化;工业大数据技术

1　数据驱动控制与数据驱动优化

现代控制理论及方法形成了许多领域与分支,如自适应控制、鲁棒控制、最优控制、变结构控制和随机系统理论等,这些经典控制理论在多种工业领域中均取得了显著成就。但近20年来,随着科学技术的快速发展,智能硬件与工业生产过程加速融合,产生了海量工业大数据。这些数据往往具备非线性、强耦合、时变以及大滞后现象,经典控制理论的机理建模方式已无法有效地对此类系统设备运行进行精准控制、预报和评价。因此,以数据驱动的控制理论应运而生,数据驱动科学及其工程也将在未来的科学与工程实践中迎来快速发展。

数据驱动科学与工程是数据科学、控制科学与工业领域科学的交叉学科。数据驱动科学与工程主要包括两个重要分支,数据驱动控制(Data-driven Control)以及数据驱动优化(Data-driven Optimization)。

数据驱动控制的定义是,"控制器设计不显含受控过程的数学模型信息,仅利用受控系统的在线或离线I/O数据以及经过数据处理而得到的知识来设计控制器,并在一定假设下有收敛性、稳定性保障和鲁棒性结论的控制理论与方法。"[1]简单地讲,就是直接从数据到控制器设计的控制理论和方法。控制系统包含控制器和被控对象两个主要部分,而主要研究的被控对象一般包括如下三类:机理模型或辨识模型不精确,且含有不确定因素;机理模型或辨识模型虽然可获取,但非常复杂,阶数高,非线性强;机理模型或辨识模型很难建立,或不可获取。因此,当受控系统的全局数学模型完全未知时,或受控系统的模型的不确定性很大时,或受控过程结构变化很大时,很难用一个数学模型来表述;当建模成本与控制效益不好,或受控系统的机理模型太复杂,阶数太高,实际中不便分析和设计时,我们就应该考虑应用数据驱动控制理论和方法来解决实际的控制问题。

数据驱动优化的主要应用场景是受控系统的机理模型未知,且系统输入输出数据可获取的各种工业过程。数据驱动优化是指基于多源数据采用数据科学方法求解最优目标的优化过程。数据驱动优化并不改变原有的控制系统,它外挂于原有的控制系统,采集控制系统及其他系统的数据,将优化后的参数传输给原有控制系统,以实现系统的优化。它将数据科学、控制系统、领域知识、数据通信等多学科多领域的知识结合在一起。在处理智能制造、减碳降排等问题时,优化问题往往是具有非凸、多模态、大规模、高约束、多目标、限制条件不确定性大等特点。[2]此时,有针对性的采用智能优化算法,如遗传算法、粒子群算法、差分算法等可以有效地模拟迭代过程,求解种群演化最优解[3],从而降低工业试制成本。数据驱动优化的特点是,当对象模型未知时,仅应用系统运行的数据即可进行基于数据决策,也可利用领域知识,以及基于数据挖掘和数据处理得到的有用信息等。在实际应用中，复杂的数学模型及优化算法计算使得控制工程师在设计、维护以及控制过程中，显得力不从心。

数据驱动优化的应用领域主要包括节能优化、质量优化、工艺优化及调度优化。节能优化（Energy Saving Optimization）是指利用人工智能算法，在原有控制系统的传感器、新增传感器，以及系统运行数据的基础上，对原有的控制系统进行能耗优化，以其达到节能的目的。典型的优化节能场景多是多设备组合及负载可变的情况，优化节能的主要手段是采用数据驱动控制技术代替传统 PID 算法的传统控制技术。质量优化（Quality Optimization）是指在多变量组合影响产品质量的情况下，利用人工智能算法找出出现质量问题的要素（一般是三个要素以上），以及这些要素与产品质量之间的数据关系，从而达到提升产品质量的目的。工艺优化（Process Optimization）是指在多种变量影响工艺最佳状态的情况下，利用优化算法对工艺运行关键参数进行控制。由于机理复杂，在实际问题中，所采用的有效方法多数也是数据驱动方法。调度优化（Schedule Optimization）是指在流程工业中，各个工序或系统之间时间安排和工序计划等，实际可行的调度也多数是依赖人的经验完成的，先进的方法也应该是数据驱动的调度，如自来水从水厂到管网调度水量，电厂中锅炉给汽轮机的蒸汽量等。采用数据驱动的调度以及基于数据的自动预测与优化控制不但可解放人力，而且也能客观也达到节能的目标。

2　在线数据与离线数据

"数据驱动"的核心是数据，数据决定了目标优化求解的上限，同时决定了算法的选择，通过选用合适的算法逼近优化解。数据驱动优化的数据来源离不开工业大数据系统，分别来自历史数据、现场的工业控制系统的数据、实验室管理系统 LIMS（Laboratory Information Management System）的数据、企业资产管理 EAM（Enterprise Asset Management）系统的数据、制造执行系统

MES（Manufacturing Execution System）、企业资源计划 ERP（Enterprise Resource Planning）及制造企业的其他数据。

在数据驱动控制里，在线数据是指在采样轴方向上，当前控制器执行过程中利用到的受控系统的 I/O 数据。不同的控制方法，其在线数据的时间窗口的长度可能不同：自适应控制利用当前时刻及控制器关于输入输出阶数内的数据，而 PID 控制利用当前及前两个时刻的数据。当系统参数、结构发生变化或其他扰动发生时，当前时刻的数据会直接反映这些变化。因此，充分利用在线数据可使所设计的控制系统及时捕获上述变化，从而使控制器通过反馈作用具有适应能力、镇定能力、抗扰能力和快速性。离线数据是相对于在线数据而言的，不是在线数据的数据都是离线数据。离线数据的利用主要体现在如下四个方面：一是利用离线数据建立受控对象的动力学模型；二是利用离线数据发现受控对象的运行规律和相关模式；三是利用离线数据可对系统的行为和模式进行预报和评价；四是利用离线数据进行集成学习。

在数据驱动优化中，在线数据一般是指在优化过程中可以实时加入的数据，例如锅炉温度的时序数据。离线数据是指优化过程中无法实时生成的数据，主要由历史数据组成，一般被用来选取受控系统的重要影响因素，或作为训练集训练数据模型。在工业系统中采集到的数据通常无法达到预期的质量，受高温影响传感器失灵等故障都会造成数据集的不完整[4]、不平衡[5]或者有噪声[6]，尤其针对小数据集，在没有进行数据预处理时，无法执行数据驱动优化过程。

3　数据驱动优化的实施策略

基于工业生产过程中的大量在线和离线数据，数据驱动优化过程的实施策略主要分为数据预处理、数据特征工程、人工智能与优化算法选择、实施优化过程。数据驱动优化实施策略的主要流程如图 1 所示。

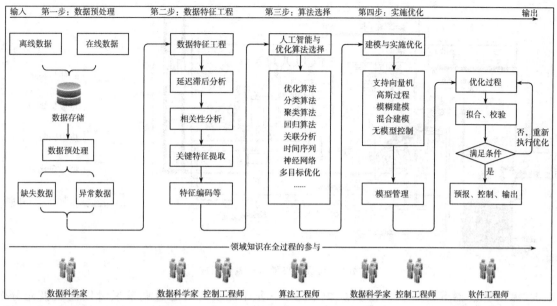

图1　数据驱动优化实施策略的主要步骤

第一步，数据预处理。生产过程中的离线数据往往作为训练集和测试集，在线数据可以作为测试集和验证集。所有数据标记时间戳后，存储在数据服务器上，其存储一般采用Hadoop等大数据处理架构。缺失数据一般采用插值法或均值法进行补齐，异常数据根据实际情况进行修正或删除。这一环节的工作主要由数据科学家完成。

第二步，数据特征工程。针对工业数据的大滞后现象，进行数据延迟滞后分析，确认滞后时长便于后续计算。皮尔森相关系数、随机森林等方法均可用来确认关键影响特征，输入属性的降维将加快建模和优化的速度。这部分工作主要由数据科学家完成数据分析，控制工程师提供工艺技术以及控制方面的领域知识。

第三步，算法选择。由算法工程师基于已有数据尝试算法的可行性，进行小规模的实验，进行多算法之间的比较，确定技术方案。

第四步，建模与实施优化。由数据工程师对机理模型尚不清楚的过程对象，采用数据驱动的建模方法来建立其软测量模型。该方法从历史的输入输出数据提取有用信息，构建主导变量和辅助变量间的数学关系，结合控制工程师提供的过程知识，实现通用的软测量建模方法。基于数据驱动的建模方法有主元分析法、部分最小二乘回归方法、人工神经网络方法、支持向量机方法、模糊建模方法和高斯过程建模方法等。完成建模后，执行优化过程，包括对输出结果的优化、对神经网络过程参数的优化等。如输出结果满足要求，则交由软件工程师进行项目部署和运维，否则重新执行优化过程，重新求解全局最优或局部最优解。

4　数据驱动优化的应用与实践

随着我国城镇化进程的推进，城市生活垃圾清运量逐年增长，截至2021年我国城市生活垃圾清运量为24805万吨，垃圾焚烧设施的日处理规模合计已达到24159万吨/年。"十四五"规划明确指出，2025年焚烧产能需达29200万吨/年，2020至2025年行业将保持4%的复合增速。垃圾焚烧发电是将生活垃圾在高温下燃烧，使生活垃圾中的可燃废物转变为二氧化碳和水等，产生的余热用于发电，产生的废气、灰渣进行无害化处理。在"垃圾围城"日益严峻的形势下，垃圾焚烧发电是"减量化、无害化、资源化"处置生活垃圾的最佳方式。

数据驱动优化可以有效提高单位垃圾发电量。在处理能力一定的条件下，单位垃圾处理所产生的发电量是决定垃圾焚烧发电厂盈利能力的重要因素。如图2所示，垃圾焚烧发电厂主要由贮存与转运、垃圾焚烧、热力回收、烟气净化、飞灰与炉渣处理五大系统组成，系统之间相互配合与关联，涉及多种学科，是典型的可应用数据驱动优化的综合工业系统。

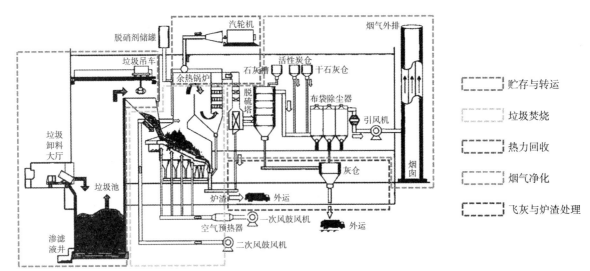

图2　垃圾焚烧发电厂系统组成

温度、流量传感器等部件在高温焚烧炉中运行时会出现偶发故障，测到的缺失值使用前后均值进行补充。采用基于统计学的箱型图和"3西格玛法"、基于集成学习的隔离森林等方法检测异常值。在此案例中，温度或流量异常数据为0的将被剔除掉，而部分显著离群点也将作为异常值移除。随后，通过对特征下移移位，求得特征与标签之间的互信息，在移位的过程中互信息值最大时对应的移位数便是滞后量。

采用皮尔森相关系数计算输入数据与发电机功率之间的相关性，如图3所示。从图中看出发电机功率与1♯焚烧炉主蒸汽流量、2♯焚烧炉主蒸汽流量、1♯炉炉膛上部温度、2♯炉炉膛上部温度具有较高相关性。较大的主蒸汽流量和炉膛上部温度，会带来更大的发电机效率。这四个变量在垃圾焚烧工艺中反映了燃烧工况的安全稳定性，并作为可控变量需对其进行预测，从而在优化过程中进行约束；由于垃圾焚烧工艺约束（垃圾处理

量不能改变），通过调节风量以使垃圾充分燃烧，以获得更高的主蒸汽流量和炉膛上部温度，从而增加发电机功率。所以设置风调节风门频率作为点控制变量，改变点控制变量影响风量变化，故需建立风量预测模型。在此案例中，所需建立模型如表1所示。

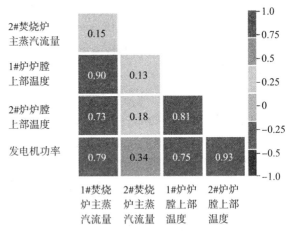

图3　发电机功率变量相关性分析图

表1　垃圾焚烧系统中的预测模型

序号	预测模型名称	序号	预测模型名称
1	发电机功率	7	焚烧炉一次风流量
2	焚烧炉炉膛上部温度	8	焚烧炉燃烬炉排一段一次风流量
3	主蒸汽流量	9	焚烧炉燃烬炉排三段一次风流量
4	焚烧炉燃烬炉排二段一次风流量	10	焚烧炉燃烬炉排二段一次风流量
5	焚烧炉燃烬炉排一段一次风流量	11	焚烧炉二次风流量
6	焚烧炉干燥炉排一段一次风流量		

以SVR、神经网络方式进行建模后，以发电机功率模型为例，其模型拟合效果图，如图4所示。

图 4(a)为发电机功率实际值和预测值对比图,图 4(b)为发电机功率实际值和预测值拟合图,当前发电机功率模型预测能力较好。图 5 表示了主蒸汽流量、炉膛上部温度与发电机功率之间的依赖关系,其中横纵坐标分别表示两个特征,即焚烧炉主蒸汽流量和炉膛上部温度,而颜色表示发电机功率大小,由深到浅取值逐渐变大,由图可知,当1♯、2♯焚烧炉主蒸汽流量和炉膛上部温度都取值较大时,发电机功率也较大。

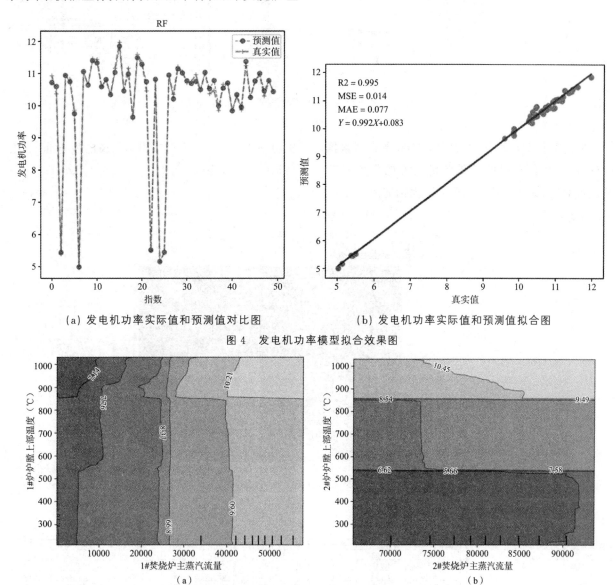

(a) 发电机功率实际值和预测值对比图　　　　(b) 发电机功率实际值和预测值拟合图

图 4　发电机功率模型拟合效果图

(a)　　　　　　　　　　(b)

图 5　发电机功率与主蒸汽流量、炉膛上部温度的依赖关系

完成数据建模后,采用遗传算法、粒子群算法和模拟退火算法执行优化过程。垃圾焚烧建模优化体系架构如图 6 所示,对于表 1 中的八个风流量预测模型,统称为入口一次风流量预测,输入特征为风机变频输出和调节风门开度。主蒸汽流量模型和炉膛上部温度模型的输入特征有垃圾厚层压差、一次风流量、二次风流量、汽包水位、给水温度、六段入口一次风流量,最后通过主蒸汽流量和炉膛上部温度预测发电机效率。上述模型在离线数据上进行训练调优,随后将训练模型用于优化。

风机变频输出和调节风门开度作为优化过程中的决策变量,即在实际工况中需通过数据驱动作为调整的设置点变量。优化目标是发电机功率最大,确定在当前工况下,发电机功率最大时的点变量组合就是最终的优化结果,但是改变点变量会造成工况改变,为了维持工况稳定,需加入约束条件,通过离线历史数据分析,设置风机频率和风门开度的设置点变量在合理区间内进行寻优,并对于主蒸汽流量和炉膛上部温度也进行约束,必须使其维持在合理范围内。

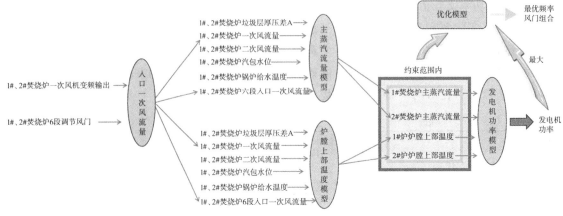

图 6　建模优化结构图

通过数据驱动优化过程,选取 100 条在线数据进行验证,将优化后的结果和优化前的发电机功率进行对比,如图 7 所示,经计算优化前后的发电机功率平均值,计算可提升 6.1% 的发电量,优化结果的对比如表 2 所示。

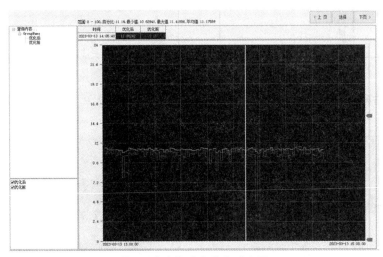

图 7　发电机功率优化对比图

表 2　优化结果对比图表

最优发电量	目前发电量	提升率	最优发电量	目前发电量	提升率	最优发电量	目前发电量	提升率	最优发电量	目前发电量	提升率
11.39533333	10.68	6.7%	11.24380241	11.23	0.1%	11.32230393	11.03	2.7%	11.41886395	11.08	3.1%
11.23414815	11.06	1.6%	11.20831944	10.41	7.7%	10.76199902	8.66	24.3%	11.11762963	10.75	3.4%
11.18142164	11.4	-1.9%	10.8891055	10.36	5.1%	11.01651852	10.95	0.6%	11.22314815	11.48	-2.2%
11.1755741	10.74	4.1%	11.18762963	10.91	2.5%	10.82218519	9.89	9.4%	11.24446724	10.32	9.0%
11.20249093	11.22	-0.2%	10.95266667	10.92	0.3%	11.19259596	10.82	3.4%	11.1147037	10.56	5.3%
11.21629149	10.5	6.8%	11.35364841	10.97	3.5%	11.34592929	11.19	1.4%	11.25252469	11.11	1.3%
11.07976563	10.98	0.9%	11.32418519	10.87	4.2%	11.09625461	10.74	3.3%	11.15088889	10.75	3.7%
11.13544444	10.51	6.0%	11.1852963	10.91	2.5%	10.62940741	9.73	9.2%	11.27973328	11.15	1.2%
10.80999272	7.83	38.1%	11.12937037	10.5	6.0%	11.26068153	10.99	2.5%	11.24738084	10.41	8.0%
10.94534156	10.46	4.6%	11.15144444	10.47	6.5%	11.41827542	11.39	0.2%	11.16992593	10.88	2.7%
11.08351852	10.46	6.0%	11.24580045	10.64	5.7%	11.18944444	10.89	2.7%	11.26891344	10.52	7.1%
11.36654167	10.79	5.3%	11.21288604	10.23	9.6%	11.36508116	11.24	1.1%	11.39489321	12.08	-5.7%
11.29864877	10.53	7.3%	11.18407407	11	1.7%	11.15848148	10.23	9.1%	11.26018519	11.03	2.1%
11.21481795	10.85	3.4%	11.16103704	10.33	8.0%	11.08242135	9.06	22.3%	11.18955185	11.54	-3.0%
11.14992593	10.61	5.1%	11.18066667	10.68	4.7%	11.11362963	10.5	5.8%	11.12896914	10.7	4.0%
11.27292558	11.27	0.0%	11.0402	10.64	3.8%	11.29002962	10.36	9.0%	11.38066667	11.13	2.3%
11.19678395	11.15	0.4%	11.09723224	10.75	3.2%	11.36866667	10.58	7.5%	11.14263404	10.61	5.0%
11.27755556	10.97	2.8%	11.15630864	11.06	1.1%	11.22194167	10.58	6.1%	11.13396296	10.63	4.7%
11.1806532	10.33	8.2%	11.13774074	10.41	7.0%	10.91956481	4.85	125.1%	11.21812963	11.32	-0.9%
11.17166667	11.31	-1.2%	11.39480093	10.72	6.3%	10.75607909	10.32	4.2%	11.14198814	10.59	5.2%
11.36215557	11.34	0.2%	11.29352315	11.1	1.7%	11.13851852	10.84	2.8%	11.25366994	10.44	7.8%
11.19638889	10.64	5.2%	11.32751975	10.29	10.1%	11.25796296	11.2	0.5%	11.25290109	10.19	10.4%
11.06625926	11.1	-0.3%	11.08722222	11.08	0.1%	10.98677778	10.26	7.1%	10.97504527	10.25	7.1%
11.35540741	10.79	5.2%	11.18427147	9.44	18.5%	11.15182716	10.84	2.9%	11.15621605	10.79	3.4%
11.06535609	10	10.7%	11.21122222	11.2	0.1%	11.21992593	11	2.0%	11.21104938	9.97	12.4%

5 结论

数据驱动控制和数据驱动优化是数据驱动科学与工程的两个重要分支。数据驱动控制理论已经在网络控制、工业过程、城市交通、风能发电等多个领域提供了理论支撑。本文主要介绍了数据驱动优化的主要特点和实施过程,并结合垃圾焚烧发电的项目案例介绍了数据驱动优化在节能减排、降耗提效等方面取得的良好效果。在大数据与人工智能技术快速发展的时代,数据驱动科学与工程必将在工业领域的数字化实践中扮演更重要的角色。

参考文献:

[1] 侯忠生,许建新. 数据驱动控制理论及方法的回顾和展望[J]. 自动化学报,2009,35(6):650-667.

[2] Jin Y, Wang H, Tinkle C, et al. Data-driven evolutionary optimization:An overview and case Studies [J]. IEEE Transactions on Evolutionary Computation, 2018,23:442-458.

[3] Dan S. Evolutionary optimization algorithms [M]. New Jersey:Genetic Programming, 2013.

[4] Wang R, Pau A, Stefanovic M. et al. Cost detectability and stability of adaptive control systems [J]. International Journal of Robust and Nonlinear Control,2007,17(5-6):549-561.

[5] Galar M, Fernández A,Barrenechea E , et al. EUSBoost:Enhancing ensembles for highly imbalanced data-sets by evolutionary undersampling[J]. Pattern Recognition,2013,46(12):3460-3471.

[6] Hussain J, Lalmuanawma S. Feature analysis, evaluation and comparisons of classification algorithms based on noisy intrusion dataset[J]. Procedia Computer Science,2016,92:188-198.

作者简介:陈宇,青岛大学计算机科学技术学院、副教授、软件工程系主任

联系方式:chenyu@qdu.edu.cn

第三章

农旅融合发展　赋能乡村振兴

青岛西海岸新区打造乡村振兴齐鲁样板实践启示

卢茂雯　　王林云

摘要：乡村要振兴，产业兴旺是重点。青岛西海岸新区积极探索农业高质量发展路径，推动一、二、三产深度融合，为乡村振兴提供了坚实产业支撑。本文就青岛西海岸新区加快产业振兴，打造齐鲁样板的做法进行论述并提出实践启示。

关键词：乡村振兴；产业振兴；齐鲁样板；实践启示

习近平总书记在党的二十大报告提出："全面推进乡村振兴。坚持农业农村优先发展，坚持城乡融合发展，畅通城乡要素流动。"再一次告诫全党，不管工业化、城镇化进展到哪一步，"三农"的基础地位都不会改变，都要始终坚持农业农村优先发展。从党的十九大把实施乡村振兴战略提升到国家发展战略的高度，"三农"工作已成为全党工作的重中之重。2018 年 6 月，习近平总书记在山东视察时强调要："扎实实施乡村振兴战略，打造乡村振兴的齐鲁样板。"打造乡村振兴的齐鲁样板是总书记对山东的重托和厚望。青岛西海岸新区牢记总书记嘱托，立足西海岸新区城乡共生、关系紧密的典型特征，聚焦重点难点问题，推进乡村振兴战略，打造美丽宜居城乡融合发展共同体，全域创建乡村振兴齐鲁样板先行区，围绕生产、生活、生态打造"三生共融"的乡村振兴齐鲁样板。

1　青岛西海岸新区打造乡村振兴齐鲁样板实践成效

青岛西海岸新区是 2014 年 6 月 3 日国务院批复设立的第九个国家级新区，陆域面积 2128 平方千米，其中，农村面积 1090 平方千米、占全域面积的 51%，海域面积 5000 平方千米、海岸线 309 千米，区内辖 23 个镇街、376 个村和社区，总人口 232 万，其中农村常住人口 31.13 万人，占 19.36%。经过改革开放 40 多年的快速发展，城乡发展不平衡问题得到了一定程度的改善，但农村发展滞后问题仍很突出：西部村集体经济薄弱，缺少支柱产业、偿付历史债务能力差；农村自我积累能力有限，大多数特色农业产业仍然停留在提供初级产品的阶段，深加工龙头企业少，导致产品附加值

低，农民收入受限。党的十九大以来，新区始终坚持把实施乡村振兴战略作为新时代"三农"工作的总抓手，深入推进农业供给侧结构性改革，依托现代农业多功能性，着力提高产业发展质量，推动一、二、三产业深度融合，在提升重要农产品稳产保供能力，提升全产业竞争力，增强农业发展动力，激发农业发展活力等方面，积极探索产业高质量发展新路径，在做优特色农业、做强加工农业、做大休闲农业等方面取得了可观的成就。先后获评全国一、二、三产业融合发展先导区，全国农产品质量安全示范区，全国休闲农业和乡村旅游示范区，山东省现代农业强县等一系列国家、省级荣誉称号。

1.1　树标杆，率先建成乡村振兴齐鲁样板先行区和示范片区

青岛西海岸新区坚持"走在前、当标杆、作示范"的目标定位，围绕生产、生活、生态的"三生共融"，统筹城乡融合发展，率先建成体现中国北方特色的乡村振兴齐鲁样板先行区。一是先行区以藏马山田园综合体、田园青岛田园综合体和佳沃蓝莓科研基地示范园区三个区域为核心，以开城路、204 国道、藏马镇和张家楼街道至开城路南北连接道路为环线，形成"一环三核"总面积约 110 平方千米的整体布局。先行区以聚焦产业项目提质增效、村庄基础设施提档升级、文旅氛围整体营造等重点任务，全域提升、联片打造、全面推进乡村五个振兴。二是全面高质量建设乡村振兴示范片区，青岛西海岸新区把打造乡村振兴示范片区作为集聚资源要素的"示范田"和改革探索的"试验田"，其中，铁山街道杨家山里以"原乡、原水、原

生态"独特自然资源优势和"红色文化"传承优势，张家楼街道画美达尼以"油画＋文化＋旅游"自身特色和片区文化优势，被青岛市评为建设青岛十大市级乡村振兴示范片区。

1.2 强产业，聚焦农业提质增效推进一、二、三产业融合发展

新区依托现代农业多功能性，从区、镇、村三个层面提高产业发展质量，推动一、二、三产业深度融合，为乡村振兴提供坚实的产业支撑。

1.2.1 区级层面，发挥"五大活力源"辐射引领作用

青岛西海岸新区，规划建设了十大功能区，根据功能区的地理位置，将现代农业示范区、董家口循环经济区、西海岸交通商务区、藏马山国际旅游度假区、王台新动能产业基地作为"五大活力源"，发挥其辐射引领作用，打造乡村旅游、城乡融合、农品商贸、北部新城、现代高效农业"五大乡村振兴示范片区"，推动镇级财政、村集体收入和农民人均可支配收入"三个增长"，促进基础设施、人居环境和公共服务"三项提升"，实现产业结构、就业创业及生活方式"三大转变"。聚焦藏马山旅游度假区的开发，积极发展影视文化、休闲度假、医养健康产业，与藏南镇、大村镇、张家楼镇等周边镇街联动发展，推动周边乡镇村庄产业发展；依托董家口经济区"港产城"一体发展金字招牌，以港带产、以产带乡、港城联动、产城融合，推进董家口经济区与泊里镇、琅琊镇、琅琊台管区等镇街融合发展；发挥交通商务区商贸流通枢纽优势，推进核心区域及周边村庄搬迁改造，重点建设中国供销北方国际智慧物流港等商贸物流项目，带动铁山街道、六汪镇、宝山镇、胶河管区等镇街发展特色农业、休闲农业与乡村生态旅游；实施开发区管委进军王台战略，建设王台新动能产业基地，规划建设民营经济产业园，推进100个项目和100项配套双百建设，力促驻地再造、产业升级；借力现代农业示范区示范引领，重点推进欣沃科技蓝莓全产业链、诚食有机田园综合体等总投资40亿元的10个一、二、三产业融合现代农业项目。通过五大示范片区大项目、大设施的辐射带动，全面激活新区涉农镇街的发展活力。

1.2.2 镇级层面，发挥十二个特色小镇的辐射引领作用

青岛西海岸新区东部是城市建设规划区，西部12个乡镇为农业镇。为统筹城乡一体，共享发展成果，新区在全省率先规划启动将西部12个农业镇全部打造成特色小镇。新区着力优化空间布局，科学确定开发边界，明确功能定位、产业布局，先后研究出台了《加快特色小镇建设的实施意见》《关于特色小镇建设的指导意见》，确立"规划为先、设施为要、文化为魂、生态为基、产业为根、特色为本"的发展思路，按照"一镇一品、一镇一景、一镇一韵"的要求，高标准统一编制了12个特色小镇总体规划和镇街驻地风貌设计。一是创新规划理念。融文化于规划，结合各镇的历史传承、镇域文化和发展禀赋，确定了海青镇"茶园小镇"、张家楼镇"油画小镇"、琅琊镇"古韵小镇"、藏南镇"旅游小镇"、泊里镇"港口小镇"等12个镇街特色定位。二是创新统筹特色与产业融合发展。构建"四个一"融合发展模式："一改"，改造镇街驻地基础设施，提升城镇综合承载能力；"一街"，改造和新建特色商业街、聚集商机人气；"一园"，建设特色产业园、以产业发展为支撑；"一迁"，村庄搬迁、重点做好轨道交通、青连铁路、董家口港等重大工程村庄搬迁安置工作。三是创新特色小镇投入机制。国有资金拉动社会投资，发挥市场"无形之手"主体投入，参与小镇建设。国有资本的示范效应有效带动了社会资本的涌入，通过国有资金的投入，使镇驻地和产业园区的基础设施配套、公共服务配套得到很大程度的改善。目前，已建成12个产业振兴集聚区，优化提升373家农业产业园、181家畜禽规模养殖场，构建了镇域产业"一区多园"发展新格局。

1.2.3 村级层面，发挥美丽乡村风景带的辐射引领作用

青岛西海岸新区积极落实《山东省美丽村居建设"四一三"行动推进方案》，坚持高起点定位、高水平规划，高水平建设市级以上美丽乡村、高标准打造示范样板，按照村庄风貌田园化、污水无害化、河塘景观化、庭院洁美化、服务社会化、娱乐大众化、治理民主化、村风和美化、农民职业化、产业特色化"十化"目标，打造新区特色美丽乡村。一是加强村庄规划管理。推行多规合一，全面完成新区乡村建设规划编制；科学规划村庄建筑布局，大力提升农房设计水平；制订村庄保护发展规划，加大历史文化名村和传统村落保护力度，延续村

庄传统文脉。二是鼓励具备条件的镇街集中连片建设生态宜居的美丽乡村。三是着力推动区属国有企业参与美丽乡村建设。围绕沿海岸线、重要交通干线，将美丽乡村连片打造，已建成绿色长廊、蓝湾生态、红色之旅等四条美丽乡村精品路线和海青茶山等八个重点片区。针对片区特色优势，发展特色产业、乡村生态产业、乡村旅游产业，实现"一带一风情、一片一韵味、一村一特色"。

1.3 重改革，激发内生活力推进城乡统筹融合发展

新区充分利用国家农村改革试验区先行先试法宝，将先行区作为新区深化农村改革的试验田和展示台。一是深化农村土地制度改革。推进承包地"三权"分置，探索研究农村宅基地房屋合作社新模式，进一步放活土地经营权，制定支持农村土地规模流转集约经营奖补意见，鼓励发展适度规模经营，全区土地规模化经营率达到72%。二是深化农村产权制度改革，促进农民和集体双增收，发展壮大村集体经济，稳妥开展新村集体资产融合试点，鼓励有条件的镇街、村庄通过联合建设或购置物业等方式，开展抱团发展。三是深入推进乡村治理体系建设，筑牢发展底线。深入推广党支部领办"德育银行"新经验，加快形成在党组织领导下的共治共享乡村治理新格局，蹚出一条"党建强、乡村美、治安稳、村民富"的乡村治理新路径。

2 青岛西海岸新区打造乡村振兴齐鲁样板实践启示

2.1 立足实际做规划，乡村振兴和城镇化发展统筹推进

乡村振兴，规划先行。乡村振兴规划在乡村发展中具有重要的纲领性与指导作用。新区积极贯彻落实国家乡村振兴战略，制订出台了《青岛西海岸新区乡村振兴五年发展规划（2018—2022年）》《关于党建统领组团发展全域推进乡村振兴的实施意见》等一系列的总体部署和配套政策实施意见，为全面推进乡村振兴提供了正确的目标和很好的政策支持。新区东部主要是城市建设规划区，西部12个农业镇街为乡村振兴规划区。为统筹城乡一体，共享发展成果，新区规划十大功能区中五大地理位置涉农镇街功能区，作为"五大活力源"发挥带动辐射作用，推动镇级财政、村集体

收入和农民人均可支配收入"三个增长"；同时，新区还率先规划启动将西部12个农业镇全部打造成特色小镇，高标准规划建设市级以上美丽乡村，高水平建设乡村振兴示范片区，率先规划建成110平方千米乡村振兴齐鲁样板先行区。

2.2 做优特色产业，构建乡村振兴产业支撑

乡村振兴有赖于产业支撑。青岛西海岸新区以农民就业和增收为目标，结合本地资源禀赋和优势条件，因地制宜精选特色主导产业，并逐渐做大做强，成为在当地甚至在全国都有一定规模、影响力、市场占有率较高的产业。如新区蓝莓产业，现有规模以上蓝莓企业16家，农民专业合作社22家，带动约6.8万农民从事蓝莓种植产业。宝山镇更是有"中国蓝莓第一镇"之美誉；海青茶产业，海青全镇种植茶面积达3.5万亩，茶企200余家，年干茶产量260万斤，成为我国纬度最高的大田绿茶生产基地，年产值3亿多元；大村食用菌产业，2021年产菌菇3000余吨，实现年销售收入5000余万元，带动劳动力1800余人就业。

2.3 构建产业体系，促进一、二、三产业融合发展

乡村产业振兴不再局限于农业发展，而是包含一、二、三产业融合发展。新区以农业和特色资源开发为基础，以实现农民农村共同富裕为目标，以融合发展为方向，在做优特色农业、做强加工农业、做大休闲农业等方面取得了可观的成就。加工农业：2021年182家规上农产品加工企业营收417.9亿元。农产品加工业成为推动农村一、二、三产业融合发展的重要抓手。休闲农业：新区总投资104.6亿元，建设了5个青岛市级田园综合体，辐射带动约60个村，吸纳农村劳动力5300多人。新区积极践行生产、生活、生态"三生融合"理念，挖掘农业和乡村的丰富价值内涵，充分利用现代化农业的观光性、参与性、文化性，推进农业与乡村旅游、农耕体验以及乡村手工艺等融合发展，农民收入大幅提升，城乡收入差距缩小，农村活力显著增强。

2.4 聚焦统筹发展，打造乡村振兴齐鲁样板

乡村振兴是一项系统工程，是全域、全员、全面的振兴，需全区上下齐抓共管。新区成立乡村振兴五个专班，由两名区级领导任组长，以两三个部门为牵头推进单位，聚焦产业强、生态美、治理

优、要素活、农民富，统筹资金资源和各类要素，布局建设 10 个乡村振兴示范样板片区，打造全面振兴统筹综合体，形成可复制、可推广的乡村振兴模式路径。目前为止，累计对设施农业、农业科技等八类建设类项目兑现补贴 13819 万元，撬动社会资本投资超过 100 亿元。围绕生产、生活、生态的"三生共融"，统筹城乡融合发展，率先建成体现中国北方特色的乡村振兴齐鲁样板先行区。

作者简介：卢茂雯，青岛西海岸新区工委党校高级讲师

联系方式：lmw861@sohu.com

以绿色发展理念引领青岛西海岸新区发展研究

郭岩岩 讲 师

摘要：党的十九届五中全会指出，推动绿色发展，促进人与自然和谐共生，并将绿色发展作为推进现代化建设的重要引领之一。青岛西海岸新区严格贯彻落实绿色发展理念，制定实施生态优先战略，在生态建设和环境保护工作取得了一定成绩。本文从青岛西海岸新区生态建设和环境保护方面做法、存在问题及对策进行论述，旨在为新区生态建设和环境保护工作起到参考作用。

关键词：新区；生态文明建设；绿色

党的二十大报告明确指出："尊重自然、顺应自然、保护自然，是全面建设社会主义现代化国家的内在要求。必须牢固树立和践行绿水青山就是金山银山的理念，站在人与自然和谐共生的高度谋划发展。"青岛西海岸新区自2014年6月3日获国务院批复后，积极践行绿色发展理念，提出并实施了"生态优先"发展战略，加快生态建设和环境保护，成功创建首批国家级生态保护与建设示范区，在生态文明建设方面取得了一定的成效，但也有一些环保问题亟待解决。

1 青岛西海岸新区生态文明建设方面取得的成效

青岛西海岸新区（以下简称新区）贯彻落实绿色发展理念，以建设美丽新区为目标，以提升环境质量为主线，深化环境污染治理，使生态环境质量显著改善，生态文明理念深入人心，国家级生态保护与建设示范区建设取得显著成效。

1.1 坚持生态文明建设的系统观，建立行之有效的保护规范

在空间布局上，新区实施生态优先发展战略，坚持"世界眼光、国际标准、中国特色、高点定位"，紧紧围绕建设"海洋科技自主创新领航区、深远海开发战略保障基地、军民融合创新示范区、海洋经济国际合作先导区、陆海统筹发展试验区"战略定位，组织编制《青岛西海岸新区总体规划（2018—2035年）》，最大限度地保留山、水、林、海、岛等天然景观，以绿色作为新区的底色，在生态规划的框架中实现经济的高质量发展。在功能布局上，调整和完善城市排水、海岸带、绿网（道）等十多项专项规划，建立行之有效的生态环境保护规范。在产业布局上，编制完成《循环经济规划》，统筹海陆资源、产业优化和生态保护，规划建设十大功能区，改变传统经济发展方式，推广资源节约型和环境保护型的循环经济发展模式，通过环境质量控制，为引领型产业和重量级项目留足发展空间，打造集约高效绿色产业发展平台。

1.2 坚持生态文化建设的治理观，形成科学合理的保护机制

新区深入开展水环境污染治理，优先解决社会和群众关心的突出环境问题，强化环境整治常态化，逐步形成科学合理的保护机制。一是切实发挥好大气和水污染专项治理指挥部综合协调作用，建立全区重点区域建筑施工和道路扬尘污染治理联席会议制度和联动配合机制，对污染治理情况实施督查通报。二是加强重点大气污染点源治理。以控制燃煤污染为重点，实施一批工业废气污染治理工程。完成青岛开发区热电燃气总公司、大唐黄岛发电有限责任公司、胶南易通热电有限公司等企业的炉脱锅硫除尘脱硝项目。三是全面开展蓝色海湾整治项目，共清理岸线130千米，该项目是目前全国最长的岸线整治项目。

1.3 坚持生态文明建设的法治观，实施全面覆盖的监管模式

青岛西海岸新区按照"条块结合，块为主体"和"谁监管、谁负责"的原则，实施精细化、网格化管理，建立"全面覆盖、层层履职、网格到底、责任到人"的环境监管模式。一是创新创新制度管理，

实施"分类监管、一线监察"和企业环保诚信承诺制度,对排污企业实施分类管理,与重点排污企业签订了《环保诚信承诺书》。每年组织开展整治违法排污企业保障群众健康环保专项行动,严格开展执法行动,对违法排污企业实现警告并责令限期整治。二是创新技术管理,建成环境监控中心,鼓励引导区内所有重点企业全部安装在线监测设备,从而对企业排污情况实现了三级环保部门远程实时监控。按照《国务院办公厅关于加强环境监管执法的通知》要求和上级部门工作部署,制订全区环境保护大检查行动方案,组织开展环境保护大检查。

1.4 坚持生态文化建设的制度观,做好扎实有效的保护后盾

党的十九届四中全会提出,实行最严格的生态环境保护制度、全面建立资源高效利用制度、健全生态保护和修复制度、严明生态环境保护责任制度。这既是一项在绿色发展理念引导下制定规则的创新性工作,又是对现有制度安排的继承、变革与发展。"十四五"是污染防治攻坚战取得阶段性胜利、继续推进美丽中国建设的关键期。青岛西海岸新区在"十四五"规划目标中明确提出,城乡均衡发展,生态环境质量、绿色发展水平国内领先,率先实现碳排放达峰后稳中有降,并指出要全面落实国务院办公厅《关于支持国家级新区深化改革创新加快推动高质量发展的指导意见》,用足用好国家和省市支持西海岸新区的政策。优化新区管理运行机制,破除制约高质量发展的体制机制障碍。这些为新区生态建设和环境保护工作起到了保障作用。[1]

2 青岛西海岸新区生态文明建设方面存在的问题

青岛西海岸新区致力于建设美丽新区,但目前在制度和实施方面还存在着诸多问题和缺陷,具体表现在理念不到位、制度不到位、监管不到位。

2.1 理念不到位

着力推进生态文明建设,应在经济社会发展的各个方面树立绿色发展的理念,建立一个和谐、融洽、繁荣的"绿色化"社会,形成全社会互帮互助、全体人民平等友爱、人民群众安居乐业、社会安定团结的局面。就青岛西海岸新区而言,对生态文明建设理念的贯彻仍然不到位,具体表现为政府、社会以及公众组织对于加快新区生态文明建设的重要性和紧迫性的宣传力度不够,宣传方法和宣传方式较为单一,并不能从根本上引导公众的认知方向,导致社会公众自觉参与保护生态环境的意识比较淡薄,全民参与度不够,没有广泛形成政府、企业、学校、社区齐抓共管的局面。二是落实不到位。尽管新区高度重视生态文明建设,但在具体环保体系评价和考核方面还有待提升。

2.2 制度不到位

生态文明建设需要各职能部门的联动,特别是功能区、镇(街)与区直部门联动性不强,城市生态环境综合管理长效机制有待进一步完善。在环境制度方面,环境评价的覆盖面主要局限在项目层面且评价的公平性、公正性与客观性有待提高,环境污染付费制度与信息公开体制尚在探索阶段。在生态制度方面,生态补偿机制与生态保育动力机制仍需进一步完善。在国土管理方面,由于制度的缺失或者落实不到位,少量存在国土开发无序、强度超标等问题。在管理体系方面,存在职能交叉、部门之间协调不畅等问题。在体制机制方面,存在多头管理、管理无序、协调不畅等问题。为此,迫切需要加大制度创新力度保障生态文明建设的持续、有序、健康、有效地推进。[2]

2.3 监管不到位

有效的监管和督查是发现环境问题并及时进行处理的关键一环,目前新区环保局大力强化监管督查力量,基本能实现对重点污染源的控制,但是仍存在一些较难监管的对象,比如一些小企业相对监管成本较高,监管力度相对不足。农业农村的生态环境问题相对较多,比如化肥农药的控制管理、农业垃圾的排放与处理等监督管理问题仍然存在。

3 推动新区生态文明建设的对策研究

当前新区生态文明建设的任务仍然很艰巨,应继续强化绿色发展理念、探索绿色发展机制、突出绿色发展格局,真正实现建立美丽新区的生态梦想。

3.1 强化绿色发展理念,适应生态文明建设新要求

生态文明建设是发展理念和发展方式的根本

转变,是全方位、系统性的绿色革命,也是执政理念和方式的深刻变革。建设生态文明,推进绿色发展,不仅仅是资金、技术和管理问题,更是核心价值观问题、发展理念问题。坚持绿色发展是全面建成小康社会和可持续发展的必然选择,也是实现人与自然和谐相处的必由之路,不仅体现在领导干部政绩观的转变上、落实在企业的绿色转型上,更要内化在每个公民的行为范式中。

一是引导新区人民转变思想观念。明确人类是自然界的一部分,必须依存于自然界才能生存与发展,逐步改变过去那种"利用自然、改造自然"的以人为中心的单项旧观念,统筹协调经济建设、资源消耗与环境保护之间的关系。正如恩格斯所说的,如果说人靠科学和创造性天才征服了自然力,那么自然力也对人进行报复,按人利用自然力的程度使人服从一种真正的专制,而不管社会组织如何。因此要始终坚持"人与自然是生命共同体"的理念,以高度的责任感与紧迫感推动人与自然协调发展。

二是引导新区人民转变消费理念,大力倡导低碳循环消费。新区应积极采取多种方式和手段,面向社会群体开展各种各样的宣传教育活动,并将生态价值观教育持续开展下去。通过常态化的教育提高新区人民对生态环境的关注,从而深刻认识到自然界是人类赖以生存发展的基础,特别是要加强对青少年的教育,把生态文明教育纳入学校德育教育当中,并作为义务教育阶段的必修课,使生态文明理念内化为校园文化的一部分。

3.2 探索绿色发展体制,激活生态文明建设新动力

从新《环保法》实施到"十四五"规划建议,一个全方位、立体化的生态文明"制度堤坝"基本构成。新区要严格按照党中央要求,敢于先行先试,从财税体制、金融体制、考核评级体系等方面积极探索,建立体现生态文明要求的目标体系、政策制度、考核办法、奖惩制度,形成长效推进机制,在制度体制和政策导向上为生态文明建设提供动力支撑。

一是充分利用税收杠杆,完善生态文明建设的政策。依据环保指标采取分类税收政策,对破坏生态环境、浪费资源和能源的行为加征税收,而对于保护环境与节约资源和能源的行为实施减免

税收的鼓励政策。

二是完善社会评价体系。充分发挥人大、政协及各级社会组织的监督作用,定期向人大、政协及各级社会组织通报生态文明建设的进展,并接受监督;逐步扩大群众对各部门推进生态文明建设的知情权、参与权与监督权,对关系到生态文明建设重要规划与重大决策,需通过听证会、论证会及社会公示等形式,自觉接受群众的建议与监督。

3.3 突出绿色发展格局,打造生态文明建设新路径

习近平总书记讲:"我们要认识到,山水林田湖是一个生命共同体,人的命脉在田,田的命脉在水,水的命脉在山,山的命脉在土,土的命脉在树。"也就是说,人类是自然界的一部分,人山水林田湖等是相互依存、相互影响的共生关系。因此要突出绿色发展格局,将《生态文明体制改革总体方案》中提出的"六条原则"贯彻到现代产业转型升级范畴中,推动建立绿色低碳循环发展的产业体系。

一是认真做好新区发展总体规划编制。突出保护环境的国家基本国策地位,强化生态环境优先保护的理念,全面实施海洋蓝色战略。制订实施主体功能区规划,实施差别化的区域开发和资源环境管理政策,实现城市工业区与居住区、商业网点与住宅的分离、分隔。根据特殊行业类别,在条件具备的区域设置专业工业园区。在沿海、山体、森林等重点生态功能区、生态环境敏感区和脆弱区等划定生态红线,不得从事围填海、开山采石、破坏植被等行为,使经济社会发展与环境保护相协调。

二是加快实施新旧动能转换。从源头上严格控制"两高一资"行业项目和投资,加强产业政策在产业转移过程中的引导与约束作用,积极引进蓝色、高端、新兴、环保项目落户。认真贯彻落实国家和省、市关于加强节能评估办法的法规政策,严格能评、环评和安评等必要条件的监督管理,建立项目审核部门的联动机制,实施新建项目合理用能审核;依靠科技进步和产品升级,按照国家和省下达的产业名录,坚决淘汰能耗物耗高、污染严重的落后生产设备、工艺和产品,对污染严重、治理无望的企业实施关停并转。

参考文献：

[1] 张岭峻,笪晓军.实施新型城镇化战略促进城乡一体化发展[J].城乡建设,2010（10）:15-24.

[2] 张媛.生态文明理念融入新型城镇化建设[N].法治日报,2013-6-24(10).

作者简介:郭岩岩,中共青岛西海岸新区工委党校讲师

联系方式:454295363@qq.com

智慧会展助力青岛西海岸新区打造会展名区

段彩丽

摘要：据国际会议协会（ICCA）资料显示，每年全球约举办 40 万场会议及展览，总开销约 2800 亿美元，为举办国家及城市带来巨大的经济效益。2022 年青岛西海岸新区出台《关于打造最美会展海岸带建设国际会展名区的实施意见》，大力发展新区会展业，但是目前新区会展在会展设施智慧化和国际影响力等方面仍存在不足。鉴于此，提出完善设施设备建设，提升会展智慧管理水平以及优化智慧会展服务，打造青岛西海岸新区会展名区等措施，助力新区打造会展名区。

关键词：会展；智慧会展；服务

近年来，青岛西海岸新区会展规模、档次不断提升，依靠青岛世博城、凤凰之声大剧院、金沙滩啤酒城等重要节庆会展设施，举办了博鳌亚洲论坛全球健康论坛大会、青岛凤凰音乐节、青岛国际啤酒节等会展活动，知名度和美誉度大幅提升，并获评"中国最具影响力会展强区""中国最佳会展名区"等称号。但是，青岛西海岸新区会展要成为中国乃至世界的会展名区，在会展设施设备、会展服务等方面仍需要加强物联网、云计算、移动互联网等信息技术的应用，借助智慧会展，打造青岛西海岸新区会展名区。

1 智慧会展

青岛市会展经济研究会发布的《智慧会展评定指标、原则及方法指南》，提出"会展"是指会议、展览、节庆、演艺、体育赛事等大型商业或非商业活动简称。智慧会展指充分利用物联网、云计算、移动互联网等新一代信息技术的集成应用，为展会提供便利的现代化、智慧化产品品牌推广方式，从而形成基于信息化、智能化社会管理与服务的一种新的管理形态的会展。智慧会展是会展产业发展的必然趋势和形态，要实现智慧形态，需要经历一个从信息化到场景数据化，再到数字化，最终才是智慧化的产业进化历程。

2 青岛西海岸新区会展现状

2.1 政府政策支持，会展资源丰富

2022 年青岛西海岸新区出台《关于打造最美会展海岸带建设国际会展名区的实施意见》，充分体现了新区大力发展会展业的坚定决心。根据实施意见，新区年度举办较大规模的会展活动将突破 600 个，年展览面积突破 150 万平方米，拉动消费突破 300 亿元。年度举办国际性展览、会议突破 100 个，获得全球展览业协会、国际大会与会议协会等国际权威机构认证的会展项目累计 5 个以上。青岛西海岸新区借助政府政策支持，借助承办青岛影视博览会、青岛凤凰音乐节、青岛盖亚电音节、青岛国际啤酒节、博鳌亚洲论坛、东亚海洋合作平台青岛论坛等会展，进一步提升自身会展的国际影响力，打造会展名区。

2.2 会展设施智慧化尚待进一步完善

青岛西海岸新区大力发展会展业，虽然建成了青岛世博城、金沙滩啤酒城、凤凰之声大剧院等重要节庆会展设施，但是在使用上仍然是信息化、场景数据化为主，而数字化乃至智慧化的体现较少。青岛世界博览城于 2018 年 8 月开馆营运，是集展览、会议、酒店、地产、商业、文化、旅游、休闲等多功能为一体的博览城，是东北亚区域室内展览面积最大、功能设置最全、科技水平最高的综合性会展博览城。近年来，青岛世博城举办了较多的会展，但是随着北京－青岛国际城市轨道交通展览会暨高峰论坛、中国国际健康营养博览会（NHNE）、2023 年全国药交会等会展规模、层次不断提升，青岛世界博览城的数字化、智慧化功能应进一步被开发和利用。此外，青岛西海岸新区虽然拥有红树林、金沙滩希尔顿、温德姆、星光岛融创嘉华等星级酒店，具备较强的会展服务接待能力，但是酒店专业会展场所以及会展配套设施

智慧化的开发建设仍然有待提高。

2.3 本土品牌会展逐渐形成，但国际影响力有待提升

青岛西海岸新区按照青岛市"办好一次会，搞活一座城"的重要精神，大力发展会展业，协调各方积极搭建会展合作平台，有力促进了会展业的发展，逐渐形成了一批本土品牌会展。多年举办的青岛影视博览会已在业内赢得了广泛声誉。为提高其影响力，青岛影视博览会面向高新视频、互联网科技、大数据等企业招募技术展商，与专业媒体展开深度媒体合作；青岛凤凰音乐节的成功举办，带动了青岛西海岸新区跨入国内顶尖音乐盛会行列，音乐节从现场装饰、品牌宣传推广等多个方面与各行业进行合作，提升了自身影响力；多年来成功举办青岛国际啤酒节使青岛西海岸新区的国际化程度和社会影响力不断提升，第31届青岛国际啤酒节开幕式线上总曝光量超20.17亿次，让大众领略到了啤酒节利用智慧平台进行市场化品牌推广的威力。此外还有博鳌亚洲论坛全球健康论坛、东亚海洋合作平台青岛论坛等众多会展的举办使青岛西海岸新区逐渐形成本土品牌会展。但是相较于国际知名会展城市，青岛西海岸新区在国际上的知名度仍然不高，举办会展的国际影响力仍有待进一步提升，新区在应用物联网、云计算、移动互联网等新一代信息技术推广品牌会展以及打造青岛西海岸新区会展名区等方面都有待提高。

3 智慧会展助力青岛西海岸新区打造会展名区

3.1 完善设施设备建设，提升会展智慧管理水平

3.1.1 完善安全监管平台，确保展会安全

青岛西海岸新区可以结合青岛世博城现有展馆等展馆的具体情况，进一步完善安全监管平台，运用智能视频、传感感知、定位等技术，实现展品防盗监管、人员精确定位，确保参人员与展品安全。采用先进的智能分析设备对展会进行安全防范，可以有效避免依靠人工监测视视频而疲劳等原因造成安全隐患，从而为展会提供安全保障。

3.1.2 增设智能设备，做好场馆管理

展会期间，对于场馆内展品的保存是非常重要的事情，尤其是对于一些贵重物品，场馆内的温度、湿度、光线等都会对展品造成影响，通过增设相关智能设备，运用场馆内的智慧感知检测获取场馆的相关信息，及时分析场馆的具体情况，通过分析采取相应措施对场馆及馆内物品进行管理。通过这些方法可以大大节省人力、物力，提高管理效率。

3.1.3 加强对大数据综合管理，实现信息共享

会展场馆内可进行相关配套建设，加强对大数据综合管理，参展者在会场可以通过相关设备对自己所处环境有清晰的了解，也可以通过相应的平台将自己的状态传递给同事、家人和朋友。参展者利用信息化的平台可以随时了解到展会各个方面的信息，达到会展信息多方共享，实现展会的智能化。

3.2 优化智慧会展服务，打造青岛西海岸新区会展名区

3.2.1 采用智慧报道系统，简化入场流程

参会者参加会议经常在报到时花费较多时间。会展可采用智慧化设备，参会者提前通过网络注册、报到，至会场后凭借网上报导信息直接领取参会证件，凭证件进入会场。这样不仅可以让参访者能快速完成报到手续，避免花费太多时间排队等候，而且也可以使主办方快速统计参会人数、参会者的基本情况等相关内容。此外，会展场地也可以安置相关设备，与会者到场后自行利用设备输入相关资料，自助完成报到程序。

3.2.2 运用智慧导览系统，提高会中参展效率

对于参展者而言，会场的布局、配置、展位资料等比较多，不易在短时间内走访到。因此，可以通过智慧导览系统，通过平台，将现场活动、展会指南、展位图等信息实时传递给与会者，便于与会者选择。利用智慧导览，通过文字、图片、音频、视频等方式，将信息传递给与会者，使与会者通过视听了解相关信息，以达到最佳的传播效果。同时，在场馆内也可以利用智慧导览，根据与会者的需要，为与会者设计最佳游览线路，节省时间，提高效率。

3.2.3 运用智慧交流平台，提高会展服务质量

会展服务过程中，主办方可以通过公众号、微信群、QQ群、微博群等社交平台，让参会者参与互动交流。参会者通过分享自己参会的经历和感受，发表自己对会展的意见和建议。主办方可以

通过与第三方合作满足与会者的各种需求。在参会者明确需求的基础上,为他们提供购票、订餐、订车、订房等服务,开展线上电商服务。通过交流平台,不仅能为参会者提供便利,而且也提高了参会者的参与程度,提高了他们对会展活动的满意度。与此同时,通过参会者在各种平台的宣传,展会和展区的知名度和美誉度也将有很大提升。

通过运用智慧报到、智慧导览和智慧交流平台等方式,让参会者体验到简洁、高效、全方位的会展服务,感受到青岛西海岸新区智慧会展的与众不同之处,让世界看到青岛西海岸新区这一会展名区正在走出国门,迈向世界。

参考文献:

[1]青岛西海岸新区关于打造最美会展海岸带建设国际会展名区的实施意见[J].中国会展,2021(23):376-379.

[2]尚政涛,徐晶."市场之手"激发青岛会展新活力[N].青岛日报,2021-12-10(012).

[3]王一如.青岛西海岸新区打造最美会展海岸带[J].走向世界,2021(50):38-41.

[4]尚振涛,徐晶."数字+智慧"青岛会展业的下个风口[N].青岛日报,2021-12-01(012).

[5]邱程程.会展行业盛典里的"青岛时刻"[N].青岛日报,2021-11-12(012).

[6]本报评论员.爆棚会展季来临,青岛要"高原再起高峰"[N].青岛日报,2021-07-19(001).

[7]刘鹏,魏笑,马振.每年三百多场:青岛会展"天天见"[N].青岛日报,2021-07-15(004).

[8]王爱玲.新时代智慧会展业发展困境及突破路径研究[J].商展经济,2021(6):1-3.

[19]杨薇,王勇森.来自青岛会展业的正能量[J].走向世界,2020(45):16-19.

[10]田华.智慧会展视角下的中国会展业发展趋势[J].中小企业管理与科技(下旬刊),2020(10):58-59.

作者简介:段彩丽,青岛滨海学院讲师
联系方式:119997801@qq.com

智慧旅游视角下的休闲农业发展

颜财发　白明远　法洪亮

摘要：随着中国经济的发展，旅游已经成为老百姓生活中必不可少的必需品，乡村旅游也越来越受到各界的关注。休闲农业的发展是市场需要，是时代发展的需要，是人类文明发展的需要，是发展的必然趋势。因此，本文的研究旨在通过对以往智慧旅游和休闲农业相关研究的文献综述，提供一些建议，分析指出智慧旅游时代休闲农业农场经营者的技术前景、设施设备的技术化以及即时应对农场业主和休闲农业农场经营者关注的问题。

关键词：智慧旅游；休闲农业；乡村旅游

休闲农业的概念是一个地区或国家经济发展过程中，产业结构发生变化，农业由第一产业向多元化经营产业转变的产物。[1]休闲农业本质上是一种特殊的农业类型，其经营包括传统农业经营和休闲/旅游经营两部分。据报道，2017年中国共有33万家休闲农业和乡村旅游运营商，创收6200亿元人民币。休闲农业是未来十年的发展趋势。传统农业包括农产品/农产品以及林产品和动物产品的传统生产（如种植、施肥、栽培、饲养、收获等）、加工和销售。休闲/旅游经营是指农场或村庄的经营者通过提供餐饮、住宿、观景、农业活动等体验活动来获取利润。它的作用是多功能的。然而，互联网和相关信息技术改变了消费者的行为，也改变了企业的经营。在这里，这意味着供需双方都应该重新定义。在此情况下，本文旨在介绍休闲农业的定义和性质，界定智慧旅游的概念，提出智慧旅游时代休闲农业的新观点。

1 休闲农业的概念

1.1 休闲农业的意义

在国外，早期休闲农业是农场多种经营的一种形式，主要特色为农场主积极地为旅游者提供膳宿等旅游服务。在此情形下，发展休闲农业的初衷是保护农地及农村生活免受城市化的快速吞噬。国内外对休闲农业的定义有多种观点，包括生产者观点、消费者观点、三农观点等，各有支持者。比如说，Deborah等这样定义休闲农业："休闲农业是一项参观农业耕作、栽培、园艺或农业经营的活动，其目的是娱乐、教育或亲自体验农业劳动。"[3]该定义是从消费者需求的角度来定义。Sonnino则从生产者和供给角度进行定义："休闲农业是指农业经营者和他们的家人提供的一种接待活动，这种活动必须和农业活动相联系。"[4]Pearce认为，休闲农场是农民以所有者的身份积极与小型旅游企业合作的一种经营形式。[5]Dernoi认为休闲农场在欧洲发展已久，近年来其作为旅游资源和农村社区利润来源的重要性日益显现。[6]休闲农场是基于农场的生产、接待、娱乐设施而开展休闲或度假活动，旅游者可以在农场里尽情享受农村生活。

在国内的部分，台湾地区于1989年发布《休闲农业辅导管理办法》，是我国较早对休闲农业有具体定义与官版的地区。该办法明确地将休闲农业定为：利用田园景观、自然生态及环境资源，结合农林渔牧生产。农业经营活动、农村文化及农家生活，提供国民休闲，增进国民对农业及农村之体验为目的的农业经营。国内也有学者提出不一样见解，认为观光农业（或称休闲农业或旅游农业）是以农业活动为基础，农业和旅游相结合的一种新型交叉产业；是以农业生产为依托，与现代旅游业相结合的一种高效农业。休闲农业的基本属性：以充分开发具有观光、旅游价值的农业资源和农业产品为前提，把农业生产、农技应用、艺术加工和游客参与农事活动等融为一体，供游客领略在其他风最名胜区欣赏不到的大自然的浓厚意趣和现代化的新兴农业艺术的一种农业旅游活动。

综合上述,国外对休闲农业的定义,较偏向农场旅游与农村旅游,而国内对休闲农业的定义则涵盖农业生产、农村生态以及农家(农民)生活,具有三农与三生的含意。换句话说,休闲农业是利用三农(农业、农村与农民)与三生(生产、生态与生活)的资源吸引力,满足游客旅游需要活动的行业。

1.2　休闲农业的本质

多数学者认为休闲农业是农业＋旅游业,这样的理解对休闲、农业以及旅游业皆不甚公允,似乎仍有补充解释空间。因此,基于休闲农业的本质来探讨休闲农业的意义将能更清楚厘清上述疑义。[1]

1.2.1　休闲农业属于休闲产业的一环

休闲产业是指与人的休闲生活、休闲行为、休闲需求(物质的与精神的)密切相关的产业领域,特别是以旅游业、娱乐业、服务业为龙头形成的经济形态和产业系统,已成为国家经济发展的重要的支柱产业。休闲农业利用三农与三生资源,提供游客体验场域,满足游客旅游需求,属于休闲产业自无疑虑。首先,休闲农业除了提供游客休闲体验外,在没有游客体验的时段,也能满足农民的休闲需要。其次,不同的休闲农业经营形态满足不同形态的休闲需要,并非只有针对游客。换句话说,在休闲主体上,休闲农业不仅满足外来休闲者需要,也可满足农村农民的休闲需要。

1.2.2　休闲农业是旅游产业的一员

由于休闲农业的经营形态多元,小到农家乐、民俗村寨,大到休闲农业(产业)园区,经营面积从百平方米以下,到万平方米、数百万平方米,经营面积落差甚大。经营项目简易农事体验、餐饮体验,到复杂住宿体验、特殊活动与行程体验,经营项目内容差异也很大。然而,旅游业所面临的旅游者(游客),多为离开生活圈前来的游客。而休闲农业面对的游客,依经营规模项目落差甚大,小规模包括当地居民、一日游游客;大规模经营者可能更广泛,包括本地、外地村民与一日游客,多日型度假游客以及长期居住型的长住客。从旅游的视角来看,这些本地居民、长期居住(在一地居住超过 180 天)的人不被归类为旅游者(游客),但在休闲农业行业中是真实存在的顾客。因此,休闲农业具有旅游产业的许多特性,是旅游产业的一员,但仍与旅游业有些差异区隔。

1.2.3　休闲农业仍是农业的一家人

休闲农业农场的经营,在未接待游客之前,本属于农业的一环。农场须依照季节,进行春耕、夏耘、秋收与冬藏等生产活动;农村也按照农事季节的节奏,维系既有的农村生态环境;农民则规律地遵从农家生活作息。整体农业部门在未转型休闲农业时,就是按照既有节奏运转。

对小农而言,当农业开始转型休闲农业,农民需要学习接客待客之道,需要学习经营管理之道,有游客前来消费他们既扮演东道主,也扮演农民、服务员、管理者等角色。在有游客的季节,接待游客的收入属于休闲旅游业的收入;没有游客时,他们靠传统农业收入与打工兼职维生。因此,他们的收入包括休闲旅游业收入与农业收入。当休闲旅游收入大于农业收入时,这些小农可被定位为休闲旅游业者;反之,他们仍然是具有农民身份的休闲农业的经营者。

对大型农业集团(或企业集团)而言,休闲农业的营业项目与营收规模所带来的收入,可能仅是整个集团的一部分。对大型农业集团而言,休闲旅游业只是他们本来农业的副业,或本业的附随产业。此时,在休闲旅游部门收入小于其他部门收入时,母企业集团的归属仍属于原来的产业行业;反之,则归属于休闲农业。

据此,休闲农业应该被界定为休闲旅游业或农业,依照其主要营业收入是否来自休闲旅游业或农业,即可不辩自明。因此,对多数小农而言,我们认为他们住在农村,多数时间既是农民也是休闲旅游业者,既从事农事活动也从事旅游接待活动,在所属行业的认定上,休闲农业仍是农业的一家人。

2　智慧旅游的概念

智慧旅游是旅游企业面向未来服务于商业机构、公众和政府部门的一种新型商业模式。[7]通过云计算、网络、高速通信等信息技术的应用,促进旅游服务质量的提高。智慧旅游的出现改变了人们的消费习惯和旅游体验,旅游发展与科技进步相结合成为一种流行趋势。[7-9]

智慧旅游对旅游者、企业和经营者都有好处。

例如，游客可以使用手机、移动电话或电脑更容易地通过在线旅行社（OTA）购买旅游产品。该旅游产品可能是旅行团（GPT）、机票/火车票/汽车票及酒店、景点票、餐票或以上组合。这意味着游客可以通过公共平台（如 e-store 或旅游公司的网站或 OTA 的网站等）或私人平台（如 Facebook、Twitter、微信等社交网络服务）更容易地获取旅游信息并向旅游服务提供商进行操作。因此，游客可以以相对较低的成本进行出行，决策和出行的过程和结果可以是效率和效果。

对于旅游企业来说，他们可以通过政府或互联网技术公司建立的平台更容易地收集这些游客/访问者/旅行者的信息。然后，他们分析数据，验证那些人的需求，设计好产品，提供给他们，以满足游客的需求，最终盈利。例如，景区的管理者可以采用 IT 方法来降低口译的成本。他们可以在景区内一个著名景点的可接受距离内建造一个传感器。当游客靠近时，它会自动运行。

3 智慧旅游时代下的休闲农业新观点

3.1 农场业者的科技观

在智慧旅游的时代，无论供给端或需求端都可透过科技平台获得买卖信息，评估市场机会，甚至提供或购买旅游服务。因此，农场业者应该具有科技观。这里所谓的科技观，就是能善用科技平台经营休闲农业的事业。举例而言，农场经营者可以透过社群平台的分享功能，从事广告与促销活动，将农场活动与有趣图片搭配短评或说明上传网络平台分享。这样，除提升农场的能见度外，也增加与潜在游客接触的机会。同样的，农场业者也可以从社群平台搜集其他农场的活动，或游客在他处的参访活动。通过社群平台搜集信息，制定农场营销战略，如主力产品（活动）、定价、渠道以及促销方式等。

3.2 设施设备的科技化

在智能旅游的时代，游客讲究便利快速。因此，农场应该计划逐步改善场内设施设备，导入科技化的设施设备。举例而言，传统农场的入口印象多以广告牌呈现，在智慧旅游的科技年代，可以采用 LED 跑马灯，既具有信息告知作用，又能及时更动变换信息。又如农场的接待与解说大厅，传统上用农产品堆栈，农场以广播器做产品与活动说明。在智能旅游的时代，农场可增加 LED 电视

播放与解说，也可设置二维码，让有需要的游客依照自己的偏好选用。如此，不但可降低人力，也能提高效率。

3.3 实时回应

在智能旅游的时代，游客高度使用科技产品。因此，在农场旅游时，服务人员应该保持待命状态，及时处理游客的问题。对此，农场可善用社群平台的客服系统，及时响应游客的需要。举例而言，农场位于广大乡村地区，游客在农场中休息、游憩、住宿时常面临蚊蝇问题，农场可在接待时告知处理方式，并在农场专属社群平台设置客服区，一旦有游客发出需要信息，农场可及时响应并派人处理。如此，不但可合理配置人力成本，降低经营风险，也可快速满足游客需要，获取游客的满意度与口碑。

4 结语

休闲农业的发展离不开脱离不了现实社会，更需与时俱进。在观念上，休闲农业既是休闲旅游产业，也是农业的一员。在发展上，在大数据与人工智能的年代，经营者须善用智能工具。如此，不但可以降低成本，且可以更好地满足游客需求，更有利于休闲农业的可持续发展。

参考文献：

［1］颜财发.休闲农业高质量发展研究［M］.成都：西南财经大学出版社，2021.

［2］央视网.农业农村部：2022 年全国规上农产品加工企业营业收入超过 19 万亿元［N/OL］.（2023-10-23）［2023-12-13］.https://baijiahao.baidu.com/s?id=1780515125228257493&wfr=spider&for=pc.

［3］Veeck G，Che，D，Veeck A. America's changing farmscape：A study of agricultural tourism in michigan［J］. The Professional Geographer，2006，58（3）：235-248.

［4］Sonnino R，Marsden T. Beyond the divide：Rethinking relationships between alternative and conventional food networks in Europe［J］. Journal of Economic Geography，2006，6(2)：181-199.

［5］McIntosh A J，Bonnemann S M. Willing Workers on organic farms（WWOOF）：The alternative farm stay experience？［J］. Journal of Sustainable Tourism，2006，14(1)：82-99，

［6］Dernoi L A. Farm tourism in Europe［J］. Tourism Management，1983，4(3)：155-166.

[7] 颜敏. 智慧旅游及其发展——以江苏省南京市为例[J]. 中国经济导刊,2012,20:75-77.

[8] 陈潜. 重庆加强 5G+智慧旅游协同创新发展[N/OL].（2023-8-28）[2023-12-13]. http://www. ctnews. com. cn/news/content/2023－08/28/content_148667. html.

[9] Li Y，Hu C，Huang C, et al. The concept of smart tourism in the context of tourism information services[J]. Tourism Management,2017,58:293-300.

作者简介:颜财发,青岛城市学院副教授
联系方式:1722997311@qq.com

信息化建设

——开启农村供水"智慧"生活

刘博虎

摘要：饮水安全事关人民群众的生命安全和身体健康。近年来，随着人们生活水平不断提高，人民群众对饮水安全越来越重视。西海岸农村规模化水厂分散、自动化程度低、供水管网线长面广，饮用水安全、供水稳定性以及管理智慧化提升是农村饮用水面临的重要问题。为解决存在问题，通过农村供水智慧平台建设，在线水质仪表配置，有效地改变了农村规模化水厂点多面广巡检复杂、水质得不到保障、设备操作复杂等问题，改变了传统的人工监管模式，开启了农村供水自动化、智慧化、信息化新模式。

关键词：水厂分散；在线水质仪表；智慧平台；无人值守

现阶段西海岸新区农村供水公司接管运营大场、海青、琅琊等9处镇街22座农村规模化水厂。原水厂规模小、分布广、跨度大，运维人员少，水厂运行管理中，长期依赖传统的人工管理方法，在应对水厂分散、自动化程度低、农村供水管网因地理环境影响大、供水管道线长面广，对于同样供水管道及供水范围是城镇供水的几倍甚至是十几倍、水质安全保障等方面，该方法已越来越不适应农村供水现代化管理要求，饮用水安全以及供水稳定性成为西海岸新区农村饮用水面临的重要问题。为此，2021年1月11日，青岛西海岸新区管委办公室印发《青岛西海岸新区城乡供水一体化三年行动实施方案》（青西新管办字〔2021〕9号），要求由公用事业集团负责，按照EPC（工程总承包）模式组织实施农村饮水设施改造提升。

1　建设思路

为深入贯彻落实习近平总书记系列重要讲话精神，紧紧围绕打赢脱贫攻坚战、全面建成小康社会战略目标，坚持把确保农村饮水安全作为当前一项重点民生工程和重大政治任务来抓，全面提升农村饮水安全保障水平，让农村居民喝上安全水、放心水。

根据农村村镇地理分布、用水特点等多方面综合考虑，与先进农村规模化水厂"自控运行＋视频监控＋巡回检查"的管理思路相结合，为实现无人值守运行模式，实施了以下建设内容。

（1）建立大场水厂中心调度平台。一是采集并自动生成水厂各个生产过程的工艺参数、电气设备运行状态和参数以及水质参数等信息；二是通过监控视频动态实现水厂的生产过程监视功能；三是可远程控制农村供水水厂的设施、设备，各水厂通过进出厂水质参数及流量自动加药、自动反冲洗、恒压供水，实现水厂自动运行；四是对生产状况实时数据进行监控和分析，设备发生故障时发出警报，在设定时间内自动切换至备用设备继续运行；五是建设SCADA远程采集控制系统。将农村供水管网的生产监控、调度、数据分析模型和业务管理整合到该综合性系统平台。这样可实现供水全过程的生产运行数据采集、存储、可视化展示、调度分析决策、业务管理、异常监测预警等功能，并可自动生成数据分析、报表等内容，全面提升农村供水的调度管理水平。

（2）搭建水质在线监测预警平台。一是对原水、过程水、出厂水、管网水全过程监控。配备余氯、浊度、生物毒性、总锰、氨氮、大肠菌群等15项水质指标在线检测仪器，实现对原水、过程水、出厂水、管网水15项水质指标在线检测全过程监控，进一步加强对水质的控制把关，达到科学预警、减少成本、提高效率的目的。二是实现了三级预警报警阈值的标准化管理。基于国家标准，结合青岛市供水标准与本地水源的实际情况，在该系统设置标准线和内控线，建立所有水厂水质的在线监测预警，一旦水质出现问题，自动触发三级预警机制，实时发送报警信息，让工作人员及时了解水厂及管网水的水质情况。三是该系统实现了水质参数预警解决方案的标准化解决方案管理。针对出现的各种水质问题,系统会给出相应的解决方案,同时,加入实验室数据的实时展示对比与实验室数据报告可视化联查以及关键水质参数趋势图,指导生产人员及时进行水质分析和工艺调整,确保供水安全。

(3)建设管网地理信息系统。一是搭建 GIS 地理信息系统,采用信息技术为农村供水管网的规划、管理、维护和施工服务,由电脑代替人脑,有效提高农村供水服务的工作质量和效率,为现场抢修提供各项数据支持。减少工作失误、大幅降低人工成本,并有效监督巡线人员供水管线巡检工作。二是建设管网巡检系统,可以查询管网巡检人员日常巡检轨迹、巡检频次,有效监控巡检任务,提高巡检效率。三是通过 DMA 分区计量漏损分析系统可实现农村供水管网区域化、网格化管理划分。利用实时采集的流量计及压力等数据准确地掌握各计量区域的管网运行情况。对各 DMA 区的管道漏损状况进行统计分析,可有效降低农村供水管网漏失率,并可根据各处管道压力情况合理调整出厂流量以及压力。

(4)建立安全管理系统。投资建设安全管理钉钉系统,运行人员通过日常巡视检查,将发现的安全隐患通过手机扫码及时发送到钉钉管理平台,管理平台根据信息等级发送给厂站管理人员,实时在线处理,最大限度确保运行安全。同时建立智能警戒平台,水源地、水厂各工艺点、院内周边安装高清高速智能警戒摄像头,可实现越界侦测、区域入侵侦测等智能侦测功能,具备人脸、人体抓拍并关联输出功能,并可对入侵人员进行声光驱散以确保水源地取水口以及水厂周边安全。

2 取得成效

2.1 自动化系统——降低运行成本

建立中心控制平台,拟运营的 16 处水厂全部完成工艺自动化改造后,可以实现原水提升系统与清水池液位联动,根据清水池液位高低,控制调节原水水泵的变频频率从而达到自动调节提升水量目的,并根据设置清水池最高、最低水位进行自动启停,实现原水提升自动控制。二级提升水泵系统根据出水管道压力、高位水池液位控制出水水泵的变频频率从而达到自动调节出水水量这一

目的,并根据设置高位水池液位、管网压力值进行自动启停,实现出水水泵自动控制。加氯系统通过与出厂水泵及出厂余氯检测仪实现联动,出厂水泵启动时加氯设备启动,出厂水泵停止时加氯设备停止,根据出厂余氯值自动调节二氧化氯投加量。PAC 投加系统通过与原水提升泵、进水阀门、进厂原水流量计、原水浊度检测仪、出厂浊度检测仪实现联动,原水提升泵开启时加药设备启动,停止时加药设备停止,通过逻辑控制同时根据进厂原水水量、原水浊度、出厂浊度自动调节加药投加量。水厂所有工艺环节均"听从"中控系统 PLC 的"指令",通过出水压力调节水泵频率使水厂水泵工艺运行更加经济,通过水量和浊度控制加氯加药系统使投加更加合理,在节省人力的同时,大大节约了电力,同时降低了水厂的药耗成本。

依据《农村集中供水工程供水成本测算导则》中农村供水岗位设置和定员标准,16 处水厂定员约 200 人。通过建设中心控制平台,实现了水厂的远程自动化控制、无人值守,节省生产运行人员 130 人,大大节省了人工成本。

2.2 智能化监测——保障水质安全

中控人员可通过中控平台将在线紫外光谱分析仪、毒性分析仪、藻类分析仪、浊度仪等原水水质在线仪表及滤后浊度仪、出厂浊度、出厂 pH、出厂余氯等出水在线水质仪表实时数据进行监测,原水水质、出厂水质一旦出现异常或超标情况,平台自动报警系统立即声光报警,调度人员可在第一时间发现并及时采取各项相关措施,避免出现人工巡检不到位、不及时等现象。除此之外,在各供水管道末梢以及重点管道处设置管道在线水质监测点,安装在线浊度、pH、余氯等测量仪表并将数据上传至平台,解决了传统的以人工现场采样、实验室仪器分析为主要监测手段存在的监测频次低、监测数据分散、不能及时反映污染变化状况等缺陷;同时,如果某一指标监测结果超过其预定警戒值,中控平台会自动"亮红"报警,从而使水污染隐患能在第一时间内得到处理。通过对管网水质的监测,对水质监测数据(如浊度、余氯、pH 等)变化的有关因素进行综合分析,可以及时地将分析结果反馈给中控人员,调整各种内控指标,改善制水、净水工艺,合理调整加氯、加药量。严把水质

关,达到科学预警,减少成本,提高效率的目的。

2.3 智慧化管理——节约人力物力

在供水管道设置远程压力及流量监控点,将各处管道压力、流量信号上传至平台,可根据各处管道压力情况合理调整出厂流量以及压力。一旦出现管道破损情况,可第一时间发现,并根据反馈压力信号锁定破损区域。通过安装智能远传水表,将用户用水量实时数据上传至平台,传统的抄表方式是派抄表员到现场去人工抄录,劳动强度大,抄表人员数量多,管理成本大。用智能远传水表系统,各个乡镇的水表抄表工作可以在几分钟内完成,可大大降低抄表成本,降低抄表员的劳动强度。由于现场条件的多样性和复杂性,人工抄表过程中不可避免地会出现少抄、错抄、估抄、飞抄、漏抄、人情抄等情况;少抄、漏抄、飞抄、人情抄给公司带来经济损失,错抄使公司工作量加大,也给用户带来了不必要的麻烦。智能远传水表系统可减少人工抄表带来的弊端,降低抄表差错率引起的经济纠纷,抄见率、准确率、正确率达 100%。农村供水管道由于年久失修等原因经常出现渗漏、破损等现象,智能远传水表系统通过对系统线损和流量突变的实时分析,能及时做出报警,维修人员第一时间处理,减少自来水的损失,大大降低了漏损率。

3 智慧平台建设的反思

农村供水工作是一项民生工作,同时也是一项繁杂的工作,在当前数字化、信息化、智慧化广泛应用的时代背景下,将农村供水管理与智慧水务应用结合起来,可以将繁杂的管理变得快捷简便,有效提高管理工作的效率,降低管理运行工作的成本,对于农村供水管理工作提升有很好的借鉴意义。因此,做好顶层设计、明确需求、基础提升及人才培养尤为重要,也是农村智慧化建设的根基。

3.1 思考一:做好顶层设计,建立制度机制

科学合理制订"互联网＋"智慧水务总体实施规划,充分考虑"互联网＋"智能水务对未来发展的影响,建设具备较大兼容性和适应性的智慧水务系统;完善相应管理机构,配备落实技术、业务、管理等方面的人员,建立各职能部门之间信息数据共享制度以及相对应的保障制度,明确信息使用权限,建立查询、使用留痕的技术保障手段,防止信息被盗用。

3.2 思考二:加强技术研发,加大资金投入

我国智慧水务发展还处于初级阶段,信息技术人员的技术水平较为落后,因此水务企业需要加强技术的研究,吸引更多的优秀技术人才,打造专业的技术团队,提高信息技术水平,从而推动行业的进步与发展。同时地方政府应加大资金投入,建立并完善相应的物联网设施,并将信息内容及时传送到智慧水务信息共享平台,另外,应加大工作人员在智慧水务系统应用上的培养,形成相配套的业务管理、信息技术、建设管理等复合人才培养机制。

参考文献:

[1]陶建科,朱满四."智慧供水"平台系统的构建及关键技术研究[J]. 城镇供水论文集 2017 增刊,2017(429):64-67.

[2]张妍,周大农. 水质在线监测系统建设及应用[J]. 城镇供水论文集 2017 增刊,2017(429):69-75.

[3]田培杰.智慧水务及其实施路径研究[J].当代经济,2005(27):96-98.

[4]李树石.智慧水务建设方案探讨[J].硅谷,2015(1):187-188.

作者简介:刘博虎,青岛西海岸公控环保集团有限公司工程师

联系方式:liubotiger@163.com

西海岸新区农村污水治理情况调查研究

王胜渊

摘要：党的十九大提出全面实施乡村振兴战略，改善农村人居环境，建设美丽宜居的乡村环境，是我党当前重要的工作举措。农村生活污水治理是农村人居环境改善的着力抓手。为此，青岛市西海岸新区高度重视农村污水治理工作，先后出台了《青岛西海岸新区农村生活污水治理方案》（2019—2025 年）、《青岛西海岸新区管委办公室关于印发青岛西海岸新区农村人居环境整治攻坚实施方案的通知》（青西新管办发〔2019〕17 号）、《青岛西海岸新区农村地区污水治理专项规划》（2018—2035 年）等多个文件通知，着力改善农村生活环境，重点推进农村生活污水治理。水污染治理和水资源综合利用既是水生态环境保护的手段，也是改善农村人居环境、提高农村居民用水节水意识的重要举措。西海岸新区的水源地多数在新区西部农村地区，水体生态环境相对薄弱，开展农村污水治理也是保护西海岸新区饮用水源的重要保障，所以农村生活污水的治理工作尤其重要。通过对新区农村生活污水治理情况的调查，全面了解农村生活污水治理的工艺、排放的标准以及存在的缺陷与短板，研究探讨出新区农村生活污水处理设施的科学合理的运行、维护与管理方式，规范农村污水处理设施的运行管理，提高西海岸新区农村生活污水治理效果，推进新区农村环境面貌的改善，提高农村居民的获得感、幸福感、安全感，加快改变乡村发展面貌从而达到全面建成小康社会的目的。

关键词：农村生活污水；污水处理一体化设施；生物法；规范化管理

改善农村人居环境，提高农村居民的获得感和幸福感，是党中央从战略和全局高度做出的重大决策，是实施乡村振兴战略的一场硬仗，也是农民群众的深切期盼。[1]习近平总书记 2020 年 2 月主持召开中共中央政治局常委会会议时强调："要以疫情防治为切入点，加强乡村人居环境整治和公共卫生体系建设。"[2]

本文对青岛市西海岸新区近几年农村污水治理工作进行调查，全面了解新区农村生活污水治理工作开展情况、采取的方式、取得的成绩以及存在的短板与不足，研究探讨适合西海岸新区农村生活污水处理设施运行、维护与管理方式，规范农村污水处理的运行管理，保障新区农村生活污水治理工作取得成效，推进农村人居环境得到不断改善与提高。

1　西海岸新区农村污水治理的现状

1.1 青岛西海岸新区农村总体排水现状

1.1.1 污水分类

根据西海岸新区农村地区污水治理专项规划中将农村污水分为四类[3]，分别是厨房污水、洗涤废水（俗称灰水）、厕所污水和养殖污水（俗称黑水）

1.1.2 农村污水特点

农村生活污水具有水量小、有机物含量偏低且具有分时段集中排放的特点。

（1）水质特点：随着农村经济的发展，农村居民的生活水平日益提高，农村居民的饮食习惯逐渐向城市居民接近，多数农村居民的厕所由旱厕改为水冲厕所，日常生活污水中的污染物 COD、氨氮含量在逐步上升。大量洗衣粉和洗涤剂的使用，导致农村污水中的磷与阴离子表面活性剂的含量较高，尤其是磷的含量，并且具备鲜明的"过节"特点，就是在国家传统节日期间污水中污染物浓度升高。此外生活污水中还含有多种细菌与病原体。

（2）水量特点：① 多数村庄的生活污水量都比较小，但也有部分村庄居民有家庭自备水井，节水意识薄弱，污水产生量大，污染物浓度低。② 污水排放变化系数大，农村居民生活规律基本相近，存在早晚排水量大，夜间排水量小，甚至可能断流,水量变化非常明显且有一定的规律性。③ 污水排放在早晨、中午、傍晚都有一个高峰时段。

（3）人口流动变化规律:① 位于山区的村庄:平时村庄内的主要劳动力和青壮年向市区及集镇中心流动,村内仅有留守老人和小孩;过年过节时,则集中回流村内。② 位于集镇内和集镇周边的村庄:村庄内的人口外流,由于分布有小作坊、企业和工厂等劳动密集型企业,导致外来人口汇流集聚;过年过节时段本村人口回流,外来人口外流。

（4）排水系统现状与存在的问题:经过近几年的农村污水治理,目前新区多数村庄改造为雨污分流,污水收集、存储、处理系统相对完善。但农村污水排水系统缺乏日常管理与维护,导致部分农村居民根据个人生活习惯,私自改造排污管道,将部分洗涤废水、厨房废水接入雨水管道,影响了农村污水收集、治理的成效。

1.2 农村污水治理的方式

根据新区农村地形地貌、气候特点,按照"城镇（站）边接管、就近联建、鼓励独建"的原则,结合现实条件和可操作性,新区农村污水治理采用集中与分散并存的处理模式。

1.2.1 污水收集方式

（1）污水收集方式:充分考虑到农村居民对良好居住环境的强烈要求及现状村庄污水的收集与渗漏问题,新区农村生活污水采用管道收集方式。

（2）污水收集类型:新区农村污水采用单村收集方式、多村收集方式（重力管道）、多村收集方式（压力管道）三种方式。

1.2.2 污水处理的方式

（1）近城镇集中处理:该方式适合人口数量较多、集聚程度较高、距乡镇、街道办事处较近的村庄,有完善的污水收集管网,将污水收集后排放至乡镇街道办事处建设的污水处理站进行集中处理。

（2）联村集中处理:对地形较为平坦、村庄距离比较近且总体人口规模相对较大的区域,采用收集、拉运、建站的方式进行处理。

（3）单村处理:适合地形变化大的山区村庄,居民户相对分散,根据地势适当建立 1~2 个收集池或污水泵站将污水收集输送至污水处理站,实现分散收集集中处理。

1.3 农村污水处理的工艺

山东省 2019 年出台了《农村生活污水处理处置设施水污染物排放标准》（DB37/3693－2019）,要求中将污水站处理规模小于 50 m³/d（不含）,出水直接排入 GB 3838－2002 中Ⅳ类、Ⅴ类水域和其他未划定水环境功能区的水域、沟渠、自然湿地,以及 GB 3097－1997 中三、四类海水,执行二级标准;污水站处理规模大于 50m³/d（含）,执行一级标准。依据该标准[3],新区农村污水治理中先后选择多种污水处理工艺用以满足农村污水治理的需求。

1.3.1 生物接触氧化工艺

采取生物接触氧化工艺的污水处理站多数建设于 2017 年前后,主要用于新区 15 个镇街驻地居民生活污水和部分涉及河道水体治理的生活污水治理工作。该污水处理设施均为地下设施,由于当时山东省农村生活污水处理处置设施水污染排放标准未出台,排放水质参照城镇污水处理厂一级 A 标准排放。

1.3.2 AO＋MBBR 工艺

该工艺多为一体化污水处理设备,主要用于新区镇街老旧污水处理设施的改造。AO 工艺法也叫缺氧好氧工艺法,缺氧段用于脱氮,好氧段用于除水中的 COD 及氨氮等有机、无机污染物。该工艺同时通过向缺氧区和好氧区投加生物悬浮填料,增加系统内的微生物数量,提高污水处理效果,保障污水处理出水水质。另外该工艺为节省运行能耗,将硝化液回流和污泥回流利用曝气风机的多余风量采用气提回流,节约了运行电耗和相应的水泵,降低了投资成本。

1.3.3 A²O＋MBBR 工艺

西海岸西区在 2022 年农村生活污水治理工程项目中主要选择了 A²O＋MBBR 污水处理工艺,该工艺采用一体化生物处理设备,通过曝气量的控制人工创造厌氧、缺氧、好氧环境,在厌氧区增设固定生物填料,提高生物反应效率,在缺氧与好氧区投加 30% 容积比的悬浮载体,提高硝化反硝化处理效率,降低设备体积与投资成本。

当前新区在海青、大场、琅琊、泊里、张家楼、滨海、六汪、宝山、王台、灵珠山、胶南街道办事处、大村、藏马 13 个镇街、76 个村庄建设并运行该污水处理设施。

1.3.4 生物转盘工艺

西海岸新区在农村生活污水二期项目中考虑到 $A^2/O+MBBR$ 工艺在运行中存在设备多、工艺技术复杂、运行管理要求高的特点，创新性选择了 3D 生物转盘工艺来处理单村污水，以解决位置偏远村庄污水治理问题。该工艺采取新型转盘材料和独特的 3D 立体结构，解决了传统生物转盘工艺中挂膜慢、生物膜易脱落的问题。另外还充分考虑到节能，利用水车的原理，将硝化液回流完美结合在转盘末端，无需另外增加回流设备和装置。

该处理工艺设备少、电耗低、运行管理简便，整个生化系统仅用一台电机带动转盘转动，即能完成污水处理，解决了单村污水收集拉运处理成本高的问题。2022 年新区在农村污水治理工程中选取琅琊、宝山、珠海、灵珠山四个镇街、32 个村庄采用生物转盘工艺。

2　西海岸农村生活污水治理的成果与存在的问题

2010 年以来，西海岸新区区积极落实国家农村污水治理相关政策，不断加大环境整治力度，所有的建制镇、街道办事处均建设了污水治理站。目前已初步实现建制镇生活污水处理设施的全覆盖，建立健全 17 个乡镇街道办事处辖区内的农村村庄污水收集系统，建设并运行了 260 余处农村污水一体化处理设施，新区农村环境得到了大大提升与改善，保护了新区水环境。

2.1 治理成果

2.1.1 保护和改善了新区河流水环境

2022 年底，新区 17 处乡镇村庄建成了完善的污水收集和排放管渠，解决了农村生活污水直接间接排入附近河道导致河道的水质恶化及生态破坏的问题。当前新区内白马河、风河、胶河、吉利河、墨得水河、甜水河等国控、省控、市控河流断面水质得到了大大改善。

2.1.2 改善和提高了农村居民的生活环境质量

通过近十年不断实施的农村生活污水综合治理，实现了农村污水全收集，以集中和分散的方式进行污水处理，基本解决了农村污水直排河道和周边沟渠的问题，在美化村民居住环境的同时，极大改善和提高了村民生活环境质量。

2.1.3 进一步促进了社会主义新农村建设，完善了和谐社会建设的需要

通过制定并实施的农村生活污水治理项目，有利于新区区内饮水安全的保护，有利于新区农村居民生产环境、生活环境和生活质量的改善和提高，有利于全区农村居民精神生活的健康发展，有利于新区社会主义新农村的建设，有利于提高新区政府的形象，增强新区农村居民对党和政府的向心力。

2.1.4 促进了农村居民环境保护意识，推进了农村水资源综合利用

在农村污水整治项目不断推进的过程中，尤其近两年的农村生活污水治理工程实施过程中，通过现场解释、宣传污水治理相关知识，农村居民节约用水、雨污分离收集排放的意识大大提高。随着污水治理设施的运行，农村居民亲眼见证了身边环境的改变。日常排放的生活污水通过管道收集后，自家的庭院变得干净了；脏臭的污水经处理后村庄周边沟渠由臭水沟变得清澈透明，河虾重现；一项项身边切实可见的环境变化让农村居民环境保护的意识得到了大大提高。另外，随着农村污水处理设施的运行和尾水的排放，过去农村村庄干涸的沟渠逐渐水体显现，已经有部分农村居民就地利用农村污水处理设施排放的尾水进行农作物灌溉，农村水资源综合利用效果开始初步显现。

2.2 存在问题

2.2.1 污水收集设施维护不足

通过调查发现污水处理站水量不足与村庄污水收集设施维护不足存在一定关系，如居民用户污水收集管道破裂或生活习惯未改变将污水倾倒入雨水管道，还有部分村庄的污水主管、支管老旧破损，污水无法全部收集。由于农村污水收集设施缺少日常维护，从而影响到污水的收集与污水处理站的运行。

2.2.2 污水处理运行不规范

西海岸新区在初期开展农村生活污水治理设施建设时，大部分是仓促上马，多数建设项目追进度，见急效，导致部分设施质量不高，故障率高，无法正常运行。另外，由于无明确的设备设施运行维护经费，运行维护跟不上，污水处理设施无法正常运行。

2.2.3 污水资源化利用程度低

随着乡村振兴战略举措的扎实推进和农村经济的发展，农村生活污水排放量逐步增加，新区建成的农村污水处理设施在农村污水治理方面发挥了巨大作用。通过现场调查发现，建成运行的农村污水处理设施尾水排放的沟渠基本由过去的干涸状态变为水体丰沛情况，另外由于农村生活污水中基本不含有各类难降解的污染物和重金属，且氮、磷含量丰富，可以作为农村农作物灌溉用水。由于对农村生活污水治理方面的宣传工作不到位，农村居民对处理后的农村生活污水利用存在怀疑与观望情绪，农村污水资源化利用效率比较低，仅仅对村庄周边水体环境起到了改善作用，其灌溉价值未得到充分利用。

2.2.4 缺乏污水设施运行维护资金

通过调查发现，影响到农村污水处理设施日常稳定运行的主要因素就是缺乏相关运行维护资金。新区很多镇村虽然建立并运行了相关污水处理设施，但由于镇级财政无污水处理设施运行的相关资金预算，部分维护资金通过区级财政的奖补来实现，农村污水处理设施无稳定的资金来源，从而无法确保农村污水处理设施稳定运行。

2.2.5 农村污水治理工作的宣传引导不到位

农村污水治理是乡村振兴的重要工作，全国各地都非常重视，新区在农村污水治理建设方面取得非常大成绩，基本做到了污水全收集全处理，但也存在宣传不到位，村民对污水治理工作存在抵触情绪的现象。如为了加快推进工程建设在选址时未充分与村委和村民沟通，导致村民心理抵触，尤其是距离污水处理模块较近的居民；另外设施建成后污水收集不完善，导致村民认为是"面子工程"，进一步加剧抵触心理；还有就是投入大量资金建设的污水处理设施由于运行管理不到位，收集的大量污水发生厌氧反应，出水发黑变臭，污水治理站反而变成了污染源，导致村庄居民更加抵触农村污水治理工程的开展。

3　结论

农村污水治理是一项惠及民生的工作，也是美丽乡村建设的重要举措，将农村污水治理工作抓稳做牢，让新区农村老百姓感受到真真切切的"获得感"和"满足感"，新区政府还需要做好以下工作：一是推进老旧农村污水处理设施的升级改造；二是构建专业化运维队伍，降低运行成本；三是搭建农村污水运行智慧管理台；四是设立农村生活污水治理和运维专项资金；五是加强污水知识宣传，推进农村污水资源化利用。

新区农村污水治理项目在设计之初时就考虑到污水再生利用，将养殖废水、餐饮废水和农村品加工废水禁止纳入农村污水管网，为污水再生利用做好基础性工作。新区农村污水为居民日常生活污水，氮、磷元素含量高，有毒有害物少，经处理后可以用于绿化、灌溉等用途。这样既解决了水资源少的问题，又能减少化肥的用量。但在关于污水处理方面的知识宣传与舆论引导方面存在不足，需要加大镇街、村管理人员的知识宣传与指导，让农村居民全面了解污水处理、水资源利用方面的知识，减少农村居民对污水方面的误解与偏见，推进乡村治理工作的持续开展。

综上所述，农村生活污水处理设施的建设关系到农村百姓的切身利益，农村生活污水治理好了，才能为农民创造一个安居乐业的美丽家园。因此，新区在农村污水治理方面取得长久的效果需要从资金投入、运行管理、知识宣传与舆论引导方面做足文章，方能保证和巩固农村污水治理工作取得的成效，农村人居环境方能取得大的改观与改善。

参考文献：

[1]青岛西海岸新区管委办公室. 2022 年青岛西海岸新区农村生活污水治理方案［EB/OL］.（2022-01-19）［2023-11-10］. https://www. xihaian. gov. cn/zwgk/bmgk/csgl/gkml/zdgz/swsl/202204/P020220414344192707264. pdf.

[2]新华社. 习近平主持中央政治局会议 分析国内外新冠肺炎疫情防控和经济运行形势 研究部署进一步统筹推进疫情防控和经济社会发展工作等［EB/OL］.（2020-03-27）［2023-11-10］. https://www. gov. cn/xinwen/2020—03/27/content_5496366. htm.

[3]青岛西海岸新区城市管理局. 青岛西海岸新区农村地区污水治理专项规划（2018—2035 年）［EB/OL］.（2023-04-18）［2023-11-10］. http://swglj. qingdao. gov. cn/swj_gzdt/swj_gzdt3/202304/t20230418_7130578. shtml.

作者简介：王胜渊，青岛西海岸公控环保集团有限公司工程师

联系方式：1499280274@qq.com

浅析"智慧水务"在农村供水管理中的应用

王 慧

摘要：通过对青岛西海岸新区农村居民饮水现状及农村规模化水厂调研、分析，发现农村居民饮水存在的问题，提出对农村供水饮水设施进行提升改造的构想，实施建设农村供水"智慧水务"综合调度平台，实现自动化运行、信息化管理，建设106项全过程水质检测实验室，解决农村规模化水厂设备设施自动化程度低、水质合格率低以及水厂专业化规范化管理不足等问题，并结合西海岸新区农村居民饮水实际情况分析此项工程的可行性、紧迫性、必要性及实施后带来的社会效益。

关键词：自动化；智慧水务；供水管理；水质检测

水是人类生活的源泉，随着社会经济的发展和农村居民生活水平的提高，人们对水的需求也越来越大，但同时造成的水资源污染问题也越来越严重，水质的优劣直接关系到民生问题。这为农村供水建设带来了更高的要求，不仅仅要满足农村居民用水需求，还要提供优质水、安全水、放心水，如何改善农村居民饮水现状是目前亟须解决的问题，在当前数字化、信息化、智慧化广泛应用的时代背景下，通过"智慧水务"的建设，可以实现水务系统的自动化控制、资源化整合、精确化管理、智慧化决策，使农村供水运行更高效、管理更科学、服务更优质。

1 西海岸新区基本情况

青岛西海岸新区位于胶州湾西岸，南临黄海，北靠胶州市，西邻诸城市、五莲县和日照市，通过青岛胶州湾大桥和隧道以及胶州湾高速公路连接青岛主城区。青岛西海岸新区是2014年6月3日国务院批复设立的第九个国家级新区，包括青岛市黄岛区全部行政区域，陆域面积2128平方千米、海域面积5000平方千米、海岸线282千米，区内有十大功能区，辖22个镇街、376个村和社区，总人口232万。西海岸新区地形为滨海山丘，境内山岭起伏、沟壑纵横，海岸蜿蜒。地势西、北偏高，南、东临海处偏低，自西北向东及东南逐渐倾斜入海。新区内的河流属沿海独立入海的诸小河水系。河流均为季风区雨源型河流，其特点是自成流域体系，源短流急，单独入海。全区共有大小河流125条，其中较大河流10条，分属四大流域。新区现没

有大型水库，有中型水库5座，小型水库188座，主要拦河闸4座，小型拦河闸14座，塘坝1049座。

2 农村供水现状及存在问题

目前，就我们西海岸新区而言，部分农村饮水还存在着较严重的问题：一是农村规模化水厂分散，水源地多为小型水库及河道，干旱天气水源无法保证；二是原有规模化供水管网大多是PVC或白塑料管，老化严重，破损、暗漏严重，经常爆管，漏失率高；三是计量水表为老式水表，故障率和损坏率高，水表池破损较多，计量收费困难；四是规模化水厂缺少水质监测仪表、消毒及加药等设备老旧、故障率高，手动操作，水质合格率无法保证，生产稳定性及供水保障率不高。除此之外，规模化水厂以一体化设备居多，因缺乏专业化管理或建成后长期未投入使用，设备锈蚀、破损、缺失等现象严重。规模化供水管网敷设于农田村庄，点多、面广、线长，管理难度大，各镇街没有专业的供水管网养护队伍，管网失修、破坏、问题较多，漏失率难以保证。管理人员少，水厂运行管理人员专业性不足、年龄老化，供水设施管理水平差。规模化水厂普遍未设立化验室，未配备必要的检测设备，水质安全难以保障；主要供水设施、大口井等水源地缺乏必要的防护、隔离、监控设施，管网未安装在线监控设备，运行安全难以保障。部分饮用水水源地环境清理整治不够，农户使用化肥农药存在农业面源等污染，致使水源地污染现象时有发生。

因此，解决农村饮水安全问题是农村水务工

作一项重要和长期的任务。为全面提升农村饮水安全，改变农村饮水现状，积极推进农村供水工程运行管理智慧项目的建设是十分有必要的。

3 "智慧水务"系统组成及成果

3.1 建设"智慧水务"综合调度平台

为解决农村规模化供水水厂分布散、路途远、规模小、水质安全和水源安全管理等问题，水务公司以大场水厂为中心建设集中控制平台，依托网络通信实现远程监控。该平台能实现从原水到供水全过程生产运行数据采集、可视化展示、异常数据预警、周边多水厂远程一体化监控，工作人员可通过远程中控大屏实时掌控水源地动态、生产运行、水质变化及供水管网运行情况，各镇水厂实现大场中心调度系统远程操控，多处水厂实现无人值守。

3.2 建立水质在线监测预警系统

基于农村供水水厂多且分布广泛的特点，为了确保水质安全，提高水质应急响应效率，在大场水厂引入水质在线监测预警系统，对目前接管运营的八座水厂实现了三个标准化价值管理：首先，实现了原水、出厂水、管网水水质参数的标准化管理。水质监测数据全可视，涵盖了15项原水指标、三项出厂水指标及两项管网水指标的全天24小时在线监测，真正实现了从源头到龙头的全过程在线监测。其次，实现了三级预警报警阈值的标准化管理。基于国家标准，结合青岛市供水标准与本地水源的实际情况，在该系统设置标准线和内控线，建立所有水厂水质的在线监测预警，一旦水质出现问题，自动触发三级预警机制，实时发送报警信息，让工作人员及时了解水厂及管网水的水质情况。最后，该系统实现了水质参数预警解决方案的标准化解决方案管理。针对出现的各种水质问题，系统会给出相应的解决方案，同时，加入实验室数据的实时展示对比与实验室数据报告可视化联查以及关键水质参数趋势图，指导生产人员及时进行水质分析和工艺调整，确保供水安全。

3.3 建设106项水质检测实验室

公司秉承"水质第一"的工作理念，投资近千万建立了"从水源地到水龙头"全过程水质检测化验室，具备生活饮用水106项全项检测能力，每月对水源地原水进行27项常规检测，同时在夏季用水高峰期，将检测频率增加到每周一次，将原水在

线监测系统数据与实验室水质检测数据对比分析，动态、全面、真实的反应原水水质情况，为科学决策提供强有力的技术支撑。

3.4 安防监控系统

已对接管的全部水厂安装安防监控系统。对运行水厂大门、清水池、消毒设备间、加药间、配电间、值班室、二级泵房等重要位置实时监控，同时将运行水厂生产设备包括加氯加药设备、水泵运行、水质在线监测系统、用电量、清水池液位、进出厂水流量等信息整合于大场"智慧水务"中心控制平台，实行全过程监控管理。在厂区周边安装周界报警设备，对违规进入厂区的人或物进行报警警戒。

3.5 建设饮水设施管网改造工程

对农村供水管网设施进行改造，目前农村供水主管线达552.2千米，设计覆盖九处镇街466个村庄，安装村口总表186块，大场镇、琅琊镇用水户安装户表937块，智能远程水表将管道压力、流量、累计流量、用户剩余水量等信息传输到管理平台，无需人工抄表，大大节省劳动力成本。完成大场镇、琅琊镇GIS地理信息系统建设工作，建立管网巡检系统，通过大场水厂"智慧水务"中心调度平台进行数据查询，通过巡检系统可随时查询管网巡检人员的日常巡检轨迹，巡检频次，有效监管巡检任务完成情况。同时在配水管道中安装远传流量计94套，管网末梢水质在线监测仪表34套，通过水量及水压的在线监控，实现对管网运行压力流量监控，及时发现供水管网破损，精准定位，做到"有漏必修、有漏快修"。

3.6 建设安全管理系统

运行人员通过日常巡视检查，将安全隐患通过手机扫码及时发送至安全管理平台，管理平台根据信息等级发送至厂站管理人员，实时在线处理，确保运行安全。

"智慧水务"平台进行多个子系统数据整合，能够直观展示西海岸农村供水水厂在自动控制基础上，通过大数据提升供水管理能力，采用"自控运行＋视频监控＋巡回检查"相结合的无人值守运行模式，全部水厂实现自动运行，实现农村供水向"管理精细化、运营标准化、生产自动化、决策智慧化"发展。

4　总结

党的十九大以来,习近平总书记站在党和国家事业发展全局的战略高度,对水的问题多次发表重要论述,明确要求不能把饮水不安全问题带入小康社会。2021 年,西海岸新区管委印发《青岛西海岸新区城乡供水一体化三年行动实施方案》,方案明确指出,计划利用三年的时间,通过科学布置水源、加强运营管理、实施改造工程、加强水费收缴等措施,到 2023 年实现全区农村人均供水能力高于 40 升/(天·人)、供水保证率 95% 以上、饮水水质达标率及农村居民用水方便程度满足《农村饮水安全评价准则》要求、农村自来水普及率达到 99%、所有农村集中供水工程实现全部收费且水费收缴率达到 95% 以上等目标。西海岸新区涉及农村饮水村庄 1115 个,其中 1110 个村庄采用集中供水方式,集中供水率达到 99.7%。现有农村规模化供水工程 24 处(29 个项目),设计覆盖 655 个村,设计供水覆盖人口 45.4 万人,规模化工程设计服务人口比例 54%。目前 10 处镇街的 22 座规模化水厂已委托青岛西海岸公用事业集团农村供水有限公司运营管理,已向 156 个村庄供水。

在当前数字化、信息化、智慧化广泛应用的时代背景下,依托农村供水管理新模式,建设统一的中心调度监控系统,提高管理效能、降低运营成本。通过水厂工艺升级改造、配水管网及智能计量设施改造、供水信息化建设,"智慧"中心调度平台使制水到供水全过程生产运行的数据采集、可视化展示、异常数据预警、远程一体化监管等这些平时耗时耗力耗财的艰巨任务,一举成为最容易干的"活计",实现了"一键统全局"的新格局,工作效率大为提高。自平台建成以来,可远程操控大村库南、琅琊库山沟、藏马崖下、海青狄家河、藏南驻地等多个水厂,厂区运行基本实现无人值守。实现从"源头到龙头"、从"运行到服务"全过程专业化、智慧化、精细化、便民化管控目标。

作者简介:王慧,青岛西海岸公用事业集团水务有限公司农村供水公司综合管理科科长

联系方式:youshouzhi8813@163.com

第四章

坚持党建引领　推动科技工作高质量发展

推进科技社团党建工作创新发展的思考
——从档案管理规范化的角度

泮君玲

摘要：科技社团是我国社会主义现代化建设的重要力量，是党的基层组织建设的重要领域。社会发展变革对科技社团党建工作提出了更新更高的要求。面临新时代发展要求，科技社团党建工作进行了很多有益的实践探索，也暴露出一些问题，如何推进党建工作创新发展成为重要的时代课题。科技社团档案记录了社团发展历程，承前启后，是党建工作的重要基础，是创新的活力源泉。党建工作要实现可持续发展，作为重要基础工作的档案建设必须实现规范化。

关键词：科技社团；党建工作；档案；规范化

科技社团是我国社会主义现代化建设的重要力量，主要由行业技术人才、自然科学领域专家学者组成，具有学术专业优势突出、人员来源复杂、管理松散的特点。科技社团是党的基层组织建设的重要领域。社会发展变革对科技社团党建工作提出了更新更高的要求。由于历史和现实原因，科技社团党建工作离实际需求还有一定的差距，因此，新形势下如何推动科技社团党建工作创新发展已然成为重要的时代课题。科技社团档案记录了科技社团发展历程，它承前启后，党建工作要健康有序推进，作为重要基础工作的档案建设必须实现规范化。

1　科技社团党建工作的实践与探索

科技社团党建工作和社会服务组织工作相辅相成，是业务工作的思想引领、方向引领，是业务工作健康有序发展的依靠和保证。加强社会组织党建工作，对于引领社会组织正确发展方向，激发社会组织活力，扩大社会组织的影响力，促进社会组织在国家治理体系和治理能力现代化进程中更好地发挥作用，具有重要意义。[1]

党的十八大以来，党中央多次对加强社会组织党建工作提出明确要求。2015 年 9 月，中共中央办公厅印发《关于加强社会组织党的建设工作的意见（试行）》，对加强党建工作做出全面部署。各地按照中央要求，实施"党建强会"，加强党的组织覆盖和工作覆盖，在推动党建工作发展上做出了很多有益的实践与探索。以青岛市科技社团党建工作为例，2011 年下半年青岛市科协社会组织委员会成立。成立以来，不断加强对科技工作者的思想政治引领，积极创新工作方式，先后印发关于党建工作多个文件，对党建工作开展的重要意义、功能定位、基本职责、组织建构等方面进行明确和规范要求，推动学会党建工作深入开展，不断夯实党在科技类社会组织的执政基础。2019 年，印发了《市科协社会组织党建工作管理办法（试行）》，进一步规范了市科协社会组织党委和科技社团党支部建设，明确了双方的工作职责，对进一步做好新形势下党建工作、提升党支部组织力、强化党支部政治功能、发挥党支部战斗堡垒作用起到了积极推动作用。

2　科技社团党建工作存在的主要问题

2.1 思想认识不统一，对加强党建工作的重要性、紧迫性认识不到位

科技社团成员大都来自各行各业科技人员，既有在职工作人员，又有离退休返聘人员，人员构成复杂多样，流动性较强，归属感和凝聚力都比较低。对"如何履行党支部职能""如何增强科技社团成员凝聚力"等问题思考不深入，有的认为科技社团应以学术研究为主，党建工作无足轻重；有的担心推进党建工作会削弱业务工作；有的对所承担的党建工作职责不清楚，不知道党建工作应从何抓起。以上思想认识误区的存在，直接导致党建工作与业务工作"两张皮"，没有做到同部署、同研究、同考核。

2.2 管理制度不健全，党组织管理体系没有理顺

科技社团成员隶属关系复杂，一部分科技社团党组织已经建立，但成员组织关系还是保留在原工作单位，没有及时转移，党员组织关系与行政关系归属各异；未成立党组织的科技社团，由于对所承担的党建工作职责认识不清楚，对加强科技社团党建工作缺乏热情和干劲。同时，很多科技社团成员具有多重身份，实行多重管理，责任主体不明。"三会一课"、民主评议党员、党员党性定期分析等制度没有严格落实，组织生活平淡化，没有经常听取社团成员对党组织和党员的意见，党建带群建、群建促党建没有落地，科技社团党组织建设薄弱。

2.3 先进文化氛围建设不足，政治理论教育形式单一

科技社团成员流动性强，思想多元丰富，单纯的政治理论学习实际效果不佳。党组织活动的开放性、灵活性和有效性不足，没有充分发挥科技社团成员专业特长，开展专业化志愿服务，社团成员工作热情和主人翁意识没有得到有效激发。与社区和其他领域党组织结对共建，资源共享、优势互补没有得到充分实现。

3 规范档案管理，推动科技社团党建工作新发展

面临科技社团党建工作以上问题，需要沉下心来，总结经验，以史为鉴。科技社团档案是学会和科学技术人员开展各项活动的记录，是党建工作可以依据的真实"历史"，它原汁原味记录了社团研究交流活动、科普宣传、会员荣誉、科技培训、各种报表以及社团发展规划、工作总结、计划、会议记录、成立或换届选举当中形成的各类文件材料等。档案管理规范的过程其实就是梳理社团党建工作发展的过程。在规范档案管理过程中，党建工作中出现的很多问题都可以找到解决办法，迎来创新发展。

3.1 规范化的档案管理是党建工作的重要基础工作之一，体现了党建工作以人为本，尊重知识、尊重人才

社团档案是社团和专家学者开展社会实践活动的真实写照，整理规范的过程是为社团和科技人员历史留迹而推行的一件实事、好事。规范化的档案管理有利于统一科技人员思想认识，夯实党建思想基础。社团要重视档案管理，提高档案管理意识，要认识到科技社团档案除具有一般企事业单位档案的特点外，还具有其独特属性，内容更广泛、分散性更强，要把档案管理工作真正作为党建的重要基础工作，扭转社团档案管不到、管不好、管不全的"三不管"状态；规范科技社团档案管理，要依照《档案法》要求进行，通过现代技术手段，更新档案管理平台，推进档案管理信息化建设；安排专人做好档案的收集、整理和保管，确保收集的材料齐全、完整，真实反映社团历史发展过程和现实情况，为党建工作提供有利的参考依据，彻底改变过去社团工作移交时只有一枚印章或资料残缺不全的状况。

3.2 规范化的档案管理是党建工作创新的活力源泉，有利于推动党建工作实现"两个覆盖"

科技社团党建工作成效如何，关键要看能不能在推动社团发展上出成果。为此，我们力求把党建工作与科技社团中心工作结合起来，规范的档案资料可以帮二者找到契合点和切入点。今天的社会发展进步是建立在前人研究成果的基础之上并且持续创新发展而来的。加强社团档案规范化管理，其形式是档案资料，其内容是社团活动的规范化记录。科技社团档案资料作为一种科技信息资源，开发利用价值潜力巨大。在科技社团党支部的带领下，对科技社团档案进行规范化管理，科技人员可以从中借鉴历史成功经验和失败教训，避免旧路或少走弯路，减少重复浪费，有利于早出成果，更好地为社会经济服务。如此，科技工作者展示聪明才智的舞台更加广阔，自身价值得到更快地实现，对开展党建工作的意义就会有新的认识：党建工作与业务工作相辅相成，目标同向、内容相通，二者之间不是"两张皮"的关系，对业务工作的参与、支撑、助力是党建工作的重要方面。党建工作不仅不是业务工作的负担或制约，而且还是业务工作的动力、依靠和保证。

通过一系列扎扎实实的工作，党务工作和业务工作协同推进，统筹规划部署，形成工作合力，在管理上相互补充，在活动上相互丰富，党建工作内涵得以不断丰富。党支部的建立强调方式的普适性，不局限于组织关系，按照《中国共产党支部

工作条例(试行)》第二章第五条:正式党员不足三人的单位,应当按照地域相邻、行业相近、规模适当、便于管理的原则,成立联合党支部。第五章第十六条:对经党组织同意可以不转接组织关系的党员,所在单位党组织可以将其纳入一个党支部或者党小组,参加组织生活。[2]社团成员不断向党组织靠拢,自觉申请建立党建工作小组的科技社团逐年增多,科技社团申请成立党支部时同步采集党员信息,建立党建、党员管理台账档案。党建工作的组织体制和工作机制得以建立健全,党的组织和党的工作得以有效覆盖。

3.3 规范化的档案管理是党建引科技社团发展,有效发挥党组织的政治核心作用的需要

科技社团党组织要着眼履行党的政治责任,紧紧围绕党章赋予基层党组织的基本任务开展工作,充分发挥党组织的政治功能和政治作用。要按照建设基层服务型党组织的要求,创新服务方式,提高服务能力,提升服务水平,通过服务贴近群众、团结群众、引导群众、赢得群众。

要履行好以上政治职责,就要了解各个科技社团的历史资料和现状动态。而科协组织社团开展加强档案规范化管理,就可以随时随地了解和掌握社团工作情况。再配合科学的管理举措,切实推进党建引领科技社团发展工作,不断增强社会组织党组织的创造力凝聚力战斗力,充分发挥社会组织党组织的战斗堡垒作用和党员的先锋模范作用。比如在规范档案管理中了解到科技社团成员近期思想浮躁,党支部可以结合成员思想和

工作实际,认真研究确定主题和内容,突出理论学习和教育,做到形式多样、氛围庄重。在教育内容上,要把加强成员的日常政治理论教育与职业道德修养结合起来;在教育覆盖面上,要向社团成员工作、学习、生活多领域延伸;在教育方法上,要运用典型引路的策略,积极做好先进党支部和优秀共产党员的事迹宣传,注重身边人讲身边事,增强吸引力感染力,不断提升成员思想境界,增强党性觉悟,帮助他们沉下心来,争当科研骨干,发挥科技创新生力军作用,提高社团履职能力和服务能力。

科技社团党建工作目前处在一个持续深入探索、不断实践的过程中,而加强社团档案规范化管理是社团党建工作的重要基础,是创新发展的源泉。要使科技社团党建工作有新的进展和突破,实现"两个覆盖",实现党建引领,就必须认真分析当前形势,不断改革创新,坚持据实立档,据实用档,高质量推进科技社团档案管理规范化工作,更好地为促进科技社团党建工作创新发展服务。

参考文献:

[1] 谢玉峰.加强社会组织党建工作推动社会组织健康发展[J].中国社会组织,2016(24):3+10-16.

[2] 中国共产党支部工作条例:试行[M].北京:法律出版社,2018.

作者简介:泮君玲,青岛大学讲师
联系方式:zhpansd@163.com

高校学报发展困境与对策
——以《复杂系统与复杂性科学》为例

李　进　王素平　徐剑英　刘瑞璟

摘要：高校学报在促进学术交流上的贡献不可置疑，但21世纪初大量涌现的高校学报后来大都遇到发展瓶颈，很多都没有步入高质量发展的道路。为了探讨高校学报如何长足发展，以《复杂系统与复杂性科学》为例，分析高校学报面临的一些具体困难，并针对性地提出对策建议，希望能够给同行提供思路和借鉴。

关键词：高校学报；发展困境；对策

高校学报是高等学校主办的学术理论刊物，是以传播优秀的学术成果，促进学术交流为目标的期刊。中国高校学报的发展历史悠久，最早可以追溯到19世纪80年代。到21世纪初，高校学报开始大量涌现，但很多被贴上了"全、弱、散、小"的标签，发展遇到瓶颈。

习近平总书记指出："高品质的学术期刊就是要坚守初心、引领创新，展示高水平研究成果，支持优秀学术人才成长，促进中外学术交流。"在当前"推进学科体系、学术体系和话语体系的建设和创新"成为科学发展新方向的背景下，高校学报作为学术期刊的主力军，更应该抓住发展新机遇，深入发掘期刊症结，针对性地制订调整方案，突破发展瓶颈，走向高质量发展之路。

关于高校学报的发展和困境，之前的学者也有不少论述。有的文献是侧重高校学报如何应对数字化发展的研究[1-3]，有的学者是针对高校学报发展某个难题进行论述[4-9]，有的研究是面向社科类的或科技类的学报[9-11]，有的提议对高校学报来说缺少普遍的推广性。本文以青岛大学主办的《复杂系统与复杂性科学》学术期刊为例，分析高校学报在发展过程中遇到的困境，并尝试探讨可行的解决方案。

1 高校学报的历史和困境

1.1 高校学报历史

中国高校学报的发展历史悠久，100多年前，高校学报伴随着现代大学和现代学术的诞生而问世。从1889年上海圣约翰大学创办的《约翰声》开始，高校学报和中国历史一起经历了几十年的沉浮。到20世纪70年代，伴随着高等教育的复兴，高校学报如雨后春笋般发展，至2020年已达1200多种。高校学报在促进学科交流、引领学科方向、汇聚学科队伍等方面发挥了重要作用。

《复杂系统与复杂性科学》（后简称《复杂》）于2004年创刊，是由青岛大学主办的学术期刊。在创刊初期，刊物经历了稿源不足的几年，不过并没有降低对论文质量的要求。在主编张嗣瀛院士的主导和学校的支持下，学报刊登了一批学科领军人物的高水平论文。之后影响因子开始逐年上升，陆续取得一些阶段性成果：2010年入选中国科技核心期刊；2012年入选北大核心期刊（2018—2020年未能入选）；2013年入选CSCD遴选数据库；2013年入选EI检索数据库（2015年出EI）。

1.2 高校学报现状

高校学报是高校科学研究的窗口。在创立初期，高校学报都会获得主办单位的关注和支持，创始人一般也是有热情的学科带头人，会推动期刊较快起跑。进入发展期后，高校学报可能会面临带头人更换、学科热度的更替、学校发展政策倾向、编委审稿人功能退化等问题，导致期刊慢慢失去关注度，陷入没有好论文就不能进入重点数据库，不进重点数据库就没有好论文的恶性循环里，逐渐沦为校内师生的科研"自留地"。

以笔者所在的《复杂》期刊为例，在2013—2014年，《复杂》曾经被EI数据库收录过，之后一直在努力，却没能再进入。2018—2020年未能入选北大中文核心，2021 年再度入选。

1.3 高校学报面临的困境

从上面的介绍可以看出，高校学报发展不是一帆风顺的，下面以《复杂》为例，列举高校学报发展过程中会遇到的困难。

（1）优质稿件少。这是高校学报面临的一个共性的难题。《复杂》目前进入平缓运行期，尽管稿源比较充足，但是优质稿件少。表 1 是《复杂》2006—2021 年的高被引作者的发文情况，从中可以看出，篇均被引频次高的论文基本刊登在 10 年以前，近 10 年有影响的论文仅上榜 1 篇，非常缺乏。

表 1　《复杂》2006—2021 年高被引作者前 20 位发文统计

排序	作者	作者单位	高被引论文数	篇均被引频次	发文年份
1	刘建国	中国科学技术大学	2	349.5	2008—2009
2	李晓佳	北京师范大学	1	280	2008
3	汪秉宏	中国科学技术大学	4	199.5	2008—2010
4	程学旗	中国科学院计算技术研究所	1	164	2011
5	王林	西北工业大学	1	164	2006
6	孙俊峰	上海交通大学	1	152	2010
7	徐玲	上海交通大学	2	151.5	2008—2009
8	周涛	中国科学技术大学	7	140.9	2007—2010
9	王科	上海交通大学	2	133	2008
10	胡海波	上海交通大学	3	105.3	2008—2009
11	张欣	上海海事大学	1	102	2015
12	吕琳媛	德国弗莱堡大学	1	96	2010
13	樊超	上海理工大学	1	93	2011
14	王晓丽	哈尔滨工业大学	1	92	2010
15	韩筱璞	中国科学技术大学	4	91.8	2007—2010
16	熊文海	青岛大学	1	83	2006
17	俞桂杰	中国民航大学	1	83	2006
18	侯赟慧	南京大学	1	82	2006
19	吴亚晶	北京师范大学	1	77	2010

（2）期刊影响力低。缺少优质的稿件，期刊的影响力就很难提高。据中信所 2022 年的统计数据，《复杂》核心影响因子的数据如图 1～2 所示。《复杂》影响因子在 2010 年到达峰值，学科排名第四，创刊初期的优质论文的影响力显现出来。

2015—2017 年影响因子逐年提升，推测跟增加载文量有关。根据影响因子的计算公式，载文量增加他引率也会增加，影响因子通常会相应增高。中信所的影响因子计算公式如式（1）所示。

$$影响因子=\frac{该刊前两年发表论文在统计当年被引用的总次数}{该刊前两年发表论文总数} \tag{1}$$

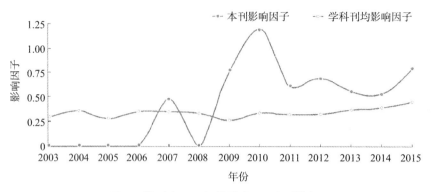

图 1 《复杂》2015 年前影响因子学科均值

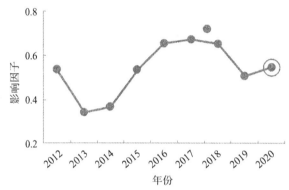

图 2 《复杂》2012—2020 年影响因子

2018—2019 年《复杂》影响因子出现下降，那两年未入选北大核心。2020 年影响因子开始回升，为 0.544，但在学科平均值之下，排名第 10，同学科期刊中，第 1 名是 1.599；《复杂》核心总被引频次是 309，学科第 1 名是 4675。对比排名的同学科的期刊，目前《复杂》在总被引频次、影响因子方面都亟待提高。

（3）审稿机制低效。这是制约很多高校学报发展的一个因素。以《复杂》为例，目前稿件的一般审理流程是，投稿后由编辑部初审，之后由两位编辑分别送外审。编辑会从采编系统选择对口专家审评，有两位审稿人回复后，再对稿件做具体处理。稿件虽然都是送外审，但审稿专家不固定，审稿标准缺少一致性，刊登稿件的学术水平缺少统一的考量；审稿费也很少，一次 100 元，而且因为发放滞期，发放也不及时；编辑跟审稿人也没有太多的联络，很多专家慢慢就不审稿，或者审稿时间长。上面这些因素都影响了稿件的审理速度。

（4）人员配备不够。目前《复杂》只有两个全职编辑，副主编和英文校对都是学院的老师兼任，没有编务。从收稿、初审、查重、送外审、编辑、校对、送印、收刊、发行、数据上传、档案、报销、年审、年检等全部由两位专职编辑完成。人员配备不能满足发展需求，这必然导致发展机会的缺失，如网站缺少维护，有些评选和项目申报无暇顾及。日后如果要加大载文量，编辑人手不足也会影响出版时效。

（5）宣传推广不到位。刊物影响力的提升除了要吸纳创新性强的优秀论文外，还跟平时的宣传推广有密切的关系。好的论文，适当推广，可以更快地被认可和借鉴。《复杂》每期的数据都会上传各大数据库以及自己的期刊网站。但是，期刊的网站平时没有专人维护，很多板块都没有更新和利用起来，没有发挥其全部的功能。另外，《复杂》也没有微信公众号，在自媒体蓬勃发展的形势下，在推广阅读方面，处于很不利的竞争劣势里。

（6）人才培养机制不健全。高校学报一般都隶属于院校，在编制上通常被化为教辅人员，有的高校还将文理科等学报划分到不同的部门管理，这样造成学报人员分散，比较边缘化。很多归口部门对学报编辑人员的职业规划不清晰，没有相应的奖惩规章制度，导致学报编辑在职称评聘、评优评奖中不占优势,人员流失比较严重,慢慢会失去了长久发展的动力。特别是,没有梯队培养计划,一旦有老师退休或离职,就会陷入无法正常运转的泥潭里。

2　高校学报发展对策

学报发展离不开高校领导和老师们的关注和努力,需要发动各方面的力量,包括主编、编委、编辑、热心期刊工作的人士,争取优势资源,持续投入时间和精力。下面是促进高校发展的对策建议。

2.1 成立青年编委会

高校学报都有编委会,但很多因疏于管理或人员更替,没有发挥作用。为解决这个问题,《复杂》所在的学院领导提出了创办青年编委会的举措,希望通过挖掘青年编委的优势,缓解送审和约稿等难题。学院的老师和编辑部一起积极进行了筹备,目前第一届青年编委的名单基本确定。后续可以每年都定期召开青年编委会,总结汇报学报一年的工作,同时探讨新一年的选题计划和专栏设定。

2.2 引进优质稿件

期刊影响力的提升主要依赖高品质的论文。高校学报可以发挥编委的学术影响力写稿组稿,将学术优势转化为出版优势;高校学报还可以发挥学院老师们的专业优势组稿约稿,争取优质稿件。可以设定指标,比如一个编委每年至少一篇论文。编辑部及时跟进组约稿进程,每期争取固定的约稿数量。还可以每年组织编委会议、学术论坛或报告会等,征集论文,择优发表到学报上。

2.3 增加载文量

可以通过增加页码、双栏排版的办法增加载文数量,以此增加论文的总被引频次,这个数据是引证报告里的重要评价指标。但也要研判具体多少页码合适,以保证期刊良性运转。比如,向编委每年约稿一篇论文,每期加 3 篇论文,可以先加一个印张 16 个页码过渡一下,将每年刊发的论文数先提高,后续看投稿量,如果有空间,再进一步增加。

2.4 优化稿件审评

传统的随机送审方式不确定因素多,审稿周期长。《复杂》成立青年编委会后,会采取青年编委审稿和编辑部送外审相结合的方式,加快稿件审理速度,提高稿件的时效。比如,收稿后由编辑部初审,后根据编委方向,将稿件送不同编委,编委再找本领域的专家,最后给出审理意见。建议如果用稿,至少需要两位审稿人的意见,以保证学术性;稿件需要去掉单位和作者进行盲评;需要给编委一定的期限,比如 10 天;编辑部也设定稿件审理的时限,比如 60 天。

2.5 提高他引率

他引率是期刊评价的一个重要的参考指标,计算方法如式(2)所示,他引率提高意味着期刊影响力的提高。他引率是期刊评价指标,自引不在评价范畴。为此,在引进优秀稿件的同时,也需要加强刊载论文的推送和宣传。传统纸刊的定向寄送,对收获专业人士的关注度有一定作用。在多媒体百花齐放的新形势下,期刊网站的维护、微信公众平台的推送,对扩大学术论文的影响会有更大的作用。论文的曝光度增加了,被引用的机会就会增加。

$$他引率=\frac{被其他期刊引用的次数}{期刊被引用的总次数} \qquad (2)$$

2.6 扩大宣传力度

期刊影响力的提升离不开宣传和推广。高校学报需要开发利用好期刊的网站、采编系统、微信等平台。首先,没有采编系统的编辑部,需要尽快采用,采编系统可以提高采编效率。中国知网有免费的采编系统,有经费限制的期刊可以考虑合作。有采编系统和网站的学报,要利用好这些平台做推广。比如除了在网站首页可以挂每期的目录和全文链接外,还可以摘选优秀的论文在网站上做推送,也可以邀请业内的专家写学术报道,以引发更多的学术共鸣。另外,微信的广泛使用,使得微信公众号的宣传作用更加突出。高校学报要利用好微信平台使用便捷的特点,开发公众号,在上面实现期刊阅览和学术报道的功能,让期刊得到更多的关注。

2.7 引进兼职编辑

鉴于高校学报目前进新人很难,可以考虑聘任兼职,这方面有的高校学报已经开始探索实践[12]。需要寻找热爱办刊的学科老师,可以从两方面考虑,一是在学科领域有影响力的,帮忙联络编委和学科内的专家,帮助约稿、组织论坛和会议等,解决稿源的大问题;也可以引进热爱编辑的老师,来帮忙编校稿件或者维护网站,壮大编辑队伍,为以后增加载文量做铺垫。同时,引进的考评机制需要考虑,待遇需要提前协商好。

2.8 加强人才培养

学报的编辑人员要有自我提升的意识,即便是身处边缘部门,也不能停止自身的学习和探索。同时,如果管理制度不够完善,可以参照别的期刊的做法,逐渐形成适合自己学报的管理制度,比如工作上的要求,主编、编委、编辑的职责都可以梳理成文,也可以设立考评机制,鼓励积极贡献,并在实际工作中不断修改完善。机会都是留给有准备的人,我们可以加强和期刊同行的交流,利用高校在学术研究上的优势,不断提升自己的专业和业务能力,走自我完善和发展的道路。

作为热爱学报的办刊人员,我们需要有和期刊风雨同舟的决心,把学报的发展作为自己的事情来做。学报可以实现我们个人价值的升华,我们的工作目标就是把学报办得更好,抓住一切机会发展刊物。比如积极参与各种编辑出版的论坛,学习优秀期刊的办刊经验;积极参与各种奖项的评比和出版相关的项目申报。只要我们始终保持不断探索上进的劲头,总会克服重重困难,迎来期刊繁荣发展的春天。

参考文献:

[1] 廖哲平.高校社科学报栏目在数字化出版模式下的瓶颈与突围[J].学报编辑论丛,2020:530-534.

[2] 杨怀玫,陈静.优先数字出版:突破高校学报发展瓶颈的有效"武器"[J].四川民族学院学报,2014(4):88-92.

[3] 吴应望.高校学报数字出版困境及发展策略研究[J].中国编辑,2019(1):53-57.

[4] 余筱瑶.普通高校学报优质稿源不足瓶颈之破解与重构——以新媒体语境模式为视角[J].福建广播电视大学学报,2015(2):85-88.

[5] 孔文静.高校学报媒体融合纵深发展瓶颈突破[J].新媒体研究,2021(13):93-97.

[6] 费飞.全媒体时代我国高校学报发展瓶颈分析及路径思考[J].新媒体研究,2020(16):57-60.

[7] 张德福.融媒体视域下地方高校学报编辑队伍发展的困境及优化策略研究[J].采写编,2022(6):157-159.

[8] 康光磊,焦敬华.高校学报国际化办刊:困境与路径[J].高等财经教育研究,2019(1):74-77.

[9] 胡晓雯,李春红.高校理工类学报优势栏目建设策略分析[J].淮阴师范学院学报(自然科学版),2022(3):243-245.

[10] 许伟丽,陈明.普通高校社科学报的发展瓶颈及突破路径研究[J].科技传播,2022(4):22-24.

[11] 范君.高校学报特色栏目服务教学科研功能分析及策略——以《安徽理工大学学报(社科版)》为例[J].传播与版权,2019(12):36-37.

[12] 高山,李永诚.高校自然科学学报栏目编辑双身份制创新与管理[J].科技与出版,2022(10):85-91.

作者简介:李进,青岛大学《复杂系统与复杂性科学》学报编辑

联系方式:lijin@qdu.edu.cn

基于青岛市全民康养的"非视觉"公共空间设计及管理模式探究

刘慕紫　闫晓冰　王　瑾　李思霖　张一平

摘要：在后疫情时代，国家对于民众健康的关注度逐步提升，室外疗愈模式单一、公共设施缺乏、室外空间环境落后等现状很难满足人们对于康养空间的多维、多元需求。因此，通过"非视觉"新型疗养景观模式的探索，调动城市公民暂时远离电子产品，重新体验自然之美，并且疗愈现代人群的身心健康。通过实地观察以及对目标人群的问卷调查、访谈调查的总结与梳理，实现对城市康养型公共空间设计及管理方式的改进提升。同时，响应国家对残疾人多元化就业的号召，通过对该运营管理模式的探究，为视障或视觉残疾人群提供就业机会，解决社会特殊人群就业问题。

关键词：多感知设计；康养植物；公共空间改造

随着数字化时代日益发展，人们的生活因过于依赖电子产品而更少接触自然，导致身心健康问题不断增加。据统计，2021年中国年轻人健康和亚健康状态的占比情况中，41岁以上的亚健康人群占比53%，31～40岁的人群占比35%，20～30岁的人群占比10%，其中，眼科疾病、心理疾病、慢性病等占据较大的比例，且呈逐渐上升趋势。为了缓解以上问题，本文的研究以"放下手机，闭上眼睛，调动身体其他感官感受自然"为出发点，为城市公共空间打造"非视觉景观"，给城市公民一次"强制性"远离电子产品，重新回归自然的机会。此外，本文的研究可促进社会视障就业，为科研人员提供中药植物户外研究场所，以及通过护眼仪等康养产品广告招商为辖区政府增加财政收入。

国内外对于多感知空间设计已有多年研究，然而由于空间设计的主要感知方式—视觉的影响，导致其他感知方面的设计成果、影响力并不突出。本文的研究采用"视觉遮蔽"的运营策略，着重加强用户对于"非视觉"体验的感受，并且基于国内对于中药植物疗愈的大量研究成果，将"非视觉"景观设计方法与康复性植物群落二者相互结合，对本文的研究的探索有重要的参考意义，同时提供强有力的支撑并印证可行性。为了避免"非视觉"空间营造以及康养景观设计流于表面，我们要更深入地研究能带来实际效益的"非视觉"公共空间设计及管理模式。

1　"非视觉"空间设计策略

1.1　用户需求

从心理需求层面来讲，使用者希望自己拥有安全的领域，能够在保障自身安全的同时实现情感价值的满足，可以与周边的人进行便捷的沟通与联系。从知觉需求层面来讲，依据环境心理学，在接受外界信息进入人脑后，使用者对信息进行判断与反应，从而对判断进行整合与处理，最终形成人体的感知。使用者在对周围环境产生情感联系后，进行心理感知，再对身体各处进行信息的反馈，判断对于当前环境是否产生抵触。

1.2　"非视觉"空间体验模式

空间体验分为传统的视觉游览和本文重点研究的非视觉游览两种模式（图1）。进入"非视觉"空间游览的人群可自愿佩戴缓解眼部疲劳的眼罩，在以视障工作者为主体的"非视觉体验大师"的指导下，在特殊设计的公共空间场地内进行除视觉以外，多感知（听觉、嗅觉、触觉等）的游览体验。场地内空间多由具有康复性、挥发性的中药植物进行营造，使公民在体验场地的同时，其各类慢性疾病得以治疗或缓解。在这个信息化急速发展的时代，"非视觉"景观给了城市公民一次放下手机、停下脚步、自然修复的体验，从而达到城市公民重新体会自然、重视健康的最终目的。

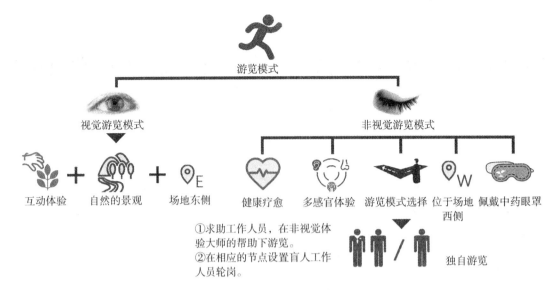

①求助工作人员，在非视觉体
验大师的帮助下游览。
②在相应的节点设置盲人工作
人员轮岗。

图1　场地游览模式

1.3 "非视觉"康养空间模式

1.3.1 嗅觉康养设计

通过场地内种植的芳香植物挥发性芳香油中的成分作用，使人群吸入之后产生生理和心理反应，以达到防病与保健的目的。并通过营造装置及搭配特定疗愈性植物群落来打造嗅觉疗愈景观，完善嗅觉疗愈体验体系。

1.3.2 听觉康养设计

通过布置一定的设施让人去聆听或主动去聆听自然的声音，让人群回归自然。巧借风力，通过对空间的不同处理使得产生不同状况的风声。适当添加新的声要素，结合好感度高的自然声音与附属装置给予人心旷神怡的感受，缓解自身的压力和疲惫。比如，通过风吹过不同植物给游人带来不同的听觉感受。同时，运用植物围合空间，屏蔽听觉景观中消极的、与环境不协调声音要素，增强听觉疗愈效果。

1.3.3 触觉康养设计

提供触觉活动空间，针对不同人群设计不同类型的触摸体验，用"装置＋材质＋平衡觉"的方式营造动静态结合的触觉疗养空间。同时，在场地种植互动性强、不同触感的植物，比如含羞草、跳舞草等，使游人带着好奇心进行互动，增加游人积极性的同时带给游人不同的心理触感，从而达互动科普、康养身心的作用。

2 康复性植物系统

2.1 公共空间康养景观内涵

康复景观是指在自然人文景观基础上通过增强使用人群与景观的互动性，从而达到使用者保持健康或恢复健康的一种景观类型。景观作为人居环境的一部分，适当的设计不仅可以保护生态环境，还可以满足人群对于身心健康的需求。

2.2 康复性植物疗法概述

植物是康复性景观的重要元素。植物不仅可以提供观赏价值，同时可以释放气味、提供不同触感从而使人舒缓压力、放松心情。相关研究表明，在人们联想到山川、植物等景观时所表现的脉搏数量和人们处于愉悦心情时的脉搏数量相似，和压力情绪下所表现的脉搏数量相比较平缓。因此，人们认为在脑海中联想植物景观可以适当减轻人们的压力，达到舒缓心情的效果，有利于身心健康。

通过结合青岛气候信息，利用中药植物挥发物可缓解人体疾病的特性，营造自然式康养绿色植物群落，形成围绕非视觉装置的封闭植物空间，使游人在此停留并吸入植物的挥发性物质，从而在一定程度上缓解人们的亚健康问题。同时，合理进行植物空间营造的搭配，适当将植物与构筑物结合，在满足人群舒适性和安全性的前提下，进行季节性的搭配，做到"四季有景，各不相同"，满足人群在各个季节对于景观的需求。

中医药是中华传统文化的积累，其中养生文化更是一种医理的体现。在进行康复性植物的设计过程中，将景观与传统的养生思想结合在一起，使游人在康养过程中感受中华传统文化,达到身体的恢复和心灵的升华。

2.3 康复性中药植物总结

适合在青岛种植的有益眼睛健康的植物有日本晚樱、西府海棠、丰花月季等。有益肺部健康的植物有薄荷、海桐、枸橘等。有益抗菌消炎的植物有北美香柏、多花紫藤、野蔷薇等。有益老年人的康复性植物有山桃、月季、北美香柏等。有益精神舒缓的植物有玉兰、木香、桂花等。

3 "非视觉"空间管理模式

3.1 场地管理模式

本文的研究从视障工作者管理、中药户外研究所管理和商务合作管理三方面来构建场地管理模式,通过社会研究方法了解视障工作与中药研究所的相关工作流程与管理制度,再结合场地特性完善视障工作者与中药户外研究所管理制度;同时,通过经济学原理分析本文的研究的商务合作方向,联系青岛本地厂商,调查其合作意向以总结最终的商务合作管理模式。通过建立数字化模型以及运用科学的调查研究方法综合运用环境心理学的相关知识来推导场地周围人群对于场地的受欢迎程度,并根据对不同地点的人流的数字化统计,运用大数据分析从而得到人群对于场地的接受度,为场地后续的优化和改进提供最新的一手资料。场地管理模式构架如图2所示。

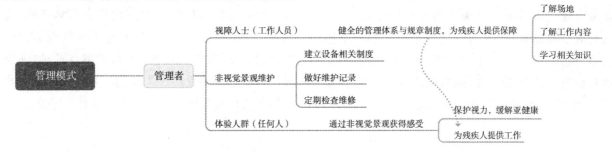

图 2　场地管理模式构架

3.2 项目运营管理模式

本文的研究中视障人士是"非视觉景观"内的主导者,他们将作为"非视觉体验大师"参与到整个框架流程中引导游客进行"非视觉景观"疗养体验。与视障群体帮扶机构进行合作,将场地内的"非视觉体验大师"单独成立一个部门进行管理,为残疾人安全问题提供保障。此外,参与游览的城市公民、"非视觉"景观设计师以及场地管理人员等都将共同在此运营管理模式中形成可持续的闭环关系。具体如图3所示。

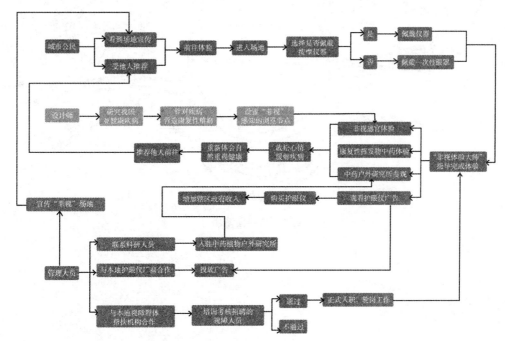

图 3　运营管理模式路线图

4 青岛五四广场空间改造案例研究

为了更好探索"非视觉"公共空间设计的可能性，笔者以青岛市五四广场北侧绿地为对象展开"非视觉"公共空间改造设计研究。

4.1 设计构想

通过五四广场北侧绿地的空间改造，开启一种全新的景观康养模式，不仅为景观康养空间设计提供一种新思路，更能够切实地为人民大众服务，真正缓解人们的亚健康问题，同时能够吸纳一定的视障人员就业，也能带动部分相关产业的发展。

4.2 总体设计

整个场地的康养空间设计包括三部分：第一部分为建立以视觉景观为主的常规绿地系统，满足公共空间绿地基本需求。第二部分为植物群落营造，包括小气候营造和康养植物群落营造，为人群提供舒适的康养环境，同时吸入康养植物群落挥发物，从而缓解人们的亚健康状态。第三部分为"非视觉"景观设计系统，主要包括触觉设计、嗅觉设计、听觉设计。触觉设计运用植物芳香疗法，可以令人心情愉悦，从而缓解精神压力；听觉设计通过声景的营造使人重回自然，感受自然，并且营造装置与声景结合，相辅相成，效果更佳；人们对触觉设计的感受主要在触觉活动空间中进行，在设计中营造触觉装置，改变材质，给人以不同的触觉感知效果，与其他设计形成动静结合的疗养空间。

4.3 "非视觉"景观节点设计

根据场地构架，初步设计了场地总平面草图（图4），场地西侧为自然式疗愈区，东侧为开放的公共活动草坪区域。

"非视觉"景观节点大多设置在场地西侧，运用设计手法将景观建筑、装置与人的听觉、触觉、嗅觉相结合，形成能给予人良好疗养体验的"非视觉"景观节点，并通过线条、色彩、几何图形描绘出使用者蒙住双眼体验时脑海中的场景与感受。

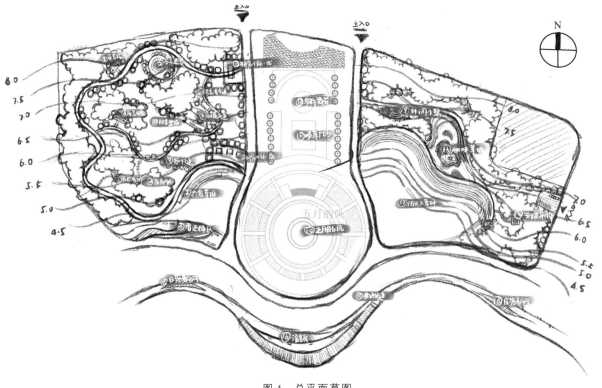

图 4　总平面草图

4.3.1 石子迷宫

如图5所示,通过布置鹅卵石对使用人群足底特殊穴位进行按摩,并配合周边种植的挥发性中药植物,从而达到缓解疲劳,疗养的效果。

图5　石子迷宫节点感知效果图

4.3.2 落雨听风

使用者佩戴中药眼罩靠在躺椅上,当风吹动,当雨落下,装置与周边植物将发出声响,让使用者在自然白噪声中享受植物的芳香(图6)。

图6　落雨听风节点感知效果图

4.3.3 芳香漫步道

场地内二级道路两旁种植了各种疗效不同的挥发性中药植物与芳香植物,使游人在游览期间潜移默化地吸入有益的疗养物质(图7)。

图7　芳香漫道节点感知效果图

4.3.4 香远补风

此节点设置在沿海场地区域,使用者从中走过,可以感受到海风轻抚皮肤与疗养植物的香气(图8)。

图8　香远捕风节点感知效果图

4.3.5 触植廊道

使用者通过无障碍景观桥可以登高触摸种植在此区域的植物,植物特殊的肌理可以缓解使用者的精神压力,更好地贴近自然(图9)。

图9　触植廊道节点感知效果图

5　结语

此项目模式旨在服务于人民大众,缓解城市人群的亚健康状态,给予人舒适的疗养体验,并且使多方受益。场地的管理运营模式综合统筹各部门,是一个综合性、协调性、灵活性兼具的完整管理体系,在此运营管理模式下,各部门协同劳动,维护园内的环境和秩序。

"非视觉"公共空间模式的开发将对城市公民带来有利的康养效果,通过多维的设计和管理运营模式可以帮扶视障群体就业,缓解特殊群体的社会压力,场地同时也为中药科研人员提供研究场所,推动了中医药科学研究的发展。希望这种新型的"非视觉"公共空间模式研究能够为社会、为人民切实地解决问题,为相关行业提供一种解决问题的新思路。

参考文献:

[1]呼万峰.康复景观设计解析与实践——以美国芝加哥植物园比勒体验花园为例[J].中外建筑,2013(10):109-111.

[2]吴灏然.专类花园类型及其植物景观营造研究[D].杭州:浙江大学.2020.

[3]胡一冰.基于都市园艺的感官体验园及景观设

计研究——以榆树公园为例［D］.长沙：湖南农业大学.2019.

　　［4］郝卫国,牛瑞甲,杨云歌.视障公园中多感官理论运用研究——以视障植物园为例［D］.天津：天津大学建筑学院.2021.

　　［5］翟莹,潘剑彬,张诗凝,等.康复景观与园艺疗法中的植物景观营造［J］.艺术教育,2023(1)：244-247.

　　［6］王健韬.疗愈环境理念下的医养康复康养空间设计研究［D］.西安：西安美术学院,2022.

　　［7］郑妍彦,崔彤.基于空间句法的苏州历史文化街区公共空间设计策略研究［J］.当代建筑,2022(12)：122-125.

　　［8］潘萌萌.园林康养理念下的植物造景营建模式［J］.现代园艺,2022,45(19)：164-167.

　　［9］柏小娟,王军.立足地域特色的园林康养景观设计探析——以临沂市口袋公园建设为例［J］.现代园艺,2022,45(23)：150-153.

　　［10］唐令,郝培尧,董丽,等.浅谈园林植物在康养景观中的应用与设计［J］.景观设计,2022(4)：102-105.

　　［11］郝亮.基于五感体验的旗山国家森林公园康养步道优化研究［D］.福州：福建农林大学,2020.

　　［12］唐甜甜,吴荣,黄薇,等.基于五感体验的肢体功能障碍患者康复景观中植物配置探索［J］.现代园艺,2019(15)：102-104.

作者简介:刘慕紫,青岛理工大学本科在校生
联系方式:2722303587@qq.com
通讯作者:张一平,青岛理工大学讲师
联系方式:823265011@qq.com

课题/基金:择"目"而息——基于全民康养的城市公共空间"非视觉景观"模式探究,202210429001,山东省大学生创新创业训练项目

思创融合背景下高校科技社团的发展路径

邱艳春

摘要：高校科技社团是基于共同的科技爱好组建的柔性组织，是国家创新体系的重要力量。思创融合可以更好地引导高校科技社团的价值取向，培养创新创业精神。在思创融合背景下，高校科技社团要积极探索国际化、本土化、品牌化的自主发展路径，同时政策的保障、社会的支持及学校的扶持也是高校科技社团健康发展的命脉。

关键词：思创融合；科技社团；发展路径

社团是人们为一定目的或特定兴趣组成的社会团体。科技社团是（热爱）科技工作者自愿组织的群众性社会团体。它的成立是科技自身发展的必然要求，也是人类追求科技进步的外在表征。我国科技社团源于明朝，历经发展，现已在科普宣传、政府决策、科技中介等方面发挥着重要作用。高校科技社团为高校师生中的科技爱好者进行科技活动或学术交流搭建平台，也为高校社团注入了科技力量。本文所指的高校科技社团，统指经过高校科学技术协会或团学部门正式注册的以在校师生为主体的社团。毋庸置疑，高校科技社团的存在与发展有助于培养学生的创新精神和创新意识、提升学生的学术和科研能力。[1]

1 思创融合的意义

思创融合中的"思"是思政教育，"创"是创新创业教育。二者融合是落实立德树人根本任务的保障。2019 年印发的《中国教育现代化 2035》明确提出：提升一流人才培养与创新能力，加强创新人才特别是拔尖创新人才的培养，加大应用型、复合型、技术技能型人才培养比重。2020 年，教育部、团中央联合相关部门相继印发《加快构建高校思想政治工作体系的意见》（教思政〔2020〕1 号）、《关于深入实施青年马克思主义者培养工程的意见》（中青联发〔2020〕5 号）、《高校学生社团建设管理办法》（教党〔2020〕13 号）等纲领性文件，明确提出高校要落实立德树人的根本任务，落实理想信念教育。

1.1 社会意义

当代大学生肩负着时代的责任和历史的责任。时代在变化，责任也会相应地变化。大学生是社会主义建设者和接班人，是社会主义发展的主力军。任何一个平台都是大学生践行家国情怀的社会大课堂。高校科技平台是高校师生激发学习动力与研究兴趣、了解社会需求与服务社会的一个平台。我们建设科技强国离不开科技创新。创新是时代前行的动力。科技创新是国家发展的动力。大学生富有创造力和想象力，是创新创业的有生力量。大学生理应聚焦国家创新驱动战略，顺势而为，学有所为。大学生的思政教育与创新教育结合是快速发展的现代化社会的必然要求，是国家发展、民族进步的必然要求。

1.2 教育意义

百年大计，教育为本。教育大计，育人为本。育人为本，德育为先。思政教育是引导大学生树立正确的价值取向，坚定理想信念，激发创新精神。创新教育是促进大学生成长成才，实现人生价值的必需。思创融合是三全育人的表征，能更好地解决"培养什么人""怎样培养人""为谁培养人"这一根本宗旨。这也是人的发展的核心要素。

思创融合是新时代全人教育的重要组成部分，全人教育体现了教育的本质，注重人的和谐与整体发展，培养拥有正确价值观、精通专业知识、富有创新精神和实践能力的人。

2 基于思创融合的高校科技社团建设思考

高校科技社团是国家创新体系的重要组成部分，负有培养创新人才的重要功能。人才的培养要以民族精神和时代精神作为引领[2]，这是创新的源泉和动力。在思创融合背景下，高校科技社团应顺应时代发展，发挥社团的教育价值。高校科技社团的可持续发展需要社会的关爱、企业的帮扶、高校的支持及自身的强大，加强顶层设计是关键。

2.1 高校科技社团国际化

以美国、日本、德国为代表的现代发达国家十分注重科技社团在科技创新体系中的作用，注重基础研究和应用研究相结合，发展核心技术[3]。在全球化的时代，高校科技社团一定要善于学习世界上的先进理论和前沿知识。胸怀全球化战略格局，立足本国，联合外国，互学互鉴，一起攻克世界性的难题。社团有国界，科技无国界。在人类命运共同体的价值观下，高校科技社团必须携手合作，科技联合，才能同生存、共发展。高校科技社团是基于共同兴趣和价值组建的柔性组织，理应致力于解决经济发展和社会生活中的现实问题，聚焦人类的福祉，促进科技的进步。

2.2 高校科技社团本土化

高校是为地方经济发展培养人才的机构。社团是高校文化传承的重要载体。高校科技社团应立足区域经济的发展，挖掘地方资源优势，大力开拓本土文化。以山东孔庙文化为例，我们要依靠科技赋能，传播传统文化。2022全球"云祭孔"就是很好的典范。科技创新与传统文化融合发展，促进中华文化与世界文化的交融。近年来，云旅游、云游戏、云办公都是科技赋能的体现。高校科技社团既可以依托本地特有的文化资源，也可以与学校的优势专业或特色专业结合，高科技与强专业组合，形成合力，促进专业建设，助力民族文化与地方经济的发展。

2.3 高校科技社团品牌化

创新性和实践性是高校科技社团的特征[4]。高校科技社团应顺应时代大趋势，通过管理范式、组织范式、运营范式的转变，提升社团的创新能力。社团应明确自己的定位和发展规划，充分利用成员的专业优势，进行资源共享、学科共建、学科交叉的产品设计、创意开发与特色服务等，将学习压力转化为发展动力。结合区域经济发展的优势产业链和新兴产业链，深入企业进行广泛调研。社团成员通过定期举办研讨会、论坛或沙龙等活动，将学习的内容投入生产应用，实现产学研最大化。邀请企业人员或行业人员参与，拓展社团的影响力，社团与企业、行业共联，解决一线的难题，提高社团服务社会的能力，从而打造学术科技社团品牌[5]。

2.4 服务保障一体化

健全的社会政策是高校科技社团稳定发展的有力保障。国家出台了一系列的文件为大学生进行科技创新保驾护航，如中国科协、民政部联合印发的《关于进一步推动中国科协所属学会创新发展的意见》、国务院办公厅《关于进一步支持大学生创新创业的指导意见》(国办发〔2021〕35号)等文件。学校利用自身的社会影响力和教师的学术影响力，拓宽渠道，搭建企业和社团合作的平台，为社团的发展提供沃土。加强顶层设计，将政策文本转化为政策势能[6]，确保高校社团健康发展。同时，根据社团的发展制定相应的激励或奖励制度，给予资金扶持，条件成熟时通过教务部门进行创新学分认定。

3 结语

社团是高校的第二课堂，是师生创新精神与实践能力的舞台。高校科技社团是国家创新体系的重要组成部分，是"科创中国"品牌建设的有益补充和动力源泉。思创融合诠释了高校科技社团发展的必备：思想教育和创新意识。在社会主义核心价值观的引领下，社团成员发挥专业优势，与时俱进，挖掘创新潜能，不断提升发展空间。

参考文献：

[1] 张玉慧，梁雪，王文晶.高校科技创新类社团培养学生创新创业能力实践研究——以长春理工大学科技社团为例[J].长春理工大学学报(社会科学版)，2022，35(1)：92-95＋111.

[2] 张贺茗，梁琳敏.试析高校社团管理的发展路径[J].领导科学论坛，2023，36(2)：138-141.

[3] 杨书卷.世界科技社团在国家创新体系中的作用[J].科技导报，2022，40(5)：22-27.

[4] 辛彦军.高校学术科技类社团建设优化路径研究[J].锦州医科大学学报(社会科学版)，2022，20(5)：73-75.

[5] 孟凡蓉，张润强，李雪微.科技社团促进科技经济融合：现状、问题与对策——基于"科创中国"品牌建设的观察[J].科技导报，2022，40(15)：16-23.

作者简介：邱艳春，青岛滨海学院副教授
联系方式：975581248@qq.com

第五章

强化卫生健康科技创新　推进健康青岛建设

院外心脏骤停第一目击者—调度—院前
与院内心肺复苏救治链体系研究进展

辛善栋

摘要：全球的 OHCA 的生存率从 1.1% 至 26.1%，有约 24 倍的差距。OHCA 生存率依赖于第一目击者—调度—院前心肺复苏救治链体系是否完善。本文就院外心脏骤停第一目击者—调度—院前与院内心肺复苏救治链体系研究进展进行综述，以期为构建科学、合理、适应现代城市功能定位的高效城市院前医疗急救体系提供依据与参考。

关键词：院外心脏骤停；第一目击者；院前急救；心肺复苏生存链

心肺复苏水平的高低在一定程度上反映了一个国家与地区的临床医学总体水平与文明程度。[1]我国学者陈玉国等对中国人群心脏骤停进行基线调查发现我国院外心脏骤停（Out-of-hospital cardiac arrest，OHCA）的自主循环恢复率、出院存活率及神经功能良好的比例仅为 5.98%、1.15%、0.83%。[2]目击者心肺复苏术（CPR）比例低、开始 CPR 和首次除颤时间延迟、OHCA 患者恢复自主循环后院内实施目标温度管理比例低是目前"生存链"存在的主要问题。[3]亚洲、北美和欧洲等全球的 OHCA 的生存率从 1.1% 至 26.1%，有约 24 倍的差距。[4-5]各地区 OHCA 生存率的巨大差距不是医疗水平不平衡造成的，而是依赖于第一目击者—调度—院前心肺复苏救治链体系是否完善。本文就院外心脏骤停第一目击者—调度—院前与院内心肺复苏救治链体系研究进展进行综述，为提高我国 OHCA 救治效率提供借鉴[6]，以期为构建科学、合理、适应现代城市功能定位的高效城市院前医疗急救体系提供依据与参考。

1　OHCA 生存链

1992 年，美国心脏协会（AHA）《心肺复苏与心血管急救指南》首次提出 OHCA"生存链"。2020 年，《美国心脏协会心肺复苏和心血管急救指南》强调复苏后治疗是"生存链"的重要一环。[7-8]OHCA 生存链中包括五个环节：立即识别心脏骤停并启动应急响应系统，早期心肺复苏（CPR）强调胸部按压，快速除颤，基础和高级紧急医疗服务（EMS），高级生命支持和心脏骤停后救治。OHCA 生存链以时间轴为核心，从呼叫第一时刻到救护车到达前的调度指导，第一目击者—院前急救—院内急诊无缝衔接，缩短救治"延迟"[9-10]是 OHCA 生存链的最终目标，患者复苏后应转送至有救治能力的医院并提前预警目标医院。心脏骤停后院内治疗需血流动力学监测、目标体温管理、康复等综合治疗，对所有怀疑由心源性病因导致的 OHCA 患者均应进行冠状动脉造影，并尽快进行血运重建。[11-13]我国目前应该尽快建立"第一目击者—调度—院前与院内心肺复苏救治链的国家（城市）急救链。[14]

2　第一目击者急救体系

2015 年 AHA 提出 OHCA 生存链的前三个环节，即识别和启动应急反应系统、立即 CPR 和快速除颤，可由第一目击者（First responder）实施。目击者在紧急医学调派中心（EMS）到来之前进行 CPR 与除颤仪（AED）除颤其生存率可提高 3 倍。[15]这两个环节目前发达国家强调由非专业的第一目击者执行。培养公众的急救技能使之成为真正的目击者，在"黄金时间"内到达 OHCA 患者身边给予 CPR 与 AED 除颤，是提高 OHCA 患者生存率关键的一步。[16]美国一项研究中发现 14450 例患者，28.6% OHCA 患者是由第一目击者实施 CPR 的。[17]欧美等的发达国家的第一目击者已经形成完整的体系，主要包括四种类型：消防员（专业/自愿）；警察；公民目击者；其他包括不当班的急救人员（护士、医生）、出租车司机；接受急救技能培训的普通公民。[18-20]许多国家在报纸、网站和社交媒体上发布广告活动，邀请公民进行心肺复苏培训课程。出租车司机、邮递员和快递员等在公共场所的工作人员是第一目击者的最佳人选，因为他们能够快速到达 OHCA 地点并收集和交付 AED。[21-22]美国 911 派遣了训练有素的消防员和配备 AED 的警察。青岛市急救中心对第一目击者体系的建设进行了积极探索，打造"社区急救志愿服务单元""移动 AED 急救志愿服务车"和"摩托车急救志愿服务队"，OHCA 事件时，120 调度在电话指导急救与派车的同时，调派 1～1.5 km 范围内志愿者携 AED 先行急救，实现了第一目击者、AED 与 120 的互联互通互派。[23]第一目击者的现场急救目前是我国急救体系建设薄弱的一环[24]，国内马岳峰、陈玉国等学者呼吁建立第一目击者的社会急救体系，打造"5 min 社会救援圈"。

全球复苏联盟（Global Resuscitation Alliance，GRA）与美国心脏协会建议使用智能技术扩展心肺复苏和公共除颤项目，通知 OHCA 事件周围的第一目击者，提供早期 CPR 和除颤。2010 年起，美国、日本、新加坡、欧洲等国家与地区利用开始智能手机 APP 调派第一目击者。EMS 在调派救护车同时，通过 APP 调派距离 OHCA 事件周围最近的志愿者，在救护车到达之前到达现场进行 CPR 或是根据 APP 中显示的 AED 位置，获取 AED 参与现场急救。公民可以自愿在急救网络注册成为第一目击者。2022 年青岛市急救中心运行"互联急救"APP，注册的第一目击者人数达到 617 人，智能手机（安卓或 IOS）均可下载，并能完全集成到 EMS 计算机辅助调度系统中。APP 软件端口、AED 电子地图端口与 120 急救 MPDS 调派系统端口进行嵌合，从而实现急救患者、第一目击者、120 调度系统、AED、救护车之间的互联互通互派，有效缩短急救半径，提前急救开始时间。

3 急救中心是 OHCA 心肺复苏救治链体系建设的枢纽

3.1 调度员电话或视频指导 CPR

调度员是院前提高 OHCA 救治效率的首要环节，在协调对 OHCA 的心肺复苏中起着核心作用。它是紧急医疗服务（EMS）的大脑，决定了随后急救资源的调度和对 OHCA 的响应。调度员通过询问报警人患者是否清醒，有无呼吸识别患者为 OHCA，在救护车到达前，指导现场目击者立即开展现场 CPR 与 AED 除颤。调度员应通过电话指导呼救者开展现场 CPR 能够使旁观者心肺复苏的比例提高 5 倍。新加坡在实施调度员 T-CPR 项目后，旁观者 CPR 实施率由 22.4% 增加为 42.1%。T-CPR 可有效改善 OHCA 患者的出院生存率（12.0%/8.3%）及神经功能预后（8.5%/6.3%），越来越多的国家和地区开展调度员指导 CPR。美国、欧盟国家等的国家急救报警系统实现视频通话和指导；"贵阳 120"急救微信小程序可对急救现场第一目击者进行视频指导。视频指导 CPR 按压频率、正确率、深度等优于电话指导。[25-27]目前我国没有本土电话指导心肺复苏预案，电话指导心肺复苏率较低。大力开发我国 T-CPRR 的指导预案，提高公民心肺复苏普及率，是院前急救人员研究和努力的方向。

3.2 急救中心是设置 AED 项目的参与者与领导者

AED 项目需要在当地的 EMS 注册登记，调度员准确知晓 AED 的位置，能够指导第一目击者获得并使用现场的 AED 进行除颤。因此 EMS 是社区 AED 项目和第一目击者之间的枢纽，对注册登记的 AED 进行标准管理，绘制 AED 地图，将 AED 地图导入急救指挥调度平台，建立 AED 网络和体系。2016 年深圳、上海的急救中心联合腾讯发布覆盖全市的"互联网＋急救"项目，市民可通过微信、手机 QQ 的"城市服务"以及一键可查的微信小程序"AED 导航"，快速查找附近的 AED 设备。培训急救志愿者 CPR 及 AED 的使用，获取 AED 治疗心脏骤停的所有数据，心肺复苏的质量改进等是各地急救中心的重要职责。

3.3 院前高质量的团队心肺复苏

美国心脏协会（AHA）的心肺复苏指南一直强调"培训、实施团队协作心肺复苏"。2015 年 AHA 心肺复苏指南更新了团队复苏内容[28]。团队 CPR 需要精心设计的团队工作程序，每个成员需反复演练预先确定的角色任务，并实施高质量的 CPR。大量的研究证实，团队 CPR 可以提高 CPR 的质量，减少最少的按压中断，改善 OHCA 患者的良好预后。Pit-Crew CPR 是高质量 CPR 中的一种团队复苏模式，又称为赛道维保式团队心肺复苏，模仿 F1 赛事中赛道维修区团队紧密协作的模式，要求团队成员在队长的协调下各司其职，包括定期交接以保持高质量的心肺复苏，更高的 CCF 比率，快速除颤，使用复苏药物，和更好的团队合作，以最少时间来实现高效 CPR。高质量的心肺复苏术对于心脏骤停后的最佳结果至关重要，但它对体力的要求很高，而且难以维持。院前高质量团队高级生命支持技术是一项由多名成员协同配合在最短的时间内执行多项救治生命措施的综合拯救生命项目，需高质量 CPR，应用心电除颤监护设备、合理用药、建立高级气道、ROSC 后管理等多项生命支持技术。只有加强团队合作，遵循标准化、程序化的救治流程，充分发挥团队中每个成员的作用，才能进一步提高 OHCA 患者的救治成功率。AHA 针对心跳骤停患者的抢救团队人数设置为 6 人，而我国目前一辆救护车急救人员配备多为 3～4 人，且传统的急救培训仅注重单项急救技能培训，缺乏完整的团队抢救配合流程指导、训练及救治质量持续改进控制管理，现场急救往往难以发挥急救团队最大救治能效，是影响 OHCA 患者抢救成功率的重要影响因素。因此院前急团队对 OHCA 患者的救治应根据团队及成员的特点、方式制定详细的标准化路径，路径中的每一步都是建立在科学证据与指南基础上的，实现高质量的团队复苏并对急救团队进行培训，建立团队复苏质量的监测与反馈机制是提高我国院前心肺复苏水平切实有效的途径。

3.4 院外心脏骤停年度报告

世界复苏联盟用统一规定模板与文本建立了标准的 OHCA 乌斯坦因（Utstein）登记注册报告平台。报告模板需填入救治环节的所有翔实的数据包括第一响应人是否参与 CPR 与 AED 除颤、OHCA 患者的初始心律类型、是否生存及神经功能预后情况，以评估和比较不同急救系统之间、不同环境的 OHCA 救治措施，总结救治 OHCA 的经验和效果，改进 OHCA 的救治质量。美国心脏骤停登记（CARES）、日本心脏骤停登记（All-Japan Utstein registry）登记、亚洲心脏骤停登记（PAROS）和欧洲心脏骤停登记（EuReCa ONE）的 OHCA 登记系统对 OHCA 救治质量进行监测与改进，提高 OHCA 的存活率。我国 OHCA 登记尚处于发展初期，OHCA 总体生存率不足 1%。2019 年，科技部启动国家基础资源调查专项，在全国部分地区开展了 Utstein 模式的 OHCA 调查。根据平台监测数据发现"心肺复苏救治链体系各环节的不足并针对性的改进质量，提高 OHCA 的生存率。美国西雅图院前急救系统的 OHCA 的存活率从 1970 年的 14% 增加到 2019 年的 51%。日本第一目击者 CPR 率从 2005 年 38.6%，提高到 2014 年 50.9%，OHCA 的生存率从 2005 年的 3.3% 提高到 2014 年的 7.2%，OHCA 生存率增长近 3 倍。韩国第一目击者 CPR 率从 2011 年的 6.0%～9.0% 提高到 2013 年 46.5%；33.3% 的 OHCA 患者在调度员协助下接受了 CPR，公共场所的 OHCA 患者接受调度 CPR，出院后神经功能恢复良好率增加 2 倍。Utsteen 模板定期改进和更新，纳入新的知识和观点，是 OHCA 报告的一个必要的框架。陈玉国、徐峰等学者应用 Utstein 模板对我国院外心脏骤停进行基线调查（BASIC—OHCA）。根据我国 EMS 特点制定了调查标准和规范，对患者发病、抢救及预后进行数据收集与质量控制。该研究将深入了解我国 OHCA 的现状，提高患者生存率，改善预后。我国建立 OHCA 注册登记报告制度，收集 OHCA 及 CPR 的关键数据，是提高地区 CPR 质量的基石。

OHCA 生存率是考核一个地区院前急救体系的敏感指标，涵盖院前急救体系能力和效率的所有环节，如果区域内 OHCA 患者能够得到高水平救治，也有助于其他急危重症救治水平的提高。院前急救作为服务窗口，肩负着挽救 OHCA 患者生命的重任。根据《"健康中国 2030"规划纲要》要求，心肺复苏技术已列入普通高中教科书，每一个中国公民都应该掌握心肺复苏技术，提高全民心肺复苏普及率。[29]构建第一目击者—院前—院内心肺复苏生命链，让整个 OHCA 救治无"空白时间"，是我国提升 OHCA 的救治成功率的必经之路。

参考文献：

[1] 于学忠. 四十年三个时代——中国急诊 3.0 时代到来[J]. 中国急救医学，2019，39(7)：617-619.

[2] Xie X, Zheng J, Zheng W, et al. Efforts to improve survival outcomes of out-of-hospital cardiac arrest in China：BASIC-OHCA [J]. Circulation-Cardiovascular Quality and Outcomes，2023，16(2)：e008856.

[3] 郑康，马青变，王国兴，等. 心脏骤停生存链实

施现状及预后因素研究[J].中华急诊医学杂志,2017,26(1):51-57.

[4] 蔡文伟,李恒杰.全球复苏联盟提高院外心脏骤停生存率的十项举措[J].中华急诊医志,2021,30(1):12-14.

[5] Wissenberg M, Lippert F K, Folke F, et al. Association of national initiatives to improve cardiac arrest management with rates of bystander intervention and patient survival after out-of-hospital cardiac arrest [J]. JAMA, 2013, 310(13):1377-1384.

[6] 张文武,徐军,梁锦峰,等.加快社会急救体系建设,打造"5 min 社会救援圈"[J].中华急诊医学杂志,2020,29(2):156-158.

[7] Merchant R M, Topjian A A, Panchal A R, et al. Part 1:Executive summary:2020 American Heart Association guidelines for cardiopulmonary resuscitation and emergency cardiovascular care [J]. Circulation, 2020, 142(16_suppl_2):337-357.

[8] 谢熙,桑文涛,徐峰,等.规范成人心脏骤停后综合征管理,推动复苏中心建设[J].中华急诊医学杂志,2022,31(1):6-11.

[9] 陈玉国.我国急诊急救大平台建设探讨与展望[J].中华急诊医学杂志,2019,28(6):663-665.

[10] 何小军,马岳峰,张国强.高质量发展时代的急诊医学学科建设[J].中华急诊医学杂志,2022,31(1):1-3.

[11] 冉飘,林爱进,王秀玲,等.运用"互联网＋"信息化技术调派志愿者参与院外心脏骤停急救的青岛模式构建与应用[J].中国急救医学,2022,42(3):246-250.

[12] 冉飘,王静,王秀玲,等.公众启动除颤 PAD 项目实施研究进展[J].中华灾害救援医学,2021,9(5):1005-1009.

[13] 杜兰芳,马青变.TTM-2 结果公布,复苏后目标温度如何选择[J].中华急诊医学杂志,2022,31(1):4-6.

[14] 中华医学会急诊医学分会,中国医师协会急诊医师分会,解放军急救医学专业委员会,等.院前急救待援期公众应对措施专家共识[J].中华急诊医学杂志,2022,31(5):585-591.

[15] Stiell I G, Wells G A, DeMaio V J, et al. Modifiable factors associated with improved cardiac arrest survival in a multicenter basic life support/defibrillation system:OPALS study phase Iresults[J]. Annal of Emergency Medicine, 1999,33:44-50.

[16] 李爽,郭子剑,陈楚琳,等.心搏骤停第一反应人体系的研究现状及启示[J].中国急救医学,2017,37(7):663-667.

[17] Sasson C, Magid D J, Chan P, et al. Association of neighborhood characteristics with bystander-initiated CPR[J]. New England Journal of Medicine. 2012,367(17):1607-1615.

[18] Phung V H, Trueman I, Togher F, et al. Community first responders and responder schemes in the United Kingdom:systematic scoping review[J]. Scandinavian Journal of Frauma, Resuscitation and Emergenay, 2017,25(1):58.

[19] Bobko J P, Kamin R. Changing the paradigm of emergency response:The need for first-care providers. Journal of Business Continuity & Emergency Planning. 2015, 9(1):18-24.

[20] 赵鹏程,龚青云,王迪,等.调度员指导的心肺复苏对院前心脏骤停生存率影响的 Meta 分析[J].中华急诊医学杂志,2022,31(4):487-496.

[21] 袁健瑛,高永莉.旁观者在院外心脏骤停患者现场急救中的研究进展[J].护士进修杂志,2021,36(16):1482-1485.

[22] 杨宇宸,张华,王慧,等.国外 OHCA 第一响应人调度系统发展现状及启示[J].中国急救复苏与灾害医学杂志,2022,17(1):126-129.

[23] 冉飘,王君业,井国防."互联急救 APP"调派志愿者参与院外心脏骤停急救的应用研究[J].中华急诊医学杂志,2022,31(6):842-845.

[24] 中国老年保健协会第一目击者现场救护专业委员会.现场救护第一目击者行动专家共识[J].中华急诊医学杂志,2019,28(7):810-823.

[25] 李准,张颖,许毅,等.视频 120 急救报警系统在院前急救中的应用研究[J].中华急诊医学杂志,2022,31(3):404-406.

[26] Lee S Y, Song K J, Shin S D, et al. Comparison of the effects of audioinstructed and video-instructed dispatcher-assisted cardiopulmonary resuscitation on resuscitation outcomes after out-of-hospital cardiac arrest [J]. Resuscitation, 2020, 147:12-20.

[27] EEcker H, Lindacher F, Adams N, et al. Video-assisted cardiopulmonary resuscitation via smartphone improves quality of resuscitation:A randomised controlled simulation trial[J]. European Journal of Anaesthesiology,2020,37(4):294-302.

[28] Kleinman M E, Brennan E E, Goldberger Z D, et al. Part 5:Adult basic life support and cardiopulmonary resuscitation quality:2015 American

Heart Association guidelines update for cardiopulmonary resuscitation and emergency cardiovascular care ［J］. Circulation，2015，132：414-435.

［29］陈 铭 . 我国居民急救知识普及率的方法 ［J］. 中华卫生应急电子杂志 ，2019，5(1)：34-35.

作者简介：辛善栋，青岛市急救中心主任医师
联系方式：E-mail：QDXINSHANDONGJJZX @ 163.com

GPR43 可能通过调控 Akt 信号通路抑制结肠癌细胞 LAT 1 的表达

孔玲玲 于亚男 张 冬 孙旭彤 姜顺顺 田字彬 赵 红

摘要：本文通过分析 GPR43 在结肠癌中的表达情况，探究 GPR43 抑制结肠癌发生发展的可能作用机制。具体方法：采用 qPCR 方法检测 HT29 和 HCT116 中 GPR43 和 LAT1 表达；留取青岛市中心医院 2022 年于消化内科和病理科诊断为结肠癌 16 例、结肠腺瘤 15 例，癌旁组织 16 例，采用免疫组化方法（Immunohistochemistry，IHC）在蛋白水平检测各组织中 GPR43 及 LAT1 的表达情况；采用脂质体细胞转染技术敲减结肠癌细胞 HT29（siRNA HT29）中 GPR43 后观察 LAT1 的表达情况；采用蛋白印迹法检测（Western blot）siRNA HT29 中 Akt 蛋白的表达水平及醋酸处理 HT29 细胞后 Akt 的表达情况。结果显示，HT29 细胞表达 GPR43 的同时低表达 LAT1，而 HCT116 则相反；GPR43 在结肠癌、结肠腺瘤组织中的表达呈递减趋势（$P<0.05$），而 LAT1 表达呈现递增趋势（$P<0.05$）；在 HT29 细胞实验中，敲减 GPR43 后 LAT1 表达明显升高（$P<0.05$）；Western blot 检测实验组 siRNA HT29 及对照组 siNegHT29 中 Akt 蛋白的表达，siRNA HT29 中 Akt 蛋白的表达明显高于对照组。结论：GPR43 可能通过调控 Akt 信号通路抑制结肠癌细胞摄取营养物质，GPR43 在抑制结肠癌的发生发展中发挥了重要作用，为临床结肠癌的治疗提供新的理论支持。

关键词：GPR43；结肠癌；短链脂肪酸；Akt

结肠癌是仅次于肺癌和乳腺癌的第三大常见癌症，是全球第二大死亡原因。[1]越来越多的证据表明，饮食习惯与结直肠癌的发生密切相关，尤其是膳食纤维摄入量的减少和精制食品摄入量的增加。[2]膳食纤维经肠道菌群发酵，在结肠中产生丁酸、乙酸和丙酸等短链脂肪酸（SCFAs），据报道，产生丁酸的微生物群可以通过 G 蛋白偶联受体 43（GPR43）调节 Wnt 信号来抑制肠道肿瘤的发展。[3]

GPR43（也称为 FFAR2）是 SCFAs 的受体，主要在肠上皮细胞[2]中表达。先前的研究表明，在小鼠模型中，GPR43 在 SCFAs 诱导的肠道炎症抑制中起着关键作用，据报道，GPR43 在几种人类结肠细胞系中表达缺失。[4]有学者认为 GPR43 通过多种机制抑制肿瘤生长，例如通过改变肠道菌群的结构。[5]也有研究表明，产生丁酸盐的益生菌 *Clostridium butyricum* 可以通过 GPR43 抑制高脂饮食诱导的 ApcMin／＋小鼠肠道肿瘤的发生，这些结果表明肠道菌群、SCFAs 和 GPR43 之间的相互作用在肠道肿瘤发展中具有重要作用。[6]

癌症进展与癌细胞增殖时大量摄取营养有关，在 60 多种氨基酸转运蛋白中，LAT1 是主要的促肿瘤转运蛋白，在包括结肠癌在内的几种癌症类型中均高表达，敲低这两种氨基酸转运蛋白可以抑制细胞生长。[7]本文的研究通过免疫组化、蛋白印迹等实验方法，对 GPR43 在结肠癌中的表达及相关机制进行了统计研究，为结肠癌的临床治疗提供了新的理论依据。

1 材料与方法

1.1 细胞系和细胞培养

人结肠癌细胞株 HCT116 和 HT29 购自 ATCC（American Type Culture Collection）。两种细胞均在 D-MEM 高糖培养基（FUJIFILM Wako Pure Chemical Corporation）中培养，含 10％胎牛血清和青霉素（100 U/mL）、链霉素（0.1 mg/mL），5％ CO_2，37℃。细胞在对数生长期进行收集。

1.2 RNA 提取和荧光定量 PCR

使用 TRIzol® 试剂（Thermo Fisher Scientific）从组织和细胞系中提取总 RNA，并根据试剂说明使用高容量 cDNA 逆转录试剂盒®将提取的 RNA 逆转录为 cDNA。实时 PCR 分析使用 SYBR Green

化学在 ABI 7500 实时 PCR 系统上进行。实验中应用的引物序列如下：GPR43 上游：5-CCGTGCAGTACAAGCTCTCC-3,下游:5-CTGCTCAGTCGTGTTCAAGTATT-3；LAT1 上游:5-CCCAACTTCTCATTTGAAGGCACC-3,下游:5-CCATAGCGAAAGAGGCCGCTGTATAA -3；GAPDH 上游:5-GGAGCCAGATCCCTCCAAAAT-3,下游:5-GGCTGTTGTCATACTTCTCATGG-3。

1.3 研究对象和标本

留取本院 2022 年于消化内科和病理科诊断为结肠癌 16 例、结肠腺瘤 15 例,其对应的正常组织 15 例。① 筛选条件:患者无其他恶性、肿瘤放化疗病史,无其他重大疾病,病理学诊断明确。不符合上述标准者均排除。② 标本保存:内镜活检取出标本后经 10%福尔马林液固定,病理科将标本石蜡包埋。对照组:取腺瘤标本旁距病变大于 5 cm 的正常组织。

1.4 免疫组化(IHC)

各组织标本经石蜡包埋后 5 μm 连续切片待用,根据试剂说明稀释 GPR43、LAT1 抗体最佳浓度分别为 1∶100、1∶500。操作流程:① 脱蜡及水化:脱蜡:将切片放入 60℃恒温箱烘烤 1 h;石蜡包埋切片用二甲苯脱蜡 10 min 后换新二甲苯,再脱蜡 10 min;再水化:采用分级系列乙醇,100%乙醇×2,10 min,90%乙醇,5 分钟,80%乙醇,5 min,70%乙醇,5 min。水洗,5 min×2。② PBS 洗涤 5 min。③ 脱蜡切片放在 0.01 morl/L 柠檬酸缓冲液中,pH 为 6.0,用微波炉煮 15 min。RT 冷却 20 min。④ PBS 洗涤两次,每次 5 min。⑤ 过氧化物酶阻断液(Dako,S2023)在室温下孵育 20 min,然后在 PBS 中洗涤 3 次,每次 5 min。⑥ 阻断缓冲液(Dako,X0909)将切片阻塞 30 min。30 min 后,在 PBS 中洗涤,5 min×2。⑦ 切片用一抗(Trans Genic Inc. KE023,1:500,sc-293202,1:100)在 4℃潮湿的培养皿中孵育过夜。⑧ 在 PBS-T 溶液中洗涤 5 min×3,然后 PBS 溶液洗涤 5 min。⑨ 用二抗(Dako,K4003)在室温下孵育 1 h。⑩ 在 PBS-T×3 中清洗,每次 5 min。⑪ 用 DAB 溶液(Dako,K3468)孵育 1～3 min。⑫ 苏木精溶液反染 1 min。⑬ 自来水冲洗 30 min。⑭ 75%乙醇 3 min→85%乙醇 3 min→95%乙醇 3 min→100%乙醇 3 min(2 次)→二甲苯 3 min(2 次)。IHC 结果判定,组织切片中染色的强度以及范围内的阳性细胞数的百分率为最后判定结果的主要依据,由青岛市中心医院病理科两位经验丰富的病理医师进行双盲阅片判定。

1.5 脂质体转染 GPR43

HT29 细胞转染特异性 GPR43 靶向小干扰 RNA（siRNA）,以降低细胞中 GPR43 的表达。HT29 细胞在 6 孔板中转染 20uM GPR43 siRNA 或阴性对照,使用 Lipofectamin 2000 转染试剂在 Opti-MEM 中转染 48 h。

1.6 Western blot 检测

提取细胞总裂解物,用 BSA 蛋白测定试剂盒(江苏南通)测定浓度后各取 30 mg 蛋白上样,进行十二烷基磺酸钠－聚丙烯酰胺凝胶电泳(sodium dodecyl sulfate-polyacrylamide gel electrophoresis, SDS-PAGE)。总细胞裂解物在变性 SDS-PAGE 凝胶上溶解(10%),并通过 Trans-Blot Turbo Transfer 系统(BioRad)转移到 PVDF 膜上,总裂解物与抗 p-Akt(Ser473,1∶2000,cell signaling 和 β-actin(1∶2000,cell signaling)培养过夜。最后使用 ImageQuant LAS 4000 成像仪 (GE Healthcare)捕获 Western blot 化学发光信号,于 Tanon 凝胶成像仪(上海)下拍照。

1.7 统计学分析

数据以均数±均数的标准误差(SEM)表示。所有分析均使用 Prism 8。两组间进行比较时,使用非配对的 t 检验。$P < 0.05$ 为差异有统计学意义。

2 结果

2.1 GPR43 和 LAT1 在两种结肠癌细胞 HT29 和 HCT116 中的表达

采用 qPCR 方法分别在 HT29 及 HCT116 结肠癌细胞中检测 GPR43 和 LAT1 mRNA 水平,结果发现,HT29 细胞高表达 GPR43 的同时低表达 LAT1,而 HCT116 细胞低表达的同时高表达 LAT1(图 1)。这说明 GPR43 可能抑制 LAT1 的表达。

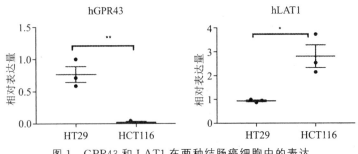

图 1　GPR43 和 LAT1 在两种结肠癌细胞中的表达

2.2 GPR43 和 LAT1 在人结肠正常组织、腺瘤组织、结肠癌中的表达

采用免疫组化的方法,检测人结肠正常组织、腺瘤组织、结肠癌组织中 GPR43 和 LAT1 的蛋白水平。结果显示,在正常组织、腺瘤组织、结肠癌组织中,GPR43 的表达水平呈现递减趋势,在结肠癌组织明显低表达;而氨基酸转运体 LAT1 的表达呈现递增趋势,在结肠癌组织中高表达(图 2)。这进一步阐明 GPR43 可能抑制 LAT1 的表达。

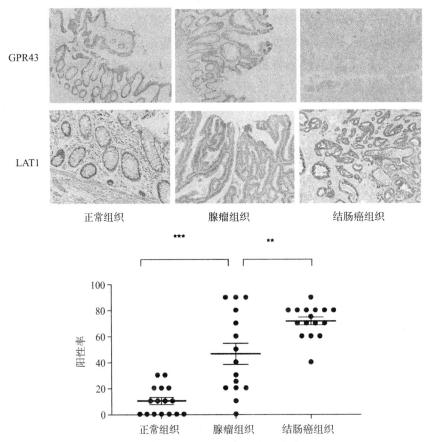

图 2　GPR43 和 LAT1 在各组织中的表达(×100)

2.3 干扰 HT29 细胞中 GPR43 表达后对 LAT1 表达的影响

为进一步明确 GPR43 是否抑制 LAT1 的表达,笔者利用表达 GPR43 的结肠癌细胞 HT29 细胞进行了脂质体细胞转染实验,细胞处理 48 h 后,提取细胞总 RNA,反转录成 cDNA 后进行荧光定量 PCR 检测。结果发现,根据荧光图与正常光图(图 3)的对比,表明细胞转染率接近 80% 作用,表明细胞转染成功;此外,HT29 细胞敲减 GPR43 后 LAT1 的表达明显降低,进一步表明 GPR43 可能影响 LAT1 的表达。

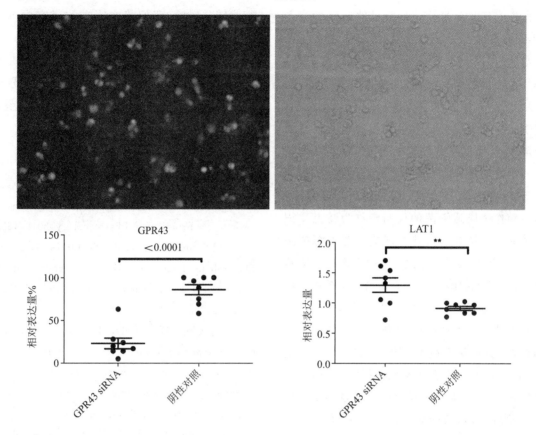

图 3　干扰 HT29 细胞 GPR43 表达后 LAT1 的表达

2.4 干扰 HT29 细胞中 GPR43 表达后对 Akt 蛋白表达的影响

活化的 Akt 可以通过阻断检查点激酶等多种靶点促进癌症的发生,在本文的研究中为进一步检测 GPR43 是否影响 Akt 信号通路抑制 LAT1 的表达,我们采用 Western blot 技术进行验证。结果发现,相比 NC 组(siNegHT29)HT29 细胞敲减 GPR43 后(KD 组,knockdown),Akt 蛋白表达增强,表明 GPR43 可能抑制 Akt 信号通路。

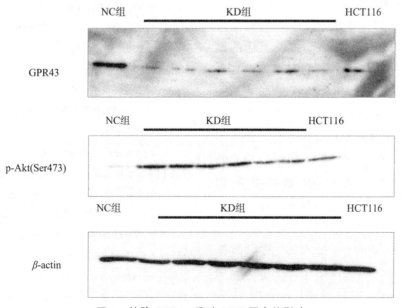

图 4　敲除 GPR43 后对 AKT 蛋白的影响

3 讨论

结直肠癌(CRC)是全球最常见的恶性肿瘤之一，每年约有 90 万人死亡。[8]研究发现，结直肠癌风险的增加与 SCFAs 生成的减少有关[9]，GPR43 作为 SCFAs 的受体，是结肠炎症的重要调节因子，被认为是一种肿瘤抑制因子，然而，目前 GPR43 抑制结肠癌发展的机制尚不明确。

肿瘤发生对营养有严格的要求，为了满足肿瘤细胞的快速增殖，需要摄取大量营养物质，例如氨基酸等。GPR43 及 LAT1 均表达于细胞膜上，短链脂肪酸作为肠道细菌的代谢产物为肠上皮细胞提供能量，GPR43 缺失势必影响肠道内短链脂肪酸的生成，导致结肠上皮细胞无法摄取足够营养物质；为了满足细胞自身的营养需求，氨基酸转运体可能过度表达，L 型氨基酸转运蛋白 1 (LAT1；由 Slc7a5 编码)是不依赖钠的氨基酸转运系统的重要成员，该系统与糖蛋白 4F2hc 形成复合物，摄取大多数中性氨基酸，如亮氨酸、缬氨酸、苯丙氨酸等，LAT1 对于癌细胞的生长是必不可少的。研究发现，敲低或敲除 LAT1 抑制了癌细胞的增殖和异种移植瘤的生长。[10-11]那么，GPR43 是否会通过抑制细胞 LAT1 表达，间接抑制肿瘤细胞摄取营养物质，从而抑制结肠癌的发展呢？遵循这一思路，笔者进行了相关实验，经研究发现，GPR43 在结肠癌组织中表达几乎缺失，而 LAT1 在结肠癌中高表达，为了进一步验证 GPR43 抑制 LAT1 的表达，笔者敲减细胞中 GPR43 的表达，结果敲减 GPR43 后 LAT1 的表达明显提高，这说明 GPR43 可能通过抑制 LAT1 表达抑制癌症的发生，此研究结果尚未在国内外研究报道。为了进一步探索 GPR43 抑制 LAT1 表达的机制，我们进行了相关肿瘤的信号通路研究。

Akt 信号通路在细胞生长过程中发挥着重要作用，如促进细胞增殖、转录、细胞迁移等，Thr308 和 Ser743 位点可被磷酸化，从而激活底物 mTOR[12]，多种研究发现 Akt 信号通路在结肠癌中是高表达[12-14]。本文的研究中，对比敲减 GPR43 前后 p-Akt（Ser473）的表达，发现敲减 GPR43 后 p-Akt（Ser473）表达明显升高，表明 GPR43 可能抑制 Akt 信号通路。mTOR 作为 Akt 信号通路的下游效应蛋白，mTOR 表达浓度上升可能显著提高 Akt 信号通路的激活，促进癌细胞转录风险，我们将在未来的研究中进一步检测 mTOR 蛋白的表达。

综上所述，本文的研究发现，GPR43 是结肠癌重要的抑癌因子，可能通过调控 Akt 信号通路抑制氨基酸转运体 LAT1 表达。该研究有望为结肠癌患者的治疗提供新的思路。

参考文献：

[1] Wong K E, Ngai S C, Chan K G, et al. Curcumin nanoformulations for colorectal cancer：A review[J]. Frontiers in Pharmacology，2019：152.

[2] Lymperopoulos A, Suster M S, Borges J I. Short-chain fatty acid receptors and cardiovascular function［J］. International Journal of Molecular Sciences，2022，23(6)：3303.

[3] Chen D，Jin D，Huang S，Wu J，et al. *Clostridium butyricum*，a butyrate-producing probiotic, inhibits intestinal tumor development through modulating Wnt signaling and gut microbiota［J］. Cancer Letters，2020，469：456-67.

[4] Kong L，Hoshi N，Sui Y，et al. GPR43 suppresses intestinal tumor growth by modification of the mammalian target of rapamycin complex 1 activity in ApcMin/＋ Mice[J]. Medical Principles and practice，2022,31(1)：39-46.

[5] Huang S，Hu S，Liu S，et al. Lithium carbonate alleviates colon inflammation through modulating gut microbiota and Treg cells in a GPR43-dependent manner［J］. Pharmacol Research，2022，175：105992.

[6] Li H B，Xu M L，Xu X D，et al. *faecalibacterium prausnitzii* attenuates CKD via butyrate-renal GPR43 axis. Circulation Research，2022，131(9)：120-134.

[7] Lopes C，Pereira C，Medeiros R. ASCT2 and LAT1 contribution to the hallmarks of cancer：from a molecular perspective to clinical translation[J]. Cancers (Basel)，2021，13(2)：203.

[8] Dekker E，Tanis P J，Vleugels J. Colorectal cancer[J]. Lancet，2019，1467-1480.

[9] Carretta M D，Quiroga J，López R，et al. Participation of short-chain fatty acids and their receptors in gut inflammation and colon cancer［J］. Frontiers In Physiology，2021，8(12)：662739.

［10］Kanai Y. Amino acid transporter LAT1（SLC7A5）as a molecular target for cancer diagnosis and therapeutics［J］. Pharmacology Therapeutics，2022，230:107964.

［11］Nishikubo K，Ohgaki R，Okanishi H，et al. Pharmacologic inhibition of LAT1 predominantly suppresses transport of large neutral amino acids and downregulates global translation in cancer cells［J］. Journal of Celluar and Molecular Medicine，2022，6（20）:5246-5256.

［12］冯跃，张永涛，夏利锋，等. PI3K/Akt/mTOR 信号通路相关蛋白在结直肠癌中的表达及与临床病理特征和预后的关系［J］. 中国现代医学杂志，2020，30（24）:6.

［13］Du J，Gong A，Zhao X，et al. Pseudouridylate synthase 7 promotes cell proliferation and invasion in colon cancer through activating PI3K/AKT/mTOR signaling pathway［J］. Digestive Diseases and Sciences，2022，67（4）:1260-1270.

［14］Pang H，Liu L，Sun X，et al. Exosomes derived from colon cancer cells and plasma of colon cancer patients promote migration of SW480 cells through Akt/mTOR pathway［J］. Pathology Research and Practice，2021，222:153454.

作者简介:孔玲玲，医学博士

联系方式:konglingling812@163.com

通讯作者:赵红，医学博士，主任医师

联系方式:zhaohong1968qd@163.com

乳腺癌的早期预防

栾世波　栾復鹏

摘要：本文通过回顾性分析，整理国内外相关文献报道，总结近年来我国乳腺癌发病率的相关数据，通过对导致乳腺癌的遗传因素、非遗传因素进行风险评估，有针对性地对具有中、高风险的妇女人群进行早期干预，从而有效地减少健康人群患乳腺癌疾病的概率。研究结果表明，在乳腺疾病的诊疗中，如果对有中、高风险因素的妇女进行早期干预，能够在很大程度上减少妇女患乳腺癌的患病率，并在一定程度上也提高了患者的治愈率、生存率，降低了患者的就医成本和经济负担，对降低妇女整体人群乳腺癌的患病率，提高生存率和生存质量有着非常重要的意义和价值。

关键词：乳腺癌；早期预防；意义

大量的文献报道及统计学数据分析均表明，乳腺癌是我国乃至全世界女性目前发病率最高的恶性肿瘤，严重危害着病人，特别是女性病人的身心健康和生命安全。近年来，乳腺癌的发病已呈现由高龄化向低龄化的发展趋势，发病率也呈逐年上升的趋势，乳腺癌的发病率已经迅速上升到了我国女性恶性肿瘤发病率的第一位。[1]因此，为了有效遏制这种趋势发展，降低其发病率，做到乳腺癌的早期预防、早期诊断是防治乳腺癌、降低其发病率的重要手段，节约了大量的医疗经费。

1 乳腺癌的危险因素

1.1 遗传因素

临床已经证实，乳腺癌有明显的家族遗传倾向[2]，乳腺癌患者女性家庭中有外祖母或母亲、姐妹等患乳腺癌，这符合常染色体显性遗传，是一种部位特异性遗传类型。目前的流行病学调查也已发现，有 5%～10% 的乳腺癌是家族性的。如果家族中有一位近亲患乳腺癌，则家族女性成员患病的危险性增加 1.5～3 倍；如果家族中有两位近亲患乳腺癌，则患病率将增加 7 倍。如果病人发病的年龄越小，亲属中特别是后代中患乳腺癌的危险性就越大。

1.2 非遗传因素

乳腺癌与年龄、肥胖、饮食、饮酒、抽烟、体育锻炼、初潮年龄、绝经年龄、初产年龄、生产的次数、哺乳、乳腺良性疾病史、电离辐射、避孕药应用、激素替代治疗、精神及心理等因素有关。也就是说，凡是能够影响激素水平的因素都与乳腺癌的发生有关联。其中年龄以 40～60 岁的妇女、肥胖的女性、绝经期前后的妇女发病率较高；经常大量饮酒、高脂饮食及经常吸烟、缺少体育锻炼的女性，体内雌激素水平上升，乳腺癌的患病风险亦明显增高；国内外大量研究数据均表明对月经初潮年龄较早、绝经年龄较晚、初产年龄在 35 岁以后或一直未能生育的妇女患乳腺癌的风险增高；大规模的调查研究发现，高产次的妇女患乳腺癌的概率低，未哺乳的妇女患乳腺癌的概率高，乳腺癌高发地区较低发地区人群的母乳喂养普及率低，且维持时间短；部分乳腺良性肿瘤或疾病也有癌变的可能；目前多数研究已经表明，电离辐射除对甲状腺有影响外，对乳腺也有影响，尤其是暴露于放射线的年龄越小，其患乳腺癌的危险性越大；长期患有精神及心理疾病的妇女会影响体内激素水平的变化，也是患乳腺癌的重要风险因素。1977 年，Engel 等[3]提出生物－心理－社会医学模式取代生物医学模式，使心理事件与乳腺癌关系的假说愈加引起学者们的关注，进而从免疫系统抑制、内环境改变、激素水平变化等角度来阐释心理创伤可能引发癌症的机制。

2 乳腺癌的风险评估

根据乳腺癌的发生发展规律及特点，结合实际和大量的文献报告，可将乳腺癌的风险归纳为如下三类。

2.1 高风险类

停经前后的妇女、有乳癌家族史的女性、患乳腺良性肿瘤的女性、长期有精神及心理疾病的女性。

2.2 中风险类

40 岁以上的女性、初潮年龄小于 12 岁的女性、肥胖的女性以及生活习惯长期不规律、不健康的女性。

2.3 低风险类

除以上情况外的 40 岁以下的女性。

3　乳腺癌的预防

除年龄、遗传因素外其他因素都可在早期进行有针对性的有效防控。而遗传因素也可因其他因素的有效干预使发病率明显降低，进而达到乳腺癌总体发病率的显著下降。

3.1 生活方式的早期干预

3.1.1 体重控制

国外有研究表明超重特别是肥胖的女性，乳腺癌的患病风险明显增高。Renehna 等[4]的分析指出，在绝经前和绝经后人群中也都发现了控制或者减少体重就能明显降低乳腺癌的患病风险。肥胖可使女性激素水平发生变化，患良性肿瘤及乳腺增生性疾病的概率明显增加，这些因素可以叠加使乳腺癌的患病风险明显升高。因此建议女性要尽量控制体重在标准体重的范围内。

3.1.2 忌烟、限酒、合理膳食

合理膳食主要是指食物要多样化，减少高脂饮食的摄入比例和总量。经常大量饮酒、高脂饮食及经常吸烟，体内雌激素水平上升，乳腺癌的患病风险亦明显增高，因此对于女性特别是有乳腺癌中、高风险的女性来说更要注意忌烟、限酒、合理膳食，从而减少发病的风险因素和概率。

3.1.3 体育锻炼

适量的体育锻炼不仅可以消耗体内过多的脂肪，减少肥胖和超重的概率，还可以改善心血管系统循环，调节体内激素代谢的作用。有心血管及其他特殊疾病和禁忌的女性可遵医嘱或结合自身情况进行体育锻炼。

3.1.4 提倡母乳喂养婴儿

对正在哺乳期的女性，婴儿的反复吸吮让妈妈的脑下垂体释放催产素（缩宫素），这种催产素不仅促使乳房分泌乳汁，同时还能引起子宫收缩，由此产生的收缩可防止产后出血，促进子宫恢复（回到非妊娠状态）。从长期来看，因为哺乳可以带来体重的降低、血糖水平的改善、胆固醇的平衡，进而可以降低妈妈在将来患心脏病、乳腺癌和其他妇科疾病的风险。因此对正在哺乳期的女性，提倡母乳喂养婴儿，这既对婴儿有利，也对自身有利。

3.2 精神及心理健康的调试或干预

良好的精神状态、健康的心理素质是提升机体自身免疫力的重要因素，现代医学许多研究都表明，肿瘤如肝癌、消化道肿瘤、甲状腺癌、乳腺癌都与情绪有关，长期抑郁、精神压力大、心理疾病得不到解决的女性易患肿瘤。因此，对长期有精神及心理疾病困扰的女性，应及时进行精神及心理健康的调节或干预，从而降低乳腺癌的发病率。

3.3 药物干预治疗

在 2015 年 NCCN 乳腺癌预防指南中，阿那曲唑和依西美坦成为可以应用于绝经后高危女性的药物预防方法。他莫昔芬、雷洛昔芬亦同样有激素调节作用。因此，对绝经后有高危风险因素的妇女，可根据个人的实际情况采用药物干预的方法，如用雌激素受体调节剂（他莫昔芬、雷洛昔芬）或芳香酶抑制剂（来曲唑、阿那曲唑、依西美坦）治疗，来降低乳腺癌的患病风险。

3.4 手术干预治疗

对患有乳腺良性肿瘤的女性，主张早期进行肿瘤手术切除，以防乳腺发生恶变的可能。对于中重度乳腺不典型增生及风险非常高的女性还可以考虑预防性乳房切除手术。[5]

3.5 乳腺癌的综合预防原则

对高风险的女性：可采取生活方式干预＋自检＋定期体检（每年），根据实际情况可给予药物干预，必要的可给予手术干预治疗。

对中风险的女性：可进行生活方式干预＋自检＋定期体检（每年）。

对低风险的女性：主要是注意采取健康生活方式＋自检，18～39 岁的女性，每 3 年进行一次临床体检。

4　讨论

研究表明，对乳腺癌的中、高风险因素越早干预，患乳腺癌的概率将会明显降低。即使有部分女性不可避免地患上乳腺癌，通过早期的干预和

筛查，也可尽早地在早期发现肿瘤，使病人得到有效治疗，从而降低乳腺癌的死亡率。因此在临床工作中，专业医生应发挥专业特长优势，要利用多种形式对女性群体加大科普宣传的力度，对有乳腺癌中、高风险的妇女，在早期干预的同时进行定期筛查，这有助于降低妇女乳腺癌患病率，提高早诊早治率，提高妇女的生活质量，有着重要的意义和价值。

参考文献：

［1］林珈好，何敬荣，范开，等. 中药治疗人与犬乳腺癌的临床和实验研究概况［J］. 中国比较医学杂志，2015，25（3）：80-85.

［2］栾世波.乳腺癌的早期发现及早期治疗［J］.中国保健营养，2016，26（26）：72.

［3］Engel G L. The need for a new medical model：Achallenge for bimedicine［J］. Science，1977，196（4286）：129-136.

［4］Renehan A G，Tyson M，Egger M，et al. Body-mass index and incidence of cancer：A systematic review and mate-analysis of prospective observational studies［J］. Lancet，2008，371（9612）：569-578.

［5］林燕，孙强.乳腺癌的风险评估与预防［J］.中华乳腺病杂志（电子版），2016，10（2）：101-103.

作者简介：栾世波，青岛市李沧区中心医院主任医师

联系方式：Lsb86@sina.com

^{18}F-FDG PET/CT 联合肿瘤标志物 ProGRP 与 NSE 在 IA 期小细胞肺癌诊断及鉴别诊断中的价值

林　帅　房　娜　姜雯雯　李超伟　靳　飞　刘翠玉　曾　磊　张　静　王艳丽

摘要：本文的研究对象为 2017 年 6 月至 2021 年 10 月间在我院经临床证实为 IA 期的肺癌患者 113 例和肺内孤立性良性结节 30 例。所有患者均进行^{18}F-FDG PET/CT 检查并在检查前后 2 周内进行肺癌相关血清肿瘤标志物检测，笔者对患者的临床资料、影像学表现和肿瘤标志物水平进行了分析：以非小细胞肺癌（NSCLC）、肺孤立性良性结节作为 SCLC 的对照组，通过单因素及多因素 Logistic 回归分析筛选独立危险因素，采用 ROC 曲线分析不同指标在 SCLC 诊断及鉴别诊断中的价值。结果显示，NSCLC、肺良性结节及 SCLC 三组间在 SUV_{max}、分叶征、毛刺征、钙化、胸膜牵拉征、ProGRP、NSE 和 CEA 的差异有统计学意义，其中 SCLC 分叶征多于良性结节（12/18 与 8/30），毛刺征及胸膜牵拉征少于 NSCLC（2/18 与 49/95、1/18 与 34/95），SUV_{max} 高于良性结节[7.4(5.8,9.0) 与 2.3(1.4,5.1)]，ProGRP 水平高于 NSCLC 和良性结节组[64.0(40.1,84.8) 与 38.7(26.9,47.6)、36.7(29.1,40.5) ng/L]，NSE 水平组高于良性结节组[12.4(10.9,14.5) 与 7.4(5.4,11.8) μg/L][$H=14.060$ ~51.822；$\chi^2=6.470$~14.952]；与 NSCLC 鉴别时，毛刺征及 ProGRP 二者联合诊断 SCLC 曲线下面积达 0.875，敏感度和特异度为 77.8%（14/18）、84.2%（80/95），与良性结节鉴别时，SUV_{max}、ProGRP、NSE 三者联合诊断 SCLC 曲线下面积达 0.985，敏感度和特异度为 94.4%（17/18）、96.7%（29/30）。综上可知，^{18}F-FDG PET/CT 联合肿瘤标志物 ProGRP 和 NSE 有助于提高 IA 期 SCLC 的诊断效能。

关键词：肺；小细胞肺癌；正电子发射断层显像术；体层摄影术；X 线计算机

小细胞肺癌（small cell lung cancer，SCLC）是肺内最常见的神经内分泌肿瘤，占肺癌的 15%~20%。[1] 由于 SCLC 恶性程度高，倍增时间短，其预后较差，而早期诊断是改善患者的预后关键。本文的研究通过分析^{18}F-FDG PET/CT 联合肿瘤标志物 ProGRP 与 NSE 对 IA 期 SCLC 诊断及鉴别诊断价值，提高对 IA 期 SCLC 的诊断效能。

1　资料与方法

1.1　一般资料

研究对象为 2017 年 6 月至 2021 年 10 月间于青岛市中心医院院经临床证实为 I A 期的肺癌患者 113 例（70 例腺癌，25 例鳞癌，18 例 SCLC），男 75 例，女 38 例，患者年龄范围为 32~79 岁，中位年龄为 65.0(60.0,68.5) 岁。收集同期肺内孤立性良性结节患者 30 例，男 21 例，女 9 例，患者年龄范围 37~77 岁，中位年龄为 62.0(55.0,66.3) 岁。纳入标准：① 经临床证实为 IA 期肺癌（即病灶最大径≤3 cm，无淋巴结转移及远处转移）及肺内孤立性良性结节；② 所有患者均进行了^{18}F-FDG

PET /CT 检查并在检查前后 2 周内进行肺癌相关血清肿瘤标志物检测，包括神经元特异性烯醇化酶（neuron-specific enolase，NSE）、胃泌素释放肽前体（pro-gastrin-releasing peptide，ProGRP）、癌胚抗原（carcinoembryonic antigen，CEA）、鳞状细胞癌相关抗原（squamous cell carcinoma antigen，SCCA）及细胞角蛋白 19 片段（cytokerantin-19-fragment，CYFRA21-1）检测，并于检查前未进行任何治疗；③^{18}F-FDG PET /CT 检查及肿瘤标志物检查与手术或穿刺取得病理结果间隔时间不超过 2 周。排除标准：① 肺内单纯性磨玻璃结节；② 其他部位恶性肿瘤病史；③ 严重肾功能不全患者。本文的研究符合《赫尔辛基宣言》的原则，研究方案经青岛大学附属青岛市中心医院伦理委员会通过（批件号：KY20210531）。

1.2　方法

采用德国 Siemens Biograph 16 PET/CT 仪，^{18}F-FDG 由美国 RDS Ⅲ型回旋加速器及北京派特生物技术有限公司的 PET-FDG-IT-I 型化学合成模块生产，产物 pH 6.0～7.0，放化纯＞95%。患者检查前禁食 4～6 h，空腹血糖控制在 11.1 mmol/L 以下。按患者体重经静脉注射 ^{18}F-FDG 3.70～7.40 MBq/kg，患者注射药物平静休息 60 min 后进行头及体部 PET/CT 显像。PET/CT 扫描范围为颅顶至股骨中上段，CT 扫描参数为：电压 120 kV，电流 50 mA，周期为 0.5 s，螺距 0.75，矩阵 512×512，用三维模式采集 PET 图像，采集 6～7 个床位，每个床位 2 min。同机病灶层面诊断 CT 扫描：120 kV，100 mAs；纵隔窗显示：标准重建，层厚 2 mm；肺窗显示：骨性重建，层厚 1 mm。

罗氏公司 Cobas e602 型电化学发光分析仪及配套 NSE、ProGRP、CEA、SCCA 及 CYFRA21-1 检测试剂盒；于清晨抽取患者空腹静脉血 3～5 mL 置入分离胶采血管，待血液凝固后，以 3500 r/min 离心 5 min，收集血清，使用电化学发光免疫分析检测 NSE、ProGRP、CEA、SCCA 及 CYFRA21-1 水平；正常参考值范围：NSE：0～16.3 μg/L；ProGRP：0～68.3 ng/L；CEA：0～4.7 μg/L；SCCA：0～2.5 μg/L；CYFRA21-1：0～3.3 μg/L。

2　图像分析

所有患者图像由 3 名 5 年以上工作经验的副主任医师在事先未知病理的情况下独立阅片，对病灶形态特征和 ^{18}F-FDG 代谢情况进行评价。形态评价包括病变形状（呈类圆形或不规则状），病灶的最大径（cm），密度（Hu），CT 征象（分叶征、毛刺征、空泡征、空气支气管征、血管集束征、支气管截断征及胸膜牵拉征），对于结论不统一者经讨论达成统一。^{18}F-FDG 代谢情况评价：根据 CT 纵隔窗图像勾画 ROI 测量病灶 SUV$_{max}$。

3　统计学处理

采用 SPSS 19.0 和 MedCalc 18.9.1 软件统计分析，符合正态分布的定量资料以 $\pm s$ 表示，不符合正态分布的定量资料以 M(P$_{25}$,P$_{75}$) 表示；采用 χ^2 检验、Fisher 确切概率法和 Kruskal-Wallis 秩和检验比较组间差异；采用 Bonferroni 校正法调整检验水平进行组间两两比较；以 NSCLC 及良性结节及作为 SCLC 的对照组，进行单因素、多因素 Logistic 回归分析，并采用 ROC 曲线分析独立因子预测 SCLC 的效能；最后采用 Z 检验比较不同诊断方法间 AUC 的差异，以 $P<0.05$ 或 $P<0.0167$(Bonferroni 校正法)为差异有统计学意义。

4　结果

（1）一般资料比较见表 1。SCLC、NSCLC 及良性结节 3 组患者均以男性多见，SCLC 和 NSCLC 吸烟者患者数量多于不吸烟患者数量；3 组间患者的年龄、性别和吸烟史的差异无统计学意义（$H=3.230$；$\chi^2=2.933～4.888$，均 $P>0.05$）。

（2）^{18}F-FDG PET/CT 影像表现比较（表 1）。SCLC、NSCLC 及良性结节 3 组间在分叶征、毛刺征、钙化、胸膜牵拉征的差异有统计学意义[（$\chi^2=13.279$、14.952；钙化及胸膜牵拉征的比较采用 Fisher 确切概率法，无检验值），均 $P<0.05$]；进一步两两比较发现，SCLC 分叶征（图 1A）多于良性结节（$\chi^2=7.406$，$P=0.007$），毛刺征及胸膜牵拉征较 NSCLC（图 1B）少见（$\chi^2=10.008$、6.470，均 $P<0.0167$）；NSCLC 分叶征、毛刺征多于良性结节（$\chi^2=12.239$、7.356，均 $P<0.0167$），钙化较良性结节少见（$\chi^2=13.085$，$P=0.003$）。病灶 SUV$_{max}$ 在 3 组间的差异有统计学意义（$H=20.535$，$P<0.001$），SCLC 与 NSCLC 的 SUV$_{max}$ 分别高于良性结节（图 1C）（$H=31.977～51.822$，均 $P<0.0167$）。

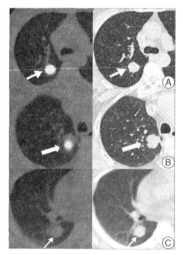

A. SCLC 患者（男，63 岁），右肺上叶后段可见最大径约 2.4 cm 分叶状软组织结节（箭头示），密度均匀，边界清晰，可见分叶，与斜裂胸膜关系密切；呈 ^{18}F-FDG 代谢增高，SUV$_{max}$ 为 11.4；NSE 升高为 23.75 μg/L，ProGRP 升高为 75.56 ng/L。B. 肺腺癌患者（女，67 岁），右肺上叶尖段可见最大径约 2.2 cm 的软组织结节，可见分叶、毛刺征、胸膜牵拉征；呈 ^{18}F-FDG 代谢增高，SUV$_{max}$ 为 6.1；CEA 升高 16.51 μg/L。C. 硬化性肺细胞瘤患者（女，63 岁），右肺下叶背段可见最大径约 2.2 cm 的类圆形软组织结节，密度均匀，边缘清晰锐利；呈 ^{18}F-FDG 代谢轻度增高，SUV$_{max}$ 为 2.3；肿瘤标志物均在正常范围内。

图 1　不同病理类型患者的 ^{18}F-FDG PET/CT 图像

（3）肿瘤标志物水平比较见表 1。3 组间 ProGRP、NSE 和 CEA 水平的差异有统计学意义（$H=14.060\sim18.733$，均 $P<0.05$），SCLC 组 ProGRP 水平高于其他组（$H=36.127\sim43.956$，均 $P<0.0167$），其 NSE 水平高于良性结节（$H=40.533$，$P=0.001$）。NSCLC 组 NSE 和 CEA 水平高于良性结节（$H=36.897$、33.149，均 $P<0.001$）。SCCA、CYFRA21-1 在 3 组间的差异无统计学意义（$H=0.637$、1.860，$P>0.05$）

（4）单因素及多因素 Logistics 回归分析及 ROC 曲线分析结果见表 2、3。以 NSCLC 组为对照组，无毛刺征及 ProGRP>58.6 ng/L 是预测 SCLC 的独立危险因素，二者联合诊断 SCLC 高于单一指标（$Z=2.567$、2.958，$P<0.05$）；以良性结节为对照组，$SUV_{max}>4.4$、NSE>8.8 $\mu g/L$、ProGRP>45.4 ng 是预测 SCLC 的独立危险因素，三者联合诊断 SCLC 高于单一指标（$Z=2.281\sim3.213$，$P<0.05$）。

表 1　SCLC、NSCLC 与良性结节的一般资料、影像资料及肿瘤标志物水平的比较

		SCLC	NSCLC	良性结节	检验值	P 值
例数		18	95	30		
年龄[岁；$M(P_{25},P_{75})$]		66.0(60.8,69.5)	65.0(60.0,68.0)	62.0(55.0,66.3)	3.230[a]	0.199
性别[男/女(例)]		15/3	60/35	21/9	2.933	0.231
吸烟史[有/无(例)]		13/5	53/42	12/18	4.888	0.087
大小[cm；$M(P_{25},P_{75})$]		2.1(1.2,2.7)	2.1(1.5,2.6)	2.0(1.2,2.7)	0.586[a]	0.746
$SUV_{max}[M(P_{25},P_{75})]$		7.4(5.8,9.0)	5.2(2.6,10.4)	2.3(1.4,5.1)	20.535[a]	<0.001
CT 值[Hu；$M(P_{25},P_{75})$]		40.6(35.9,50.0)	45.0(37.0,53.3)	41.5(34.5,47.2)	5.214[a]	0.074
形态[例(%)]	类圆形	12(66.7)	38(40.0)	10(33.3)	6.426	0.040
	不规则	6(3.3)	57(60.0)	20(66.7)		
分叶征[例(%)]		12(66.7)	60(63.2)	8(26.7)	13.279	0.001
毛刺征[例(%)]		2(11.1)	49(51.6)	7(23.3)	14.952	<0.001
钙化		0(0.0)	0(0.0)	4(13.3)	—	0.003
空泡征[例(%)]		1(5.6)	14(14.7)	2(6.7)	—	0.448
空气支气管征[例(%)]		1(5.6)	15(15.8)	4(13.3)	—	0.663
血管集束征[例(%)]		0(0.0)	15(15.8)	1(3.0)	—	0.056
支气管截断征[例(%)]		2(1.1)	12(12.6)	0(0.0)	—	0.090
胸膜牵拉征[例(%)]		1(5.6)	34(35.8)	6(20.0)	8.160	0.017
NSE[$\mu g/L$；$M(P_{25},P_{75})$]		12.4(10.9,14.5)	12.1(10.2,15.4)	7.4(5.4,11.8)	18.733[a]	<0.001
ProGRP[ng/L；$M(P_{25},P_{75})$]		64.0(40.1,84.8)	38.7(26.9,47.6)	36.7(29.1,40.5)	14.060[a]	0.001
CEA[$\mu g/L$；$M(P_{25},P_{75})$]		2.8(2.1,4.3)	3.6(2.3,5.9)	2.3(1.2,3.3)	14.724[a]	0.001
SCCA[$\mu g/L$；$M(P_{25},P_{75})$]		1.1(0.6,1.4)	1.0(0.7,1.7)	1.2(0.7,1.6)	0.637[a]	0.727
CYFRA21-1[$\mu g/L$；$M(P_{25},P_{75})$]		2.3(1.9,2.8)	2.3(1.5,3.2)	2.0(1.6,2.5)	1.860[a]	0.394

注：检验值：[a] 为 H 值；— 为 Fisher 确切概率法，无检验值；余为 χ^2 值。

表 2　以 NSCLC、良性结节为对照组，SCLC 的单因素及多因素 Logistic 回归分析

对照组	参数	单因素分析		多因素分析	
		OR（95%CI）	P 值	OR（95%CI）	P 值
NSCLC	ProGRP	1.077(1.033~1.123)	<0.001	1.083(1.035~1.133)	<0.001
	毛刺征[a]	0.055(0.007~0.432)	0.006	0.043(0.004~0.450)	0.009
	胸膜牵拉征[b]	0.106(0.013~0.828)	0.032	0.107(0.011~1.082)	0.058
良性结节	SUV_{max}	1.867(1.316~2.649)	0.000	2.706(1.099~6.662)	0.030
	NSE	1.369(1.117~1.678)	0.002	1.639(1.016~2.645)	0.043
	ProGRP	1.087(1.028~1.150)	0.003	1.165(1.009~1.344)	0.038
	分叶征[c]	5.500(1.543~19.602)	0.009	—	—

注：OR 为比值比；[abc] 原发灶赋值：有毛刺征为 1，无毛刺征为 0；有胸膜牵拉征为 1，无胸膜牵拉征为 0；有分叶征为 1，无分叶征为 0。

表 3　各独立预测因子诊断 SCLC 的效能

对照组	参数	临界值	AUC	敏感度	特异度
NSCLC	ProGRP	>58.6 ng/L	0.759	55.6%(10/18)	95.8%(91/95)
	毛刺征	—	0.730	94.4%(10/18)	51.6%(49/95)
	两者联合		0.875	77.8%(14/18)	84.2%(80/95)
良性结节	SUV_{max}	>4.4	0.874	94.4%(17/18)	73.3%(22/30)
	NSE	>8.8 μg/L	0.775	94.4%(17/18)	60.0%(18/30)
	ProGRP	>45.4 ng/L	0.787	72.2%(13/18)	96.7%(29/30)
	三者联合	—	0.985	94.4%(17/18)	96.7%(29/30)

5　讨论

SCLC 起病隐匿，恶性程度高，局限期 SCLC 五年生存率为 20%~25%，广泛期 SCLC 五年生存率仅 2%。[1] 目前对于 IA 期 SCLC 患者，推荐根治性肺叶切除术并辅助化疗治疗，5 年生存率可达到 49.8%，而对于部分 IA 期非小细胞肺癌手术方式是肺段切除术，若患者术后切缘阴性则仅术后定期随访，无需化疗。[2-3] 因此提高对 IA 期 SCLC 诊断的准确率，有助于 SCLC 治疗方式的选择以及改善患者预后。

本书的研究结果显示，66.7%（12/18）的 IA 期 SCLC 表现为类圆形，呈分叶征，而毛刺征、血管集束征及以及胸膜牵拉征少见，这可能是 SCLC 膨胀性生长，瘤体内部生长速度较一致，并与邻近组织之间的炎症反应或促肿瘤反应不明显，内部纤维化改变较少，导致肿瘤边缘较为光滑。[4] 虽然支气管截断征并不是预测 SCLC 的独立危险因素，但以往研究[5]发现由于 SCLC 多是沿支气管黏膜下蔓延，所以早期较少出现支气管截断征，与本文的研究结果一致。SUV_{max} 是反应肿瘤侵袭性的半定量指标，与肿瘤的恶性程度有关，是鉴别肺内病变良恶性的重要指标。[6] 本文的研究发现 SCLC 和 NSCLC 的 SUV_{max} 分别高于良性结节，并且以 SUV_{max}>4.4 为临界值，鉴别 SCLC 与良性结节时，ROC 曲线下面积达到 0.874，与以往研究一致。[7-8] 临床中，当 CT 征象在肺内结节良恶性之间难以鉴别时，SUV_{max} 具有一定鉴别诊断价值。

NSE 和 ProGRP 是诊断 SCLC 的首选肿瘤标志物，其浓度水平与患者肿瘤负荷有关，也可用于 SCLC 的分期、疗效与预后评估。[2] 本文的研究结果也发现 NSE 在 SCLC 与良性结节的鉴别诊断价值，敏感度和特异度分别达 94.4%、60.0%；有研究[9]表明，ProGRP 作为单个肿瘤标志物对 SCLC 的诊断特异性高于其他肿瘤标志物，本文的研究也发现 ProGRP 在 SCLC 与 NSCLC 和良性结节的鉴别中具有较高的特异性，分别达到 95.8%（91/95）和 96.7%（29/30）。本文的研究中 IA 期 SCLC 的 ProGRP 阳性率仅为 50.0%，这可能是由

于早期SCLC肿瘤负荷较小，部分患者ProGRP水平在正常范围之内但高于正常范围最高值的一半。

由于肺癌组织起源的复杂性，涉及多个肿瘤抗原表达，单一的肿瘤生物标志物诊断效能不足，不能很好地反映肺癌的生物学特性[10]，需结合患者影像学资料以综合分析。IA期SCLC多为圆形或类圆形[4]，常规影像学与良性结节鉴别困难，而18F-FDG代谢情况有助于良恶性鉴别诊断。以往研究[7]显示，通过分析18F-FDG PET/CT联合血清肿瘤标志物可以提高孤立性肺结节的诊断效能。本文的研究ROC曲线分析结果显示，18F-FDG PET/CT联合ProGRP与NSE应用于SCLC与NSCLC、良性结节鉴别时，二者联合诊断曲线面积分别达到0.875、0.985。因此当无法进行病理学检查时，肿瘤标志物联合18F-FDG PET/CT可以提示肺癌的病理学类型。

本文的研究尚存不足之处：① 本文的研究为单中心的回顾性研究，存在一些受限因素，如SCLC患者样本量较小，对其影像特点和肿瘤标志物水平的总结可能存在一定的差异，需进一步扩大样本量以进一步完善；② 尚未对患者的预后进行长期随访，对其评估和生存分析有待进一步研究。

综上所述，IA期SCLC在18F-FDG PET/CT多表现为肺内类圆形高代谢结节，多见分叶征，而毛刺征、支气管截断征等征象少见。18F-FDG PET/CT联合ProGRP、NSE有助于提高IA期SCLC的诊断效能，为临床选择合适的治疗方案提供依据。

参考文献：

［1］Sung H，Ferlay J，Siegel R L，et al. Global cancer statistics 2020：GLOBOCAN estimates of incidence and mortality worldwide for 36 cancers in 185 countries［J］.CA-A Cancer Journal Clinicians，2021，71（3）：209-249.

［2］中华医学会肿瘤学分会，中华医学会杂志社.肺癌临床诊疗指南（2021版）［J］.中华医学杂志，2021，101（23）：1725-1757.

［3］张五星，喻东亮，熊剑文，等.胸腔镜下肺段切除与肺叶切除治疗Ⅰ期非小细胞肺癌：系统回顾与荟萃分析［J］.中华胸心血管外科杂志，2020，36（4）：245-253.

［4］Thomas A，Pattanayak P，Szabo E，et al. Characteristics and outcomes of small cell lung cancer detected by CT screening［J］.Chest，2018，154（6）：1284-1290.

［5］Caballero V A，Garcia F P，Romero O A，et al. Small cell lung cancer：Recent changes in clinical presentation and prognosis［J］.Clinical Respiratory Journal，2020，14（3）：222-227.

［6］胡娜，王云华.18F-FDG PET/CT代谢参数在肺癌中的应用［J］.中华核医学与分子影像杂志，2018，38（1）：59-63.

［7］Jiang R，Dong X，Zhu W，et al. Combining PET/CT with serum tumor markers to improve the evaluation of histological type of suspicious lung cancers［J］.PLoS One.2017，12（9）：e0184338.

［8］Karam M B，Doroudinia A，Behzadi B，et al. Correlation of quantified metabolic activity in nonsmall cell lung cancer with tumor size and tumor pathological characteristics［J］.Medicine（Baltimore），2018，97（32）：e11628.

［9］Wu X Y，Hu Y B，Li H J，et al. Diagnostic and therapeutic value of progastrin-releasing peptide on small-cell lung cancer：A Single-Center Experience in China［J］.Journal Cell Molecule Medicine，2018，22（9）：4328-4334.

［10］Dong A，Zhang J，Chen X，et al. Diagnostic value of ProGRP for small cell lung cancer in different stages［J］.Journal of Thoracic Disease，2019，11（4）：1182-1189.

作者简介：林帅，青岛市中心医院研究生在读
联系方式：linshuaiii@sina.com

"三高共管 六病同防"医防融合背景下，区级疾控中心试点指导提升基本公共卫生服务水平

朱志刚 辛乐忠 宁 锋

摘要：为探索"三高共管 六病同防"医防融合模式在社区老年人健康管理、高血压、糖尿病管理中的效果。笔者选取 2022 年 5 月至 12 月在 96 家社区卫生服务中心签约的老年人、高血压、糖尿病患者为研究对象，评估医防融合专家团队、创新性试点基本公卫技术指导工作对老年人健康管理项目规范性、满意度、知晓率，以及高血压、糖尿病患者的管理情况。研究结果显示，基于"三高共管 六病同防"医防融合技术指导的基本公共卫生服务项目工作模式，提高了老年人健康及高血压、糖尿病患者的管理效果，提高了群众满意度。

关键词：医防融合；基本公共卫生服务项目；服务模式；慢性管理

"医防融合"就是临床治疗与疾病预防相结合，即医疗和预防相互渗透、融为一体，通过医疗服务与公共卫生服务有效衔接、同时提供、相互协同等形式，最大限度地减少健康问题的发生，提高医疗卫生服务的连续性，实现"以健康为中心"的目标。[1]我国各地也在对医防融合模式进行积极探索，如建立医疗集团的罗湖模式[3]，以医共体为依托的界首模式[4]，"医院—疾控—基层"为架构的云南省三位一体模式[5]。2021 年，山东省卫生健康委员会下发了《关于开展三高共管 六病同防医防融合慢病管理试点工作的通知》，将我国基本公共卫生服务、家庭医生签约服务和医共体建设实践，与世界卫生组织"以人为本的整合型卫生服务"战略内涵有效融合。市北区疾控中心紧紧抓住"三高共管 六病同防"医防融合慢病管理工作推进的契机，充分发挥专业机构技术指导和业务协调优势，采取医防融合专家团队高频率下沉式调研指导和组织专家定期集中研讨等形式，探索适合市北区区情的基本公共卫生服务项目指导标准，探求市北区"三高共管 六病同防"医防融合服务指导新模型。

1 基本情况与评价标准

1.1 基本情况

市北区是青岛市中心主城区，西部濒临胶州湾，东部与崂山区为邻，北部与李沧区接壤，南部与市南区毗连。东西最大距离 11.53 km，南北最大距离 9.90 km，海岸线长 17.83 km，总面积 65.42 km^2。全区常住人口 109.34 万人，户籍人口 90.22 万人，人口密度 1.38 万人/千米^2，辖 22 个街道办事处、137 个社区居委会。辖区有 36 家二级以上医疗机构（其中三级以上医院 10 家），社区卫生服务中心 32 家，社区卫生服务站 64 家，构建成体系完善的基本公共卫生服务网络。

1.2 基本公共卫生评价与绩效考核标准

依据《国家基本公共卫生服务项目规范（第三版）》和《青岛市基本公共服务标准（2022 年版）》，市北区疾控中心对辖区 96 家社区卫生服务机构进行了基本公共卫生半年和全年评价，采取集中抽样、电话回访、问卷核实居民健康档案真实性、规范性、知晓率和满意度等方法。

2 "三高共管 六病同防"医防融合试点指导

2.1 "三高共管 六病同防"体系建设

根据青岛市卫健委印发《关于印发"三高共管 六病同防"医防融合慢病管理工作方案的通知》，市北区制定下发了《市北区"三高共管 六病同防"医防融合慢病管理工作方案》，明确了依托紧密型医共体，建立以疾病预防控制机构为健康管理技术支撑和管理主体、以医共体牵头医院为临床诊疗技术支撑、以社区卫生服务中心为联系纽带、以家庭医生团队为基础网底的医防融合一体化的"三高共管 六病同防"医防融合慢性病管理服

务体系。市北区卫健局、区疾控中心建立医防融合慢性病管理服务机制,确定 1 家"三高中心",设置 4 家"三高基地"、120 个"三高之家"。区卫健局、区疾控中心与有"三高共管　六病同防"设计经验的软件公司合作,围绕省 15 项的要求,结合各单位 HIS 系统、家医平台、公卫平台,搭建一体化"三高共管　六病同防"信息平台。

2.2 区疾控中心发挥协调和指导专长

2022 年初制订了配套方案,通过区疾控基本公卫协调与指导,引领带动全区"三高共管　六病同防"医防融合和基本公共卫生服务水平全面提升。同时遴选公卫专家、二级医院专家,形成领导引领、首席专家带动、医防融合团队协作的指导工作模式。为了做好本次试点工作,区疾控中心邀请市精神卫生中心、松山医院等共同开展试点指导,切实提升辖区社区卫生服务机构"三高共管　六病同防"医防融合能力和基本公共卫生服务水平。

2.3 下沉试点指导,探索"三高共管　六病同防"医防融合指导新模式

2022 年 3 月,区疾控中心根据前期调研,及时掌握基层"三高共管　六病同防"医防融合和基本公共卫生工作痛点、难点的第一手资料,通过梳理调研研讨,细化下一步工作方案予以解决。区卫健局、区疾控中心会同各专业专家制定了三高中心、三高基地、三高之家之间的患者流转流程和流转条件,制定了三者之间协诊制度、工作职责及相关工作制度,明确了区疾控中心技术指导、培训和串联协调的工作机制。体系中要发挥好三高基地承上启下的枢纽作用,为"三高之家"确诊三高患者、评估心血管病风险等级、干预策略和治疗目标,及时调整治疗方案或启动"三高中心"跟进。"三高之家"要做好患者的日常服务管理,落实"三高基地"制订的治疗和健康宣教方案,指导患者规范治疗,监测各项核心指标。

2.4 试点探求解决方案,以点带面全区联动

区疾控中心通过"三高共管　六病同防"医防融合指导团队探索提升"三高共管　六病同防"医防融合和基本公卫服务能力:一是严格落实日常评估和年底评估各占全年考核 20% 绩效成绩,强化医防融合指导,提高档案真实性、规范性占比,引导社区卫生服务机构树立"三高共管　六病同

防"医防融合促进基本公共卫生服务水平的理念,提高服务质量。二是医防融合试点指导团队携手松山医院专家高频深入试点指导社区,了解到大部分社区卫生服务机构医疗服务与基本公卫工作相互独立、基层卫生人员知识结构和技能单一,单位负责人存在重医疗轻公卫的思想误区等问题。三是通过深入试点基层机构基本公卫各项工作环节,帮助社区卫生服务机构将医疗服务与公卫建立合作机制,鼓励基层卫生人员开展整合型服务,帮助试点社区卫生服务机构解决三高系统、公卫系统、家医系统和 HIS 系统的有效衔接。四是通过建议完善临床和公卫人员考核机制,让临床医生能够感受到公卫可以创收,而公卫人员也能感受到临床医生的跟进显著提高居民的依从性和满意度。五是试点指导的社区卫生服务机构中既有三高之家,也有三高基地,通过积极指导和畅联三高中心、三高基地和三高之家,逐步完善常规随访、协诊、信息向上推送向下返回等电子平台,让居民能够在三个层次诊疗中获得实惠。六是集团型机构成立内部质控团队每月内审,区疾控提供技术支撑,日常质控不打折扣,有效提升集团整体水平。区疾控中心及时将指导成果以点带面全区推广,取得区卫健局的支持,稳步推进全区医防融合工作。

2.5 下沉指导效果显著

医防融合试点指导团队于 5 月份开展试点工作,市北区分别于 6 月和 12 月开展了全区基本公共卫生半年评价和全年评价,对于试点指导的效果进行验证。两次评价采用相同的考核方式、考核标准,通过对两次评价中老年人健康管理、高血压患者管理、糖尿病患者管理的规范管理率、知晓率和满意度进行卡方检验,得出结论:老年人规范管理率、高血压规范管理率、糖尿病规范管理率、老年人知晓率卡方值分别为($\chi^2 =$,20.60、33.62、23.73、5.11,均 P 值 < 0.05),有统计学意义。而其他项目的满意度知晓率虽均有不同程度的提高,但无统计学意义。通过数据分析我们认为大半年的"三高共管　六病同防"医防融合试点技术指导,以及以点带面全区推广工作,对于基本公共卫生服务项目老年人、慢性病的规范管理提高显著。而知晓率和满意度尽管也有较大提高,但没有统计学意义,这也是我们下一步工作的目标。

同时市北区在2022年度全市基本公共卫生服务考核中前进四名,也说明试点指导工作促进了全区

基本公共卫生服务项目全面提高。

表1 患者管理前后血糖、血压、老年人健康管理情况比较

	三高试点前/%	三高试点后/%	χ^2	P
老年人规范管理率	40.32	76.12	20.60	<0.01
老年人知晓率	83.77	93.96	5.11	<0.05
老年人满意度	85.87	95.10	1.80	>0.05
高血压规范管理率	28.51	69.90	33.62	<0.01
高血压知晓率	89.43	95.42	2.44	>0.05
高血压满意度	89.06	96.35	3.52	>0.05
糖尿病规范管理率	41.16	74.79	23.73	<0.01
糖尿病知晓率	84.75	89.90	1.14	>0.05
糖尿病满意度	89.96	93.75	1.09	>0.05

3 讨论

3.1 "三高共管 六病同防"三级协同机制基本建成,一体化服务模式初见成效

在"三高共管 六病同防"医防融合管理体系中,三高中心、三高基地、三高之家是以患者为纽带,结合各自职责定位,三方协同为患者提供连续闭环服务,充分发挥好各自优势,促进服务团队整体能力的提升。[5]区疾控中心试点指导团队在高频下沉指导中重点疏通三级协同通道,为区卫健委搭建信息系统提供可靠依据,为实现对患者全程、连续、闭环服务,提供精准、便捷、优质、高效的指导。

3.2 医防融合团队试点指导,稳步提升基本公卫服务水平

基本医疗服务与基本公共卫生服务同属基层医疗卫生机构的服务范畴,但两者仍是两项分段式的工作,尚未形成连续性的统一体。[6]区疾控中心试点指导团队参照"医院—疾控—基层"三位一体模式,结合各试点单位实际,解决医防分家带来的效率低下、居民依从性差等困难。鼓励基层卫生人员开展整合型服务,将慢病随访、老年人查体服务与诊室高度融合,提升慢性病服务管理水平。通过医防融合预防控制重点疾病,对纳入管理的患者实施临床干预,要重心下沉、关口前移,从以治病为中心向以健康为中心的转变。通过大半年的高频下沉试点指导,定期研讨和以点带面全区推广,市北区基本公共卫生服务项目工作取得了

长足的进步。2022年半年评价和全年评价结果显示,老年人规范管理率和满意度、高血压规范管理率、糖尿病规范管理率显著提高,有统计学意义。而其他项目虽有明显提高,但无统计学意义,也为我们下一步如何开展工作指明方向。而且市北区在2022年度全市基本公共卫生服务考核中前进四名,说明区疾控中心"三高共管 六病同防"医防融合试点指导及全面推广工作效果显著。

3.3 存在不足

"三高共管 六病同防"缺少部门联动,尤其对于医疗资源丰富的市北区来说,三高中心数量较少,居民依从性不高。

3.4 工作建议与下一步打算

建议让公共卫生专业能够有慢性病等疾病的处方权,进一步提升公共卫生专业人员专业获得感和服务能力。建议医保、卫生等多部门联动,提供给居民一体化服务的同时也能带来经济上的实惠。尽可能增加三高中心数量,让居民就近就诊,就近享受三级一体化服务。

下一步,市北区疾控中心将成立质控专家团队,通过集中培训、小范围研讨、共同技术指导等形式强化各机构质控专家业务能力,解决市北区社区卫生服务机构多、中心不管站、公立私立机构混杂、服务水平参差不齐、公卫人员调动频繁而造成的经常性技术断档问题,为每家社区卫生服务机构输送基本公共卫生服务质控专家,让基层机构的业务知识从被动吸收形成自我造血,通过稳

定的质控专家让绩效考核在每家机构真正落地开花。同时以质控专家为抓手，更好地连接每家基层机构的"三高共管　六病同防"医防融合工作，从而更好地攻坚克难，在制度上形成新的突破，让医防能够完全融合。

参考文献：

［1］刘茜,蒲川.基于重大疫情防控的医防融合策略研究[J].现代预防医学,2021,48(8):1426-1429.

［2］夏俊杰,卢祖洵,王家骥,等."医保经费总额包干,节余奖励"框架下的罗湖医改模式[J].中国全科医学,2017,20(19):2299-2302.

［3］吴明华.医改"小岗村"：医防融合的界首模式[J].人才资源开发,2018(5):21-23.

［4］孙晓桐,郎颖.我国基层医疗机构医防融合主要模式述评[J].卫生软科学,2021,35(9):7-10.

［5］济南市卫生健康委基层卫生健康处.统筹谋划信息支撑赋能"三高共管 六病同防"医防融合管理体系建设[J].中国农村卫生,2022,14(11):44-45.

［6］郑喆,郭岩,陈浩,等.医防融合背景下我国基层医疗卫生机构医防工作现状及认知调查[J]现代预防医学,2022,49(21):3932-3936.

作者简介：朱志刚,青岛市市北区疾病预防控制中心副主任医师

联系方式：beifl_10@163.com

醒后卒中多模式 MRI 指导下的溶栓治疗及有效性评价分析

刘东伟　李义亭　王　坤　逄淑秀　陈晓阳

摘要：本文的研究对象为纳入本院收治的 88 例醒后卒中患者，纳入时段 2020 年 3 月至 2021 年 10 月，回顾病例，将其按治疗形式，平均分为对照组、观察组。对照组只开展常规治疗，观察组开展多模式 MRI 指导下的溶栓治疗。结果显示，神经功能缺损情况与日常生活能力相比，在治疗后，观察组与对照组评分具有统计学意义；神经功能恢复效果采用 mRS 评价，在患者出院后 3 个月、6 个月观察组 mRS 评分低于对照组；观察组治疗效果经过对比发现高于对照组（$P < 0.05$）；观察组脑出血发生率少于对照组（$P < 0.05$）。综上可知，在醒后卒中治疗中，为了提升疗效，特采取多模式 MRI 指导下的溶栓治疗，不仅可以减轻神经损伤、改善神经功能，还能提升疗效与患者的日常生活能力，对减少脑出血发生率具有积极作用，值得推广。

关键词：醒后卒中；多模式 MRI 指导；溶栓治疗；治疗效果；脑出血发生率

醒后卒中（wake-upstroke，WUS）是指患者在入睡时没有出现神经功能缺损症状，但醒后出现卒中症状。[1]同时，还因卒中症状的发生时间不明确，故醒后卒中患者通常无静脉溶栓治疗的条件，已被临床所排除。觉醒型缺血性脑卒中是临床上的常见脑血管疾病，该病致残率高，致死率高，只有早期对患者实施相应的静脉溶栓治疗才能减少对患者造成的伤害，并减轻对患者后期所造成的影响。不过，越来越多的研究表明，WUS 患者的临床及早期影像学特征与已知发病时间的缺血性卒中相关。[2-3]

醒后卒中是一种特殊类型的脑梗死，急性脑梗死是一种神经系统疾病，如未能及时发现及治疗，还有可能威胁生命安全。尤其是现代社会生活节奏加快，很多人的昼夜节奏紊乱，影响到身体的正常新陈代谢，从而导致醒后卒中的发病率年年提升，发病年龄越来越年轻化，不仅给家庭带来困扰，也会为社会带来负担。醒后卒中的发生和多方因素有紧密关联。治疗急性脑梗死最有效的治疗方法是在静脉内重组组织型纤溶酶原激活剂进行溶栓治疗，但此种方法的临床应用受到病发时间不确定及可能会出现致命性的颅内出血并发症的限制。多模式 MRI 作为一种影像学检查技术，可以显示患者梗死的核心区及血管损伤的部位及严重程度等，可以对患者是否适合进行溶栓治疗做出良好的评估。

重组组织型纤溶酶原激活剂是临床上的常用溶栓治疗药物，但在实际治疗过程中，受到多种并发症的限制，因此实际治疗效果并不理想。近年来，随着临床对醒后卒中的深入研究，发现醒后卒中患者临床与早期影像学特征与发病时间有一定的关系。以往，临床采用静脉溶栓治疗措施来改善缺血性卒中患者的临床症状，提升存活率、改善相关功能状态，特别是在多模式 MRI 指导下开展溶栓治疗，发挥了显著效果。[3]本文以 88 例醒后卒中患者为例进行对照研究，评价醒后卒中多模式 MRI 指导下的溶栓治疗及有效性。

1 资料与方法

1.1 一般资料

纳入本院收治的 88 例醒后卒中患者，纳入时段 2020 年 3 月至 2021 年 10 月，回顾病例，将其按治疗形式，分为对照组、观察组。对照组（44 例）只开展常规治疗，观察组开展多模式 MRI 指导下的溶栓治疗。两组基线资料比较，统计学处理指标都是 $P > 0.05$，组间具有可比性，研究结果可靠。本次研究符合医院伦理委员会要求。

纳入标准：结合临床症状、影像学检查确诊病情者；有明显的神经功能缺损者；没有出现早期脑梗死者；患者与家属均自愿参与本次研究，且所有参与者均知情，并签署同意书。

排除标准:出院半年内出现脑血管意外者;发病时间不明确者;临床资料不全者;不愿参与本次研究者。

1.2 方法

所有患者均因病情的发展而出现神经功能缺损,醒后脑卒中发病时间不明确。对照组患者采用常规药物治疗,即应用血小板抑制剂、调节血脂、自由基清除剂等药物治疗。观察组采用多模式 MRI 指导下的溶栓治疗,即患者的发病时间不明确,所有患者采用 CT+MRI 扫描,CT 选择头颅轴位实施扫描,螺距 1.375∶1,间隔为 10 mm,电压与电流为 120 kV、180 mA;MRI 检查时,通过头颅表面线圈,应用快速成像序列,扫描的序列为 DWI、3D-TOFMRA、T2FLAIR、3DASL,成像参数:DWI 参数:重复时间为 6000 ms,回波时间为 96 ms,b 值为 1000 s/mm^2,层厚为 6 mm,间蹬为 1 film。T2FLAIR 参数:重复时间为 8600 ms,回波时间为 120 ms,反转时间为 2100 ms,BWTH 为 27.78,矩阵为 288×129,NEX1。其中 MRA 应用 3D-TOFMRA 序列,重复时间为 27 ms,FA200,层厚为 1.4 ram,BWTH 为 25。3DASL 参数:PLD 为 2.0。经多模式 MRI 提示,有 DWI 与 T2Flair 不匹配,确定缺血半暗带的存在,家属已签署开展溶栓治疗同意书。立即给予重组型纤溶酶原激活剂治疗,采用标准剂量按 0.9 mg/kg,其中 10% 进行静脉注射(缓慢),剩余 90% 药物缓慢静脉滴注(1 h 内)。

1.3 观察指标

神经功能缺损情况应用 NIHSS 工具评价,日常生活能力应用 Barthel 工具进行评价,神经功能恢复效果应用 mRS 量表评价。

治疗效果判定标准:较之治疗前得分减少 8 分以上则为显效,NIHSS 评分减少 4 分则为有效,未达到如上标准则为无效。显效+有效=总有效率。

1.4 统计学方法

通过 SPSS 26.0 软件进行分析,符合正态分布的计量资料用均数±标准差($x±s$)表示。两组间比较采用独立样本 t 检验,若数据之间存在组间差异性,则以 $P<0.05$ 展开。

2 结果

2.1 神经功能缺损情况与日常生活能力对比

神经功能缺损情况与日常生活能力相比,在治疗后,观察组与对照组评分具有统计学意义($P<0.05$),见表 1。

2.2 神经功能恢复效果对比

神经功能恢复效果采用 mRS 评价,在患者出院后 3 个月、6 个月观察组 mRS 评分低于对照组;观察组治疗效果经过对比发现高于对照组($P<0.05$),见表 2。

表 1　神经功能缺损情况与日常生活能力对比($x±s$)($n=44$)

组别	NIHSS(分)		Barthel(分)	
	治疗前	治疗后	治疗前	治疗后
观察组	14.51±4.20	3.61±1.11	18.57±6.75	40.51±10.25
对照组	14.59±4.21	5.88±2.34	18.88±6.85	32.95±8.15

表 2　神经功能恢复效果对比($x±s$)($n=44$)

组别	mRS 评分出院后 1 个月	mRS 评分出院后 3 个月	mRS 评分出院后 6 个月
观察组	4.25±0.85	1.55±0.26	0.58±0.12
对照组	4.30±0.87	3.56±0.49	1.45±0.26

2.3 治疗效果对比

治疗效果经过对比发现,观察组 26 例治愈、10 例显效、7 例有效、1 例无效,而对照组 16 例治愈、10 例显效、10 例有效、8 例无效,两组对比比差异显著($P<0.05$)。

2.4 脑出血发生率对比

观察组出现 1 例脑出血患者,对照组出现 7 例脑出血患者,发生率相比有差异,$P<0.05$。

3 讨论

目前,随着我国老龄化社会的加重,缺血性脑卒中发病率也在不断上升,同时还伴随着程度不一的神经功能障碍,使得患者的相关神经功能出现缺损,如局部脑组织会出现缺氧、缺血状态,导致脑组织出现不可逆的坏死,引发脑组织异常。[7]

醒后卒中的发病年龄越来越年轻化,醒后卒中的发生和多方因素有紧密关联。有研究表明,静脉溶栓治疗措施的开展,可以提高治疗效果,并能在短时间为转为纤溶酶,对血栓中的纤维蛋白实施溶解,有良好的溶栓治疗效果。

醒后卒中是指患者在睡眠醒后本人或家属发现出现卒中症状的急性脑梗死。但因觉醒型缺血性卒中患者发病时间不明确因此往往多排除在溶栓治疗外。多模式CT指导下静脉溶栓治疗是临床近年来应用较多的治疗方法,必须借助更加高级的方式对患者进行诊断,进而对溶栓治疗进行专业性的指导。

觉醒型缺血性卒中是一种特殊类型的脑梗死,该疾病约占新发缺血性卒中的20%以上。该病症的主要发病机制为动脉粥样硬化,形成粥样斑块并破裂价值血小板聚集,导致管腔狭窄,从而引发脑组织缺血、缺氧以及一系列炎症反应。[6]一般而言觉醒型缺血性卒中多发生在清晨,其发展为进展性卒中的概率较高,尽早发现并予以积极治疗是提高该病症临床治疗效果及预后康复质量的关键。临床治疗脑梗死有效方法为超早期溶栓,但对于觉醒型缺血性卒中是否适用溶栓治疗则存在一定争议,因该病症无法确定病发时间,因此不符合静脉溶栓治疗。但近年来随着多模式CT的应用则改变了上述观点,多模式CT对扩大时间窗或卒中发作时间不明患者进行溶栓治疗仍可达到良好效果。[7]在此次研究中观察组实施了多模式CT指导下静脉溶栓治疗,研究结果提示与对照组相比较,观察组患者的临床治疗总有效率提高显著。患者治疗后的NIHSS评分及Barthel指数也提示更具优异性。研究证明,觉醒型缺血性卒中患者可进行多模式CT指导下静脉溶栓治疗,且能取得良好疗效。

在本文的研究中,青岛市黄岛区人民医院对收治的88例患者进行调查研究,并由结果可知,在多模式MRI指导下进行静脉溶栓治疗效果显著,患者的NIHSS评分及Barthel指数评分均获得了较好的改善,与治疗前比较存在统计学差异。治疗效果可观。

静脉溶栓治疗,受到严格时间窗的限制,许多发病时间不确定的患者因此丧失了早期溶栓治疗的机会,故目前世界范围内溶栓率仍偏低。实践表明,醒后卒中患者可以通过多模式MRI评估患者的病灶,在相关序列下,在信号表现下指导溶栓治疗,提高病变与正常组织的对比信号,及时对梗死的核心施以判断,为病情的判断提供依据,也为提高治疗效果与预防并发症发挥积极作用。[8]

综上所述,醒后卒中患者采用多模式MRI指导下的溶栓治疗,有效性显著,其不仅可以减轻患者神经功能缺损,还可以提高疗效与患者的日常能力,值得推广。

参考文献:

[1]朱锦奎.多模式MRI指导下醒后缺血性脑卒中静脉溶栓有效性研究[J].中国医药科学,2021(8):183-185.

[2] Campbeu B C V,Ma H,Ringleb P A,et al. Extending thrombolysis to 4.5-9 h and wake-up stroke using perfusion imaging:A systematic review and meta-analysis of individual patient data[J]. Lancet,2019(3):139-147.

[3] Muruetw W,Rudd A,Wolfe C D A,et al. Long-term survival after intravenous thrombolysis for ischemic stroke A propensity score-matched cohort with up to lo-year follow-up [J]. Stroke,2018,49(3):607-613.

[4]吴龙飞,鲁庆波,何晓琴,等.基于多模式MRI指导醒后缺血性卒中患者静脉溶栓治疗的研究进展[J].中国基层医药,2020(4):505.

[5]赵海霞,石晋军,王晓霞.醒后缺血性脑卒中患者在多模核磁指导下静脉溶栓治疗的疗效观察[J].山西医药杂志,2020(4):3.

[6]兰俊,朱少铭,陈立兵,等.多模式CT指导下静脉溶栓治疗觉醒型缺血性卒中的效果[J].中国脑血管病杂志,2015(7):347-351.

[7]候丽芳.研究觉醒型缺血性卒中患者应用多模式CT指导下静脉溶栓治疗的疗效价值[J].中国继续医学教育,2015(30)56-57.

[8]张勇,马健,兰俊.CT评价指导的觉醒型缺血性卒中患者的静脉溶栓预后效果[J].临床急诊杂志,2016(9):3.

[9]兰俊,张海静,黄桂梅.多模式CT指导下rt-PA治疗觉醒型卒中后超敏C-反应蛋白水平的变化[J].中国老年保健医学,2016(5):36-38.

[10]胡乐乐,毛诗贤.多模式MRI指导下醒后卒中静脉溶栓治疗的研究进展[J].医药前沿,2020(3):2.

作者简介:刘东伟,青岛市黄岛区人民医院副主任医师

联系方式:15610043327@163.com

对接受静脉溶栓治疗的急性脑梗死患者实施综合护理的作用

王海霞　刘东伟　陈晓阳　逄淑秀　李义亭

摘要:笔者从 2020 年 2 月到 2021 年 8 月之间来青岛市黄岛区人民医院接受治疗的急性脑梗死患者中选取 80 人,然后将他们分为各 40 人的两个小组。两个小组都要接受静脉溶栓治疗,在治疗过程中对观察组进行常规护理,对研究组进行综合护理。经过一段时间的护理后对两组患者的临床治疗总有效率、NIHSS 评分、Barthel 指数、护理满意度和不良反应发生概率进行对比。结果显示,接受综合护理的研究组无论是临床治疗总有效率还是护理满意度、Barthel 指数都比观察组要高,NIHSS 评分和不良反应发生概率则比另一个小组要低。综上可知,对于急性脑梗死静脉溶栓患者而言,接受综合护理可以加快他们脑神经功能的复原速度,对于患者日常生活活动能力的增强也能起到促进作用,而且可以降低不良反应的出现概率,具有很好的预后效果,值得推广普及。

关键词:急性脑梗死;静脉溶栓;综合护理;作用

急性脑梗死的发病多是因为供应脑部血液的动脉出现粥样硬化或血栓使得脑部得不到供血而导致的,该病不仅发病急,而且病情发展非常快,患者预后出现残疾的概率也非常高。如果急性脑梗死患者得不到及时、有效治疗将会对患者身体健康造成严重危害,甚至会导致死亡。

对于急性脑梗死患者,一定要给予及时、针对性治疗,让患者可以快速恢复脑部供血。当前临床上对于该病多会采用静脉溶栓的方式进行治疗,这种治疗方法对于降低患者残疾概率有着很好的效果,对于患者不良预后也有不错的改进效果。

在该病患者接受静脉溶栓过程中给予患者综合护理对于防范并发症的发生、加快患者脑神经功能复原都是有好处的。

1　资料和方法

1.1　一般资料

从 2020 年 2 月到 2021 年 8 月期间在青岛市黄岛区人民医院接受治疗的急性脑梗死患者中选出 80 人,这 80 人都是明确诊断为急性脑梗死的患者,而且都是首次发病。

将这 80 人随机分为观察组和研究组两个小组,每个小组各有 40 人,前者接受常规护理,小组中男女患者人数对比为 16:24,他们当中年龄最大的已经有 80 岁,年龄最小是 60 岁,发病时间最长的是 5 小时,发病时间最短的是 3 小时,其中还有一部分患者患有高血压、糖尿病或冠心病。研究组患者接受综合护理,小组中男女患者人数对比为 22:18,他们当中年龄最大的是 78 岁,年龄最小的是 60 岁,发病时间最长的是 4 小时,发病时间最短的是 3 小时,该组中也有一些患者患有高血压、糖尿病或冠心病。两组患者具有可比性($P>0.05$)。

1.2　方法

1.2.1　治疗方法

所有 80 名患者都要接受静脉溶栓治疗,也就是将溶解血栓的药物注射入患者静脉血管当中,以便让患者阻塞的血管变畅通。对两组所有患者进行阿替普酶治疗,用量为 0.9 mg/kg,最大用量不能超过 90 mg。医师需要先在患者静脉中推注 10% 的溶栓药物,然后再将剩余的 90% 进行静脉滴注,滴注需要持续一小时。

1.2.2　护理方法

给予观察组患者常规护理,主要就是对患者进行健康教育,给予患者饮食、用药指导等。给予研究组患者综合护理,需要从以下几方面进行护理。

(1)心理护理。进行溶栓治疗之前先要将治疗过程、目的、可能出现的不良反应等都详细地告知患者和家属,这样才能获得患者的信任,才能减缓患者的恐惧心理，使得患者能够更加积极地配合医护人员的工作。此外，还要将患者疾病情况、治疗后的护理措施等详细地告诉家属，并要求家属注意关注患者情绪，一旦发现患者出现不良情绪就要给予安慰和疏导，以此来帮助患者树立治疗信心，为溶栓的顺畅完成提供保障。

（2）溶栓前护理。因为急性脑梗死病情发展比较快，所以应尽快对患者进行溶栓治疗。在溶栓前先要引导患者摆出合适的体位，一般情况下平卧即可，还要对患者的心率、呼吸等进行监测，注意这些生命体征是否存在异常。除此之外还需要让患者吸氧，给予患者静脉滴液等，同时还要了解患者有什么病史，指导患者进行治疗前相关检查。

（3）溶栓过程中护理。检查患者口腔，对异物进行清除，确保患者呼吸畅通，时刻关注患者生命体征是否出现异常，如果发现异常就要立刻进行处理，如果情况比较严重还要及时停止溶栓治疗。在溶栓过程中，一定要特别注意患者是否再次出现脑损伤，脑组织是否出现出血现象。

（4）溶栓后护理。完成溶栓后，护理人员需要将患者送回病房休养，还要对患者提供基本生活护理，如体表清理、咳痰指导等，此外还要对患者心率、血压等进行监测，时刻关注监测结果是否正常，还要注意观察患者是否有出现并发症的趋势，鼻腔是否有出血情况、黏膜是否有破损等，一旦发现患者出现并发症就要给予对症治疗。

（5）康复训练指导。每天对患者存在异常的肢体进行一次电刺激治疗，每次治疗要持续20分钟，这种治疗对于患者运动组织、活动能力恢复都是有好处的。鼓励患者进行康复训练，护理人员需要根据患者身体状况制订康复训练计划，还要征得患者和家属的同意，之后就可以指导患者按照计划进行康复训练，如认知功能训练、自理能力训练等。

需要注意的是，康复训练一定不能急于求成，而是要先从小幅度训练开始，然后慢慢增加训练幅度。在患者进行康复锻炼时，需要多给予患者鼓励和表扬，这样既可以增强患者配合度，还可以帮助患者树立康复信心。

（6）出院指导。在患者即将出院时，护理员还需要将药物用量、服用方法、注意事项等详细地告诉患者和家属，而且还要告知患者如何正确饮食，如多吃哪些蔬菜水果好、禁止食用哪些食物等，还要特别叮嘱患者一定要按时来院复查。

1.3 观察指标

对两组患者的治疗效果进行评价，评价标准分为三个等级，第一个等级是显效，体征恢复正常；第二个等级是有效，体征有所改善；第三个等级是无效，体征没有什么改善。将显效和有效人数相加再除以小组总人数就可以得出治疗总有效率。

两组患者还要填写 NIHSS 量表和 Barthel 指数评定量表，根据患者的填写内容就可以得出相应分值，前者是分值越高说明患者的神经功能越差，后者满分为 100 分，分数越高说明患者的日常生活活动能力越好。

此外，两组患者还要填写医院自制的护理问卷，根据问卷进行打分就可以统计出满意、比较满意、不满意以及出现不良反应的人数，将满意和比较满意人数相加除以小组总人数就可以得出满意度概率，将出现不良反应的人数相加除以小组总人数就可以得出不良反应发生率。

1.4 统计学处理

借助 SPSS 22.0 统计软件对本次实验中获得的各项数据进行统计、处理，其中临床治疗总有效率、满意度概率和不良反应发生率用百分比表示，NIHSS 评分和 Barthel 指数评分用 $x \pm s$ 表示，$P < 0.05$ 说明具有统计学意义。

2 结果

2.1 两组患者临床治疗总有效率对比

接受综合护理的研究组临床治疗总有效率是 92.5%，另一个接受常规护理的观察组临床治疗总有效率是 75%，显然前者高于后者，具体情况如表 1 所示。

表1　两组患者临床治疗总有效率对比[n(%)]

组别	例数	显效	有效	无效	总有效率
研究组	40	25	12	3	37(92.5)
观察组	40	21	9	10	30(75.0)
P值					<0.05

2.2 两组患者NIHSS评分和Barthel指数评分对比

接受护理干预后,研究组NIHSS评分低于观察组,Barthel指数评分则高于观察组,具体情况如表2所示。

表2　两组患者NIHSS评分和Barthel指数评分对比($x\pm s$)

组别	例数	NIHSS评分		Barthel指数评分	
		护理前	护理后	护理前	护理后
观察组	40	14.7±1.7	10.2±1.1	47.3±4.1	55.6±5.1
研究组	40	14.5±1.4	7.6±0.8	46.8±4.1	76.8±6.8
P值			<0.05		<0.05

2.3 两组护理满意度对比

接受综合护理的研究组中不满意人数是2人,护理满意度为95%,接受常规护理的观察组中不满意人数是7人,护理满意度为82.5%,两者对比,前者明显高于后者。具体情况见表3。

表3　两组护理满意度对比[n(%)]

组别	例数	满意	比较满意	不满意	护理满意度
研究组	40	22	16	2	38(95.0)
观察组	40	19	14	7	33(82.5)
P值					<0.05

2.4 两者患者出现不良反应概率对比

两组患者中,研究组总共有5名患者出现了不良反应,不良反应发生率为12.5%,观察组中有11名患者出现了不良反应,不良反应发生率为27.5%,前者的不良反应发生率低于后者。如表4所示。

表4　两者患者不良反应发生率对比[n(%)]

组别	例数	出血	头痛	过敏性皮疹	再闭塞	不良反应发生率
研究组	40	1	1	1	2	5(12.5)
观察组	40	3	2	2	4	11(27.5)
P值						

3　讨论

我国已经进入老龄化阶段,老年人口在总人口中的占比不断增加,各种比较常发生于老年人身上的心脑血管疾病发生率也变得越来越高,给老年人生命安全造成了严重威胁。急性脑梗死是一种发病非常急,病情发展非常快的脑血管疾病。患该病后往往会导致患者部分脑组织遭遇严重损坏,而且很多脑组织的这种损坏都是不可逆的,也就是会导致患者部分身体功能丧失,而且如果患者没有得到及时、有效治疗,随着脑缺血时间的不断增加,遭受损坏的脑组织范围也会变得越来越大,患者丧失的身体功能也会变得越来越多,最终对患者生活质量造成严重影响。所以，对于急性脑梗死患者而言，尽快恢复患者脑组织供血是治疗首要目标。

临床研究发现，静脉溶栓对于该病治疗有着不错的效果，可以对阻碍血液流通的血栓进行有效溶解，从而使得血管可以变为通畅状态，但是因为血栓体积会随着患者发病时间变长而变大，而过大的血栓很可能让患者在接受溶栓治疗时出现其他部位再次堵塞的情况，所以对于急性脑梗死患者而言，控制好治疗时机非常重要。研究发现，急性脑梗死发病6小时内是接受溶栓治疗最佳时间，而且这个时间段内有些损坏的脑组织还可以恢复正常，所以溶栓治疗受到了急性脑梗死患者的大力欢迎。

为探讨综合护理对急性脑梗死静脉溶栓患者可能产生的临床效果，笔者对两组急性脑梗死静脉溶栓患者采用两种不同的护理方法。研究组需接受综合护理，护理人员需根据患者的实际情况和自身需求，为患者提供全面细致的护理，不仅溶栓前需要给予患者护理，溶栓中和溶栓后也需要给予患者相应的护理；观察组需要接受常规护理，主要就是对患者进行健康、饮食和用药等指导。

相比常规护理，显然综合护理更加全面和系统，更能满足患者的个性需要，同时还能有效减轻不良情绪对患者的干扰，还可以让患者享受到更高质量的护理服务，而且能够和患者建立良好关系，使得患者更加信任医护人员，能够以更积极的态度配合治疗，患者病情也会得到有效减轻。此外，综合护理还需要给予患者康复训练指导，这有利于患者日常生活能力的恢复，患者的预后也会更加理想。

本文的研究中，接受综合护理的研究组临床治疗总有效率为92.5%，接受常规护理的观察组临床治疗总有效率为75%，前者明显高于后者，说明综合护理对患者预后恢复有较好的促进作用。

此外，研究组 NIHSS 评分低于观察组，Barthel 指数评分高于观察组，说明综合护理对患者神经功能的恢复和日常生活能力的提高有良好的效果，而且接受综合护理的研究组出现不良反应的概率只有12.5%，这说明综合护理还可以有效降低患者出现不良反应的概率。

另外，研究组患者的护理满意度高达95%，而观察组只有82.5%，说明患者对于综合护理更加满意。总之，对急性脑梗死静脉溶栓患者进行综合护理可以获得更好的临床效果，值得进行推广。

参考文献：

[1] 王亚男.分析综合护理在急性脑梗死患者静脉溶栓后的应用[J].健康必读,2020(13):221-222.

[2] 祝媛媛.综合护理干预在急性脑梗死患者静脉溶栓后的应用及措施评价[J].家庭医药,2019(12):231.

[3] 周丽娜,王丽娟.综合护理干预在急性脑梗死患者静脉溶栓中的应用价值研究[J].基层医学论坛,2018,22(27):3840-3841.

[4] 李艳春,孙秀英,刘桂增.综合护理干预对进行静脉溶栓桥接动脉取栓治疗的急性脑梗死患者预后影响[J].中国保健营养,2019,29(27):188.

[5] 韩洪莉,张晓翠,陈树珍,等.综合护理干预在急性脑梗死患者静脉溶栓后的应用分析[J].实用临床护理学电子杂志,2018,3(47):61.

作者简介：王海霞，青岛市黄岛区人民医院主管护师

联系方式：271815490@qq.com

紧密型健共体与风险预警防控双模型
在慢病管理中对脑卒中的应用研究

李乐红　初德建　刘东伟　王　坤　连培建　马美丽

摘要：为探析紧密型健共体与风险预警防控双模型在慢病管理中对脑卒中的应用研究，笔者选取 2019 年 1 月至 12 月在山东省青岛市黄岛区人民医院急诊内科实施紧密型健共体护理风险预警监控前的缺血性脑卒中患者 120 例作为参照，命名为对照组。再选取 2021 年 1 月至 2022 年 1 月我院实施后的缺血性脑卒中患者 120 例作为研究对象，命名为观察组。比较两组患者从发病到入急诊的时间和入院到溶栓的时间（DNT）以及抢救成功率。结果显示，观察组患者从发病到入急诊的时间以及入院到溶栓的时间均明显短于对照组，且抢救成功率明显高于对照组，$P < 0.05$，有统计学意义。综上可知，紧密型健共体与风险预警防控双模型可以明显缩短急性缺血性脑卒中患者的抢救时间，对临床上提高救治成功率具有重要的应用价值。

关键词：紧密型健共体；护理风险预警防控；双模型；脑卒中血栓事件

脑卒中是临床上常见的脑血管意外事件，分为缺血性脑卒中和出血性脑卒中。[1]研究数据显示，缺血性脑卒中患者国内患病概率高达脑卒中患者的 60%，同高血压慢性疾病患病率一致，且患病期间临床采用溶栓进行治疗，避免血管严重堵塞出现脑出血并发症，严重影响患者的日常生活质量。[2]缺血性脑卒中患者早期通过静脉溶栓治疗一般会取得较好的救治效果，但是静脉溶栓的临床效果受到了溶栓时间的影响。发病到溶栓的时间越短，患者救治效果越好，抢救成功率也越高。[3]因此如何有效缩短发病到溶栓的时间是目前临床上受到广泛关注的问题。而紧密型健共体护理风险预警监控是指以群众健康为导向，将整体治疗和危险因素预防以及健康保障相互融合，为患者提供以健康为核心的生命周期。[4]本文的研究分别选取了实施紧密型健共体护理风险预警监控前后我院急诊内科的缺血性脑卒中患者作为研究对象，分析紧密型健共体护理风险预警监控对于预防脑卒中血栓事件的应用效果。

1　资料与方法

1.1　一般资料

选取我院急诊内科 2019 年 1 月至 12 月实施紧密型健共体护理风险预警监控前的缺血性脑卒中患者 120 例作为参照，命名为对照组。再选取 2021 年 1 月至 2022 年 1 月我院实施紧密型健共体护理风险预警监控以后的缺血性脑卒中患者 120 例作为研究对象，命名为观察组。纳入标准：① 符合《中国急性缺血性脑卒中诊治指南 2018》诊断标准，并行急诊就医者[5]；② 患者均为首次入院治疗者；③ 症状持续 3～4.5 h；④ 年龄≥18 岁。排除标准：① 合并明显脑积水脑室出血脑室铸型合并脑血管畸形动脉瘤等血管病变；② 高龄糖尿病和心肺肝肾功能严重不全；③ 年龄岁脑疝晚期双侧瞳孔散大生命体征不稳严重器官病变；④ 不能耐受手术；⑤ 底核区中等量以上出血小脑出血。对照组患者年龄 45～71 岁，平均年龄（55.36±1.78）岁，其中男性 74 例，女性 46 例。观察组患者年龄 47～70 岁，平均年龄（55.21±1.24）岁，其中男性 69 例，女性 51 例。两组间一般资料对比差异不明显，$P > 0.05$，无统计学意义。排除标准：出血性脑卒中患者。

1.2　方法

搭建紧密型健共体护理风险预警监控平台，并且对院内的卒中护理流程进行优化。主要内容包括：① 以我院急诊内科为中心建立区域性的诊疗中心，与社区、乡镇级医疗机构实现资源共享，信息互联互通。在基层医疗机构建立脑卒中风险预警管理团队，健共体基层单位在发现疑似脑卒中患者时需立即通过此平台发出预警,以便健共体脑卒中小组成员能够通过 App 第一时间接收到预警并做好溶栓的相关准备工作。将患者的基本信息,包括姓名、性别、血压、心率、呼吸、意识等情况录入预警系统,由系统自动生成风险等级预警,并对不同等级的患者分别佩戴浅黄、橙色、红色的手环以便医护人员对其进行疾病等级分辨。② 院内溶栓流程优化,对缺血性脑卒中患者建立绿色通道,并对此类患者的相关化验单、检查单以及医嘱单优先进行处理,并贴上明显的标识,由急诊分诊护士启动脑卒中绿色通道。③ 患者初诊时如果被诊断为急性脑卒中,需立即将患者送入 ICU 救治,同时分诊护士需提前做好相关准备工作,详细记录患者发病时间、就诊时间并监测其生命体征、进行抽血等前期工作,由主治医师对患者的体格进行检查,30 min 内完成 CT 和血液检查。④ 主治医师根据患者诊断情况给予相应的溶栓治疗。⑤ 护理人员根据医嘱及时给予患者实施溶栓。⑥ 患者住院期间护理人员给予生命体征监测、给

药等常规护理。⑦ 快速溶栓后根据病情分级分别到 ICU 或神经内科病房巩固治疗。患者出院后由转诊中心向镇级和/或社区医疗机构推送患者相关的治疗资料和管理任务以及康复计划。三级综合医院、镇级和社区医疗机构三级联动对患者进行后期跟踪和康复训练。[6]

1.3 观察指标

比较两组患者从发病到入急诊的时间和从入院到溶栓的时间(DNT)以及抢救成功率。

1.4 统计学分析

数据处理:SPSS 21.0 统计学软件;资料描述:计数资料为(n%),计量资料为($\bar{x}\pm s$);差异检验:计数资料为 χ^2,计量资料为 t;统计学意义判定标准 $P<0.05$。

2 结果

观察组患者从发病到入急诊的时间以及从入院到溶栓的时间均明显短于对照组,且抢救成功率明显高于对照组,$P<0.05$,有统计学意义。详见表 1。

表 1 比较两组发病到入急诊的时间和入院到溶栓的时间抢救成功率($\bar{x}\pm s/n$)

分组	n	发病到入急诊的时间/min	入院到溶栓的时间/min	抢救成功率/例/(%)
对照组	120	115.45±16.37	76.52±8.45	107(89.17)
观察组	120	71.84±10.42	44.36±2.17	116(96.67)
t/χ^2		24.618	40.381	5.127
P		0.000	0.000	0.023

3 讨论

目前脑卒中仍然是我国高发的急危重症之一,急性缺血性脑卒中患者发病时肢体活动能力和意识、语言功能都会受到阻碍,严重脑卒中可造成永久性神经损伤,急性期如果不及时诊断和治疗可造成严重的并发症,如果抢救不及时甚至会导致患者死亡,给社会和家庭都带来了极大的负担。国内治疗脑卒中主要采用手术和药物治疗,但患病后患者神经功能会出现损伤需配合术后相关护理,而临床常规护理对脑卒中患者存在一定的局限性,在护理过程中仅针对患者药物不良反应和体征变化为主,缺少相关并发症和坠床时间的预警措施。患病期间缺少对患者并发生预测评估,患儿急救期间得不到有效的护理,延长手术或

药物治疗,影响患者治疗效果。研究称早期缺血性脑卒中经溶栓后可取得较好的临床效果,如果超过一段时间再行溶栓则效果不尽如人意。[7] 因此医护人员必须争取在患者发病的最短时间内给予溶栓处理,以期改善患者的预后效果。

缺血性脑卒中患者发病初期主要在社区医院或是乡镇级医院治疗为主,而由于医疗资源和医学水平的限制,对患者的病情很难较精准把控。不能够快速对其采取相应的措施。而紧密型健共体护理风险预警监控是基于 MEWS 评估工具的预警平台,它为基层医护人员提供了科学化的评估和预测,对患者得到及时溶栓治疗争取了宝贵的时间。[8] 了解了患者各项生命体征的变化情况,并对可能发生或即将发生的时间进行评估预测,

进一步提升患者治疗效果,让患者得到及时的治疗措施,加快康复时间改善临床症状。研究结果显示:观察组患者从发病到入急诊的时间以及从入院到溶栓的时间均明显短于对照组,且抢救成功率明显高于对照组,$P<0.05$。由此表明,患者应用紧密型健共体护理风险预警监控可提升急救抢救时间,提升患者溶栓效果,加快疾病康复。

综上可见,紧密型健共体护理风险预警监控可以明显缩短急性缺血性脑卒中患者的抢救时间,提高脑卒中患者的治疗效果,通过风险预警监控患者并发症发生情况,降低不良反应及风险事件的发生,对临床上提高救治成功率具有重要的应用价值。

参考文献:

[1]廖薇薇,陈日玉,张和妹,等.三位一体治疗仪在脑卒中偏瘫康复治疗中的疗效观察[J].西部医学,2018,30(6):69-72.

[2]Derenbecker R,Spaulding E M,Marvel F,et al. Application of the very high risk criterion and evaluation of cholesterol guideline adherence in post-ami patients at an urban academic medical center[J]. Journal of the American College of Cardiology,2020,75(11):1882.

[3]Takafuji H,Obunai K,Makihara Y,et al. Clinical experience of percutaneous patent foramen ovale closure using the Amplatzer PFO occluder in Japanese patients to prevent the recurrence of cryptogenic stroke[J]. Intern Med. 2021,60(21):3385-3390.

[4]Emily,G,Lattie,et al. Opportunities for and tensions surrounding the use of technology-enabled mental health services in community mental health care [J]. Administration and Policy in Mental Health and Mental Health Services Research,2020,47(1):138-149.

[5]中华医学会神经病学分会,中华医学会神经病学分会脑血管病学组.中国急性缺血性脑卒中诊治指南2018[J].中华神经科杂志.2018,51(9):666-682.

[6]黄添容,曾滢,杨灿洪,等.基于"医护技一体化"脑卒中延续性服务手机 APP 需求现状调查分析[J].中国临床新医学,2018,11(6):95-97.

[7]马美丽,邵德英,樊永江,等.健共体家庭—社区—医院风险预警系统三维联动模式在脑卒中患者中的应用研究[J].中国医药指南.2020,18(19),85-86.

[8]苏建华,韩姝,张俊华,等.脑卒中一体化管理对缩短急性缺血性脑卒中患者救治时间的影响[J].江苏卫生事业管理,2019,175(3):57-59.

作者简介:李乐红,青岛市黄岛区人民医院副主任护师,泌尿外科护士长

联系方式:lilehongllh@163.com

脑梗死超早期静脉溶栓治疗的临床护理要点及应用效果分析

李义亭　王海霞　刘东伟　陈晓阳　逢淑秀

摘要：为探讨脑梗死超早期静脉溶栓治疗的临床护理要点及应用效果，笔者将 2020 年 11 月至 2021 年 11 月收治的 80 例脑梗死患者作为研究对象，并且随机划分为对照组与观察组，其中对照组 40 例患者采用的是常规护理方案，观察组 40 例患者采用的是临床综合护理方案，针对两组患者神经功能损伤指标、治疗有效率、生活质量、并发症及护理满意度相关指标进行了比较。结果显示，观察组治疗有效率、生活质量、护理满意度均比对照组要高，神经功能损伤指标、并发症发生概率则比对照组低，差异具有统计学意义（$P < 0.05$）。综上所知，针对两组脑梗死患者均给予超早期静脉溶栓治疗以后，综合护理兼顾到了患者溶栓治疗前、治疗中、治疗后多个层面，应用的效果要比常规护理更加理想，在临床治疗过程中值得推广。

关键词：脑梗死；超早期静脉溶栓；临床护理要点；应用效果

最近几年，脑血管疾病的病发率越来越高，而脑梗死便是其中最为常见的疾病，发病紧急，而且病情较重，致残率、致死率也非常高。如果患者在发病以后未得到及时有效治疗，轻则残疾，重则危及生命。

关于超早期脑梗死，在临床治疗中常使用溶栓，如果用药及时可以使闭塞的血管恢复畅通，使脑组织缺血、缺氧状况得到有效缓解，患者治愈率还是非常高的。而在超早期静脉溶栓期间，给予患者必要的护理是非常重要的，可以使溶栓效果强化，也能够降低预后并发症发生的概率。

而本次将 2020 年 11 月至 2021 年 11 月收治的 80 例脑梗死患者作为研究对象，针对脑梗死超早期静脉溶栓治疗的临床护理要点进行分析的基础之上，探讨应用的效果，具体内容以下进行了详细阐述

1　资料与方法

1.1　一般资料

将 2020 年 11 月至 2021 年 11 月收治的 80 例脑梗死患者作为了此次研究的主要对象，随机划分为对照组 40 例，观察组 40 例，针对两组患者性别、年龄、发病时间等一般资料进行了对比，具体内容见表 1 所示。

表 1　两组患者一般资料对比

		对照组	实验组
例		40	40
性别	男	19	20
	女	21	20
年龄		50～75 岁	52～76 岁
平均年龄		（66.12±6.81）岁	（65.74±6.07）岁
发病时间		2～5 h	2～6 h
平均时间		（4.73±0.57）h	（4.11±0.63）h

针对两组患者一般资料的对比中，不管是年龄、性别，还是发病时间均没有较为明显的变化，

不具备统计学意义（$P > 0.05$），具有一定的可比性。在进行研究之前与患者及家属进行了深入交

流,均取得对方同意,并签订了知情同意书,愿意配合此次研究。

1.2 方法

针对两组患者均给予了超早期静脉溶栓治疗,在入院以后,对所有患者进行了血压、心律等重要指标的监测,实施静脉通路治疗,10 U 阿替普酶和 100 mL 浓度为 0.9% 的氯化钠混合以后给予患者静脉注入,对注入速度严格控制,确保 30 min 内将药物完全注射。24 h 以后将 0.4 mL 低分子量肝素通过皮下注射的方法注入患者体内,2 次/日,治疗周期为 7 d。在此基础之上,对照组采用常规护理方案;实验组则采用的是综合护理方案,护理要点如下。

一是溶栓治疗前的护理要点是护理人员应准确评估脑梗死患者的具体情况,记录发病时间,为确定后续超早期溶栓治疗时间提供参考。通常,最佳溶栓时间在发病后 3 h 内。如果患者及其家属难以确定发病的具体时间,可通过判断肌肉功能丧失的时间来确定。护理人员应定期检测病人的各项生命体征,如发现异常,应立即通知主治医生。如果患者符合超早期溶栓治疗的要求,应尽快建立两条独立的静脉通路,一条用于采血,另一条用于用药,便于在治疗过程中提交血样。

二是溶栓治疗中的护理要点。护士应以静脉输注的形式给药阿替普酶。仔细观察病人生命体征的变化,记录体温、血压和肌力。如果患者在治疗过程中出现过敏反应,立即停药,找出原因。护理人员保证溶栓时间为 30 min 内,控制好时间,保证治疗效果。在用药之前要检查患者凝血,对患者消化系统溃疡、药物敏感情况充分了解,如果患者有明显的不良反应,例如呕吐、头痛等,要及时告诉医生,给予相应的治疗。

三是溶栓治疗以后护理要点,护理人员要将患者生命体征指标记录清楚,比较溶栓前和溶栓过程中的相关资料。多与病人沟通,测试他们的语言沟通能力,如病人仍不能沟通,应及时通知医生,启动下一步治疗方案。溶栓后应注意皮下出血、静脉穿刺部位出血、牙龈出血、血尿等,密切观察。

患者应进行颅脑显像,明确颅内出血的具体情况。如有出血并发症,应立即治疗。护理人员要给予脑梗死患者指导,要求其卧床休息,给予患者二便、呼吸道、口腔、出肤护理干预,避免出现褥疮。如果患者发病以后无法正常进食可采用鼻饲帮助饮食,确保患者体内水电解质保持平衡。本身脑梗死发病突然,所以很多患者在短时间内无法接受,极易有明显的情绪过激、紧张、抑郁、焦虑等,这也会在很大程度上影响其治疗依从性。

针对此情况,护理人员除了要对患者情绪表达进行观察以外,还要适当给予心理护理,多与患者沟通,了解其真正想法,增强相互间的信任,积极主动配合治疗。除此之外,护理人员要鼓励患者进行康复训练,为患者按摩肢体,家属也可以辅助患者由简单动作做起进行康复锻炼,运动量要适度,不宜太劳累,不要操之过急。

1.3 观察指标

针对两组患者神经功能损伤指标进行对比,其中包括 NSE、8-0HdG、S100。

比较两组患者的治疗效果。其主要分为有效、有效和无效。其中脑部症状明显缓解被认为是有效;脑部症状的减轻被认为是有效的;临床症状无明显缓解,且有加重被认为是无效的症状倾向。

针对两组患者生活质量进行对比。其主要包括语言、肢体、行动、心理及饮食,采用评分形式,制作表格,满分 10 分,得分越高表明生活质量越高,分值越低则表明患者生活质量越低。

针对两组患者并发症发生概率进行对比。

针对两组患者护理满意度进行对比。其主要划分为非常满意、满意、不满意,采用问卷调查的形式,总分 100,得分越高表明满意度越高,反之,如果分值越低则表明患者护理满意度越低。

1.4 统计学方法

在对数据分析时使用的是 SPSS 20.0 统计软件,$(x \pm s)$ 表示的是计量资料,用 t 进行检验,$(n,\%)$ 表示的是计数资料,用 x^2 进行检验,差异具有统计学意义$(P < 0.05)$。

2　结果

结果见表 2～6。

表 2　两组患者护理前后神经功能损伤指标对比($x \pm s$)

		NSE(pg·L^{-1})	8-0HdG/(pg·L^{-1})	S100β/(pg·L^{-1})
对照组($n=40$)	护理前	25.53±3.52	576.25±80.63	1.65±0.41
	护理后	14.54±2.65	340.65±66.62	1.54±0.52
实验组($n=40$)	护理前	25.95±3.50	575.45±80.65	1.64±0.43
	护理后	10.64±2.62	230.75±61.53	0.55±0.47
t		6.02	11.33	4.15
P		<0.05	<0.05	<0.05

表 3　两组患者治疗有效率对比(n,%)

	例	显效	有效	无效	有效率
对照组	40	10	20	10	30(75)
实验组	40	23	15	2	38(95)
x^2		3.14	0.67	4.42	4.34
P		<0.05	<0.05	<0.05	<0.05

表 4　两组患者生活质量对比($x \pm s$)

	例	语言	肢体	行动	心理	饮食
对照组	40	5.11±1.07	6.05±1.15	5.90±1.37	6.02±1.30	6.37±1.14
实验组	40	8.09±1.12	8.33±1.47	8.77±1.51	8.65±0.87	8.78±0.93
t		7.36	5.28	9.08	8.52	8.24
P		<0.05	<0.05	<0.05	<0.05	<0.05

表 5　两组患者并发症发生概率对比(n,%)

	例	泌尿系出血	压疮	肺部感染	发生概率
对照组	40				11(27.5)
实验组	40	4	5	2	4(10)
x^2		2	1	1	4.23
P					<0.05

表 6　两组患者护理满意度对比(n,%)

	例	非常满意	满意	不满意	满意度
对照组	40	7(17.5)	20(50)	13(32.5)	27(67.5)
实验组	40	15(37.5)	23(57.5)	2(5)	4(95)
x^2					9.31
P					<0.05

2.1 两组患者护理前后神经功能损伤指标对比

针对两组患者护理前后神经功能损伤指标的对比中（表2），护理前NSE、8-0HdG、S100两组均没有明显变化，差异不具备统计学意义（$P>0.05$）；在护理以后，两组各项指标有明显下降，而且实验组要低于对照组，差异具有统计学意义（$P<0.05$）。

2.2 两组患者治疗有效率对比

针对两组患者治疗有效率的对比中（表3），实验组明显要比对照组高，差异具有统计学意义（$P<0.05$）。

2.3 两组患者生活质量对比

针对两组患者生活质量的对比中（表4），对照组语言、肢体、行动、心理、饮食分别为（5.11 ± 1.07）分、（6.05 ± 1.15）分、（5.90 ± 1.37）分、（6.02 ± 1.30）分、（6.37 ± 1.14）分；实验组分别为（8.09 ± 1.12）分、（8.33 ± 1.47）分、（8.77 ± 1.51）分、（8.65 ± 0.87）分、（8.78 ± 0.93）分，明显要比对照组高，差异具有统计学意义（$P<0.05$）。

2.4 两组患者并发症发生概率对比

针对两组患者并发症发生概率的对比中（表5），对照组相较于实验组并发症概率明显高于实验组，差异具有统计学意义$P<0.05$。

2.5 两组患者护理满意度对比

两组患者护理满意度的对比中（表6），差异具有统计学意义，实验组明显要比对照组更高一些（$P<0.05$）。

3 讨论

在心脑血管疾病中，脑梗死是常见病，主要是因为粥硬化引发的，多发于老年群体，由于脑供血不足造成患者脑部组织严重缺血、缺氧，临床治疗中多表现为偏瘫、语言障碍、肢体不协调、昏迷等。当前关于此疾病超早期发病多采用溶栓治疗方法，而且效果也非常不错。

在具体治疗过程中，如果患者符合超早期溶栓治疗要求，需要在较短时间给予治疗方案，能够大幅度提高治愈率。超早期溶栓治疗可显著改善患者的各项指标从而改善生活质量，同时可以显著降低治疗后并发症的发生，可以很好地缓解意识障碍问题，进而掌握最佳治疗时机，密切观察患者各项生命体征，静脉注射溶栓药物给药可提高治疗效果。

患者溶栓治疗后给予心理辅导和康复运动指导，可帮助患者尽快恢复肢体功能，预防麻痹症状，降低并发症发生的概率。而通过对脑梗死超早期静脉溶栓治疗的临床护理要点及应用效果进行分析，得出以下结论：实验组给予综合护理干预，对照组采用常规护理方法，前者神经功能损伤、并发症发生概率均低于对照组，而治疗有效率、生活质量、护理满意度则高于对照组，差异具有统计学意义（$P<0.05$）。

总而言之，针对脑梗死超早期静脉溶栓治疗前、治疗中以及治疗后给予综合护理干预，要比常规护理的效果更加显著，不仅提高了患者生活质量，改善了神经功能，而且安全性较高，并发症少，有利于患者增强治疗信心，积极配合，促进身体各功能的恢复，所以在临床治疗中具有非常好的推广及使用价值。

参考文献：

[1] 康哲,张婷,陈慧君,等.脑梗塞超早期静脉溶栓治疗的临床效果[J].饮食保健,2020,7(30):25-26.

[2] 李丹,李伟,纪卫卫.脑梗塞超早期静脉溶栓治疗的效果观察及护理体会[J].健康大视野,2020(19):148.

[3] 张冬梅.脑梗塞超早期静脉溶栓治疗的综合护理方式的研究[J].当代护士(中旬刊),2018,25(11):31-32.

[4] 翟婷婷,高娜,袁桂敏.脑梗塞超早期静脉溶栓治疗的护理观察[J].医学美学美容,2021,30(13):24-25.

[5] 曹青,任扬扬,马盈.脑梗塞超早期静脉溶栓治疗的护理措施评价[J].中外女性健康研究,2018(23):131-132.

作者简介：李义亭,青岛市黄岛区人民医院副主任医师

联系方式：35449353@qq.com

分析牙髓坏死根管治疗后局部给予神经生长因子注射对缓解牙龈肿痛的价值分析

董彩莲

摘要：为分析牙髓坏死根管治疗后局部给予神经生长因子注射对缓解牙龈肿痛的价值，笔者以随机的方式选取在本科室进行牙髓坏死根管治疗的患者作为本次调查的对象，根据随机方式选取 70 例患者进行调查，本次调查选取时间为 2017 年 12 月至 2018 年 12 月。将参与本次调查的患者分为对照组、实验组两个小组，每组各 35 例。对照组在本次调查中对患者实施常规口服甲硝唑治疗，实验组给予患者神经生长因子注射治疗，观察对照组、实验组临床治疗效果。结果显示，治疗后与治疗前相比，两组患者牙周疼痛、牙周肿胀、牙周松动评分均降低，且对照组患者评分均高于实验组患者，统计学差异显著（$P < 0.05$）；对照组的临床治疗有效率明显低于实验组。综上可知，采用局部给予神经生长因子注射的方法对牙髓坏死根管治疗后缓解牙龈肿痛，有很好的临床效果，值得进一步研究及推广。

关键词：牙髓坏死根管治疗；局部给予神经生长因子注射；缓解牙龈肿痛

牙髓坏死是指牙髓组织的死亡，大多由各种牙髓炎发展而来，其次可由外伤导致，也可由修复材料的刺激导致。临床患者多有牙髓炎病史，正畸史以及外伤史。患者多无明显疼痛症状，牙齿无光泽，呈灰色或暗红色，多见于老年及儿童患者。临床上针对牙髓坏死多采用根管治疗，通过消除髓腔内的刺激源，并将根管用填充材料严密封闭，而达到治疗牙髓坏死的目的。针对牙髓坏死根管治疗后缓解牙龈肿痛采用局部给予神经生长因子注射的方法，取得了良好的疗效，现做如下分析。[1]

1　资料与方法

1.1　一般资料

以随机的方式选取在本科室进行牙髓坏死根管治疗的患者作为本次调查的对象，根据随机方式选取 70 例患者进行调查，本次调查选取时间为 2017 年 12 月至 2018 年 12 月。将参与本次调查的患者分为对照组、实验组两个小组，每组各 35 例。对照组患者年龄为 35～54 岁，平均（44.5±3.5）岁。实验组患者年龄为 33～56 岁，平均（44.5±3.3）岁。对照组、实验组一般资料无明显差异（$P > 0.05$）。

1.2　方式

1.2.1　基本方法

两组患者均进行根管扩充、开髓、冲洗等治疗，然后对患者进行消毒和填充，消毒采用甲酚甲醛，填充采用碘仿根管糊剂。术后，医生应叮嘱患者不要舔舐和反复吸吮，避免发生出血现象。治疗期间，嘱咐患者避免使用其他抗生素以及免疫调节剂等药物，禁食辛辣刺激和黏、硬以及易碎的食物，应多吃较软的食物，禁烟酒，嘱咐患者保持口腔清洁。[2]

1.2.2　对照组

对照组患者采用常规的治疗方法：让患者口服甲硝唑，每次 2 片，每日 3 次，10 天为 1 疗程。

1.2.3　实验组

实验组患者在对照组常规治疗的基础上采用局部给予神经生长因子注射的方法进行治疗：将 2 mL 浓度为 0.9% 的生理盐水与注射用鼠神经生长因子混合，然后局部黏膜下注射，1 天 1 次，10 天为一疗程。

1.3　指标观察和评价

1.3.1　观察对比对照组与实验组的牙周疼痛、牙周肿胀、牙周松动评分情况

根据相关评分标准评估病例牙周疼痛、肿胀及松动程度，结果以 0 分、1 分、2 分、3 分表示，其中牙周疼痛评分标准：0 分为病例无任何疼痛症状；1 分为病例有轻微疼痛症状；2 分为病例有疼痛感但不影响饮食；3 分为疼痛感剧烈，给饮食带

来影响。牙周肿胀程度评分标准：无任何肿胀症状为0分；出现轻度肿胀症状为1分；出现中度肿胀症状为2分；出现重度肿胀症状为3分。牙周松动评分标准：牙齿不出现松动为0分；出现轻度松动为1分；中度松动为2分；重度松动为3分。

1.3.2 观察对比对照组与实验组患者临床治疗总有效率

临床治疗总有效率包括治愈、显效、有效和无效。治愈即患者经治疗后症状全部消失，牙龈呈粉红色；显效即患者经治疗后症状明显缓解，牙龈变红；有效即患者经治疗后症状改善不明显，牙龈轻度水肿；无效即患者经治疗后症状无好转或加重。临床治疗总有效率＝1－无效例数/总例数×100%。[3]

1.4 统计学方式

将本文结果输入统计学软件进行统计和分析，结果以$P<0.05$表示时说明存在对比价值，具有临床统计学意义。

2 结果

2.1 两组患者牙周疼痛、牙周肿胀、牙周松动评分对比

对照组患者治疗前牙周疼痛评分为（1.78±0.57），牙周肿胀评分为（2.40±0.56），牙周松动评分为（2.54±0.44）；治疗后牙周疼痛评分为（1.00±0.47），牙周肿胀评分为（1.07±0.56），牙周松动评分（1.11±0.46）；实验组患者治疗前牙周疼痛评分为（1.83±0.57），牙周肿胀评分为（2.39±0.54），牙周松动评分（2.46±0.43）；治疗后牙周疼痛评分为（0.43±0.27），牙周肿胀评分为（0.57±0.51），牙周松动评分为（0.65±0.49）。通过数据对比，可以得出治疗后与治疗前相比，两组患者牙周疼痛、牙周肿胀、牙周松动评分均降低，且对照组患者评分均高于实验组患者，统计学差异显著（$P<0.05$）。

2.2 两组患者临床治疗总有效率对比

对照组治愈13例、显效6例、有效6例、无效10例，总有效率为71.42%；实验组治愈17例、显效8例、有效7例、无效3例，总有效率为91.42%。通过数据的对比，可以得出对照组的临床治疗有效率明显低于实验组，统计学差异显著（$P<0.05$）。

3 讨论

目前临床上治疗牙髓病最常用、最有效的方法就是根管治疗，但是由于治疗过程中需要对根管进行消毒，并且清除根管内部的感染物以及填充根管，以上操作均会对患牙根尖产生刺激，加上患牙残留的细菌及其代谢产物，患者行根管治疗后会出现牙周组织的感染，牙龈肿痛，从而导致剧烈的疼痛。因此，给予患者抗感染治疗以及预防出现牙龈肿痛是行根管治疗后医生必须采取的措施。[4]

针对牙髓坏死根管治疗后牙龈出现肿痛，采取常规的抗生素以及止痛药进行治疗，效果并不明显，并且容易使患者产生抗药性。近年来，局部神经生长因子注射对根管治疗后缓解牙龈肿痛的临床应用取得了较好的效果。全身各组织器官均存在神经生长因子，作为参与神经修复及再生的重要因子，其主要作用为促进运动神经元和交感神经的再生和分化，从而促进患者牙髓以及牙周膜的增殖分化，因此具有显著的疗效。[5]

本文的研究通过探究牙髓坏死根管治疗后局部给予神经生长因子注射对缓解牙龈肿痛的价值，可以发现该方法可以有效减轻患者治疗后牙周疼痛、牙周肿胀以及牙周松动症状，为患者减轻痛苦，并且可以提高临床治疗总有效。因此，在临床上应该进一步研究及推广。

参考文献：

[1] 华刚.牙髓坏死根管治疗后局部注射生长因子对缓解牙龈肿痛及炎症指标的效果分析[J].全科口腔医学电子杂志,2017,4(2):18-19+21.

[2] 李燕,程海燕.神经生长因子对牙髓坏死根管治疗后牙龈肿痛患者的治疗观察[J].海南医学院学报,2017,23(20):2880-2883.

[3] 傅志放.评价一次性根管充填对牙髓坏死的治疗价值[J].中国社区医师,2018,34(9):37-38.

[4] 马依拉·卡斯木.一次性根管治疗在老年牙髓坏死并根尖周炎患者中的应用[J].全科口腔医学电子杂志,2018,5(32):92+94.

[5] 朱丰燕,汪柳静,潘华斌.牙髓坏死根管治疗后局部注射生长因子对牙龈肿痛的缓解作用[J].中国生化药物杂志,2016,36(10):137-139+142.

作者简介：董彩莲，青岛西海岸新区第二中医医院口腔科副主任

联系方式：37981652@qq.com

个性化健康教育对降低缺铁性贫血患者静脉留置针堵管发生率的研究效果

杨 严

摘要： 为研究个性化健康教育对降低缺铁性贫血患者静脉留置针堵管发生率的效果，笔者选择 2022 年 1 月至 2022 年 6 月于我科室接受静脉留置针输液治疗的 100 例缺铁性贫血患者根据入院时间不同分为观察者和对照组。对照组 50 例患者给规范的静脉留置针穿刺、护理及常规健康教育；观察组 50 例患者给予规范的静脉留置针穿刺、护理与对照组一致，同时开展个性化健康教育模式。评价两组患者留置针堵管发生率情况。结果显示，观察组发生静脉留置针堵管情况与对照组比较有统计学意义（$P<0.05$）。综上可知，个性化健康教育模式能够有效降低缺铁性贫血患者静脉留置针的堵管发生率，延长留置针使用时间，促进患者的早日康复，提高患者对护理工作满意度。

关键词： 个性化；健康教育；缺铁性贫血患者；堵管发生率

缺铁性贫血疾病具有较强的隐匿性，轻微贫血者几乎没有任何症状，因此一旦发现贫血接受治疗的患者通常情况下多为中重度贫血的患者，此类患者治疗方案为静脉输注铁剂，为了避免反复穿刺给患者带来的痛苦，临床多选用留置针进行静脉穿刺。然而，大多数患者对输液时间、药物种类、药物性质、静脉选择、留置针自我管理知识的缺乏，导致患者不能有效配合护理，从而引起血管非穿刺损伤[1-2]，增加了留置针堵管率的发生，产生了一系列并发症，同时也增添了患者的经济负担。近年来，国内外专业人士越来越深刻认识到有效的个性化的健康教育作为综合性治疗手段之一，能够充分调动病人的主观能动性，积极配合治疗及护理，有利于疾病控制，防止各种并发症的发生[3]，必须得到重视并加以探索研究。

1 资料与方法

1.1 一般资料

2022 年 1 月至 2022 年 6 月我科室接受静脉留置针输液治疗的 100 例缺铁性贫血患者根据入院时间不同分为观察者和对照组，100 例患者均意识清楚，无凝血机制异常。

1.2 穿刺方法

进行穿刺操作护士均为工作五年以上护士，穿刺前对患者病情、年龄、意识、心肺功能、自理能力、合作程度、药物性质、过敏史等进行有效评估，按要求查对；消毒皮肤（用力摩擦）以穿刺点为中心，顺时针方向，直径大于 8 cm，待干。在距穿刺点上方 10 cm 处，扎止血带；再次消毒皮肤以穿刺点为中心，逆时针方向，直径≤8 cm，待干；进行排气后去除针套，检查穿刺针（无弯曲，斜面光滑平整），左手拇指和食指握住透明三通，右手捏住针翼，左右旋转松动针芯，并保证透明三通与持针翼在同一平面，调整针尖斜面。进针：左手绷紧皮肤，右手持针翼，针尖斜面朝上，在血管上方以 15°～30°进针，见回血后降低角度 5°～10°再进针 2 mm。送外套管：① 右手固定针翼，以针芯为支撑，左手将外套管全部送入静脉；② 针尖退入导管内 2～3 mm，借助针芯将导管于针芯一起送入静脉。固定：单手持膜以穿刺点为中心使用无菌透明敷贴无张力粘贴正确固定，捏合导管座（塑形）用双手抹平并且尽量不留下气泡，透明三通也包裹在内，延长管采用 U 型固定（Y 型接口勿压迫穿刺血管），肝素帽高于导管尖端并与血管平行，高举平台固定法。

1.3 个性化健康教育方法

留置针穿刺成功后告知患者或家属注意事项，主要内容包括不可随意调节滴速，穿刺部位的肢体避免长期下垂、提重物用力过度或剧烈活动，可适度活动，淋浴时防水，保持敷贴固定、干燥，协助病人取合适体位，叮嘱患者感觉不适时及时通知医护人员。责任护士每天增加巡视次数，并记录留置针的使用情况，观察患穿刺部位有无红肿等并发症，及时询问患者感受。病区内醒目位置循环播放留置针相关知识小视频，让患者了解留置针构造原理，解除患者焦虑担忧心理。告知缺铁性贫血患者补充铁剂的药物及使用方法，告知药物副作用及简答药理知识，使患者了解药物的相关知识，避免输注过程中随意调节滴速等不错误行为。根据患者年龄、文化程度及认知情况进行不同形式的健康教育，针对文化程度较高的年轻患者发放健康教育手册，针对文化程度较低、接受能力较差的患者绘制宣传手册，以图文并茂的形式进行健康教育，将有关内容制作成小视频收录在平板电脑中，行动不便的老年患者在病床上即可随时学习，责任护士增加对患者的健康教育频率，提高患者学习兴趣性的同时便于患者理解，加强记忆。通过宣教会的形式，召集患者，将健康教育内容制作成 PPT 的形式给患者，同时进行交流讨论，集思广益进行推广学习。基于遗忘规律对患者进行反复健康教育，提高患者健康教育效果，根据遗忘的速度是先快后慢的原理，分别在患者成功穿刺后、穿刺后 20 min、穿刺后 1 h、穿刺后 24 h；穿刺后 48 h 对患者及家属进行反复健康教育[4]，使其了解留置针使用过程中自我维护和自我管理的重要性，加强对相关内容的记忆，有效提高健康教育的效果。

2　结果

观察组 50 名缺铁性贫血患者留置针回血情况发生率降低，留置针使用时间延长，发生静脉留置针堵管情况与对照组比较有统计学意义（$P < 0.05$），患者满意度提升。

3　讨论

静脉留置针又称静脉套管针。核心的组成部件包括可以留置在血管内的柔软的导管/套管，以及不锈钢的穿刺引导针芯。使用时将导管和针芯一起穿刺入血管内，当导管全部进入血管后，回撤出针芯仅将柔软的导管留置在血管内从而进行输液治疗。[5]留置针的应用是临床输液较好的方法，静脉留置针操作简便，适用于任何部位的穿刺，同时减轻了病人反复穿刺的痛苦，减轻了护理人员的工作量，在临床上深受护患欢迎。健康教育是通过信息传播和行为干预，帮助个人和群体掌握保健知识、树立健康观念，使其自觉采纳健康的行为方式的教育活动与过程。个性化的健康教育可根据目标人群的不同进行针对化的健康教育，更利于患者接受，作为护理工作者我们要提高自身素质，学习更多的相关知识，工作中不仅局限于传统的健康教育模式，给予患者个性化的健康教育，精细化护理，提升护理服务质量。

参考文献：

[1] 罗惠芬,龙翠云.静脉留置针常见并发症的原因分析及预防护理对策[J].实用预防医学,2012,19(4)：623-624.

[2] 张艾灵,陈竹所.老年患者浅静脉留置针留置失败原因分析及对策[J].西南国防医药,2012,22(9)：1014-1015.

[3] 尤黎明,吴瑛.内科护理学[M].第 6 版.北京：人民卫生出版社,2008：426.

[4] 丛玲.基于遗忘规律的健康教育对小儿静脉留置针留置效果的影响[J].实用临床护理学杂志,2018,3(26)：8.

[5] 王亚莉.静脉留置针的应用方法及问题对策[J].中国社区医师,2008,8(5)：47.

作者简介：杨严,青岛市黄岛区中心医院血液内科肾内科主管护师

联系方式：15092275020@163.com

自动痔疮套扎术联合肛泰软膏在痔疮患者中的疗效观察及对血清 hs-CRP 水平及 NRS 评分的影响研究

范军伟

摘要：为了探讨自动痔疮套扎术联合肛泰软膏在痔疮患者中的疗效观察及对血清 hs－CRP 水平及 NRS 评分的影响，笔者选择 2018 年 4 月至 2020 年 4 月就诊的痔疮患者 92 例作为研究对象，按照治疗方案的不同分为对照组（$n=46$ 例）和观察组（$n=46$ 例）。对照组采用自动痔疮套扎术治疗，观察组在对照组的基础上联合肛泰软膏治疗，治疗后对患者效果进行评估，比较两组患者的炎症因子水平、临床症状、睡眠及疼痛情况。观察组治疗后白细胞介素-6、肿瘤坏死因子-a 及超敏 C 反应蛋白的水平均低于对照组（$P<0.05$）；观察组治疗后便血、外痔突出、尿潴留、肛门疼痛或下腹痛、肛缘水肿的症状积分均显著低于对照组（$P<0.05$）；观察组治疗后睡眠评分高于对照组，NRS 评分低于对照组（$P<0.05$）。自动痔疮套扎术联合肛泰软膏在痔疮患者中应用效果显著，能够明显改善患者的临床症状，降低炎症因子的水平，减轻疼痛程度，保证充足的睡眠，促进创面愈合，值得推广应用。

关键词：自动痔疮套扎术；肛泰软膏；痔疮患者；炎症因子水平；NRS 评分；睡眠评分

痔疮是生活中常见的一种疾病，常带给人带来困扰，往往因为顾及个人的隐私常对于自身的病况难以启齿，讳疾忌医，耽误了治疗。[1]痔疮根据齿状线可分为内痔、外痔和混合痔，主要的临床表现为便血，可能还伴有肿胀、疼痛等症状。[2-3]目前，临床上常采用自动痔疮套扎术（RPH）进行治疗，获取了显著的效果，但是，术后常会出现肛周创面水肿、疼痛等，增加患者的痛苦且严重影响患者的睡眠，延长了康复进程，增加了家庭经济负担。[4]为促进患者康复，术后改善患者的血液循环、减轻炎症反应十分重要。[5-6]但是，自动痔疮套扎术联合肛泰软膏在痔疮患者中的疗效观察及对血清 hs-CRP 水平及 NRS 评分的影响研究较少，故笔者以痔疮患者作为研究对象，探讨介入治疗在痔疮患者中的疗效观察。

1　资料与方法

1.1 临床资料

以 2018 年 4 月至 2020 年 4 月就诊的痔疮患者 92 例作为对象，按照治疗方案的不同分为对照组和观察组。对照组 46 例，男 32 例，女 14 例，年龄（29～68）岁，平均（41.47±9.68）岁；病史（1～13）年，平均（5.25±1.92）年。痔疮类型：内痔有 16 例，外痔有 17 例，混合痔有 13 例；严重程度：Ⅱ度有 19 例，Ⅲ有 13 例，Ⅳ度有 14 例。观察组 46 例，男 28 例，女 18 例，年龄（26～71）岁，平均（43.58±11.23）岁；病史（2～18）年，平均（6.53±2.06）年。痔疮类型：内痔有 11 例，外痔有 16 例，混合痔有 19 例；严重程度：Ⅱ度有 21 例，Ⅲ有 16 例，Ⅳ度有 9 例。

1.2 纳入、排除标准

纳入标准：① 均符合《现代肛肠病学》中关于痔疮的诊断和分类标准[7]，根据病史和物理检查、肛门镜检等确诊；② 均进行手术治疗，2 周内未接受其他治疗；③ 均经医院伦理委员会批准并签署知情同意书。

排除标准：① 合并糖尿病等其他疾病影响治疗效果者；② 合并肝肾等重要脏器功能不全或凝血机能障碍者；③ 合并自身免疫性疾病、严重高血压或溃疡性结肠炎疾病者。

1.3 方法

对照组：采用自动痔疮套扎术治疗。在进行手术前嘱托患者排空大便。采用膝胸位，采用自动痔疮套扎器，将已消毒的肛窥器，连接负压吸引器和外源负压抽吸系统，在负压释放开关关闭时，将经肛窥器放入的枪管对准痔上黏膜，将组织吸入枪管内，当负压值为 0.08 MPa 时拨动绕线轮释放 1 枚弹性胶圈并释放负压控制阀门,释放负压完成 1 次套扎,随后按照上述步骤再次进行 1 次套扎,每次套扎 4 点左右。术后预防性采用抗生素进行治疗 24 h,保证大便通畅,禁止食用辛辣、刺激性食物,禁止饮酒等。[8-9]

观察组:在对照组的基础上联合肛泰软膏治疗。同样采用自动痔疮套扎术治疗,步骤同对照组,术后保证患部的干净整洁,进行清理后,将药管上的盖拧下,揭掉封口膜,用药前取出给药管,套在药管上拧紧,取适量的肛泰软膏进行涂抹,剂量约为 1 g,每天 2 次,睡前或便后给药。

1.4 观察指标

① 炎症因子水平。记录两组患者治疗前后炎症因子水平,分别在治疗前、治疗后收集患者清晨空腹血 5 mL,随后以 3000 r/min 的速度进行离心处理,半径为 16 cm,时间为 10 min,分离血清待检。选取由上海京工实业有限公司专业生产、型号 ELx800 的全自动酶标仪,采用双抗体夹心酶联免疫吸附法[10]进行检测,检测两组白细胞介素-6(IL-6)、肿瘤坏死因子-a(TNF-a)及超敏 C 反应蛋白(hs-CRP)的水平。② 临床症状。采用计分法对症状进行评分,分值为 0~3 分,分别表示为正

常、轻度、中度、重度,对便血、外痔突出、尿潴留、肛门疼痛或下腹痛、肛缘水肿的症状进行评分。③ 睡眠及疼痛情况。睡眠:对患者治疗后睡眠情况进行评分,参照匹兹堡睡眠指数表自制睡眠评价表[11],分别从睡眠时间及睡眠效率进行评价,每项均为 0~10 分,评分越高,睡眠越好;疼痛:采用数字评价量表[12](NRS),分值为 0~10 分,两端数字分别表示无疼痛和剧烈疼痛。1~3 分表示轻度疼痛,不影响活动、睡眠;4~6 分表示中度疼痛,对生活及睡眠产生一定影响;7~10 分表示非常疼痛,对患者的生活和睡眠产生很大影响。

1.5 统计分析

采用 SPSS 18.0 软件处理,计数资料行 χ^2 检验,采用 $n(\%)$ 表示,计量资料行 t 检验,采用 $(\overline{x}\pm s)$ 表示,差异有统计学意义 $(P<0.05)$。

2 结果

2.1 两组炎症因子水平比较

两组治疗前炎症因子各项指标无统计学意义 $(P>0.05)$;观察组治疗后白细胞介素-6、肿瘤坏死因子-a 及超敏 C 反应蛋白的水平均低于对照组 $(P<0.05)$,见表 1。

表 1　两组炎症因子水平比较 $(\overline{x}\pm s)$

组别		白细胞介素-6/(pg·mL^{-1})	肿瘤坏死因子-a/(pg·mL^{-1})	超敏 C 反应蛋白/(mg·L^{-1})
观察组	治疗前	25.24±3.29	30.79±4.17	32.29±3.12
	治疗后	12.14±2.24^{ab}	25.03±2.32^{ab}	24.84±6.29^{ab}
对照组	治疗前	25.21±2.53	30.94±3.98	32.26±2.46
	治疗后	18.37±3.09^b	25.06±2.32^b	28.76±7.16^b

注:a,与对照组比较,$P<0.05$;b,与治疗前比较,$P<0.05$。

2.2 两组临床症状积分比较

两组治疗前临床症状积分无统计学意义 $(P>0.05)$;观察组治疗后便血、外痔突出、尿潴留、肛

门疼痛或下腹痛、肛缘水肿的症状积分均显著低于对照组 $(P<0.05)$,见表 2。

表 2　两组症状积分比较 $(分,\overline{x}\pm s)$

组别		便血	外痔突出	尿潴留	肛门疼痛或下腹痛	肛缘水肿
观察组	治疗前	2.39±0.68	2.77±0.65	2.72±0.53	2.76±0.77	2.76±0.63
	治疗后	0.67±0.21^{ab}	0.98±0.38^{ab}	1.04±0.34^{ab}	1.54±0.39^{ab}	0.98±0.49^{ab}
对照组	治疗前	2.53±0.41	2.81±0.52	2.61±0.63	2.73±0.51	2.71±0.59
	治疗后	1.42±0.37^b	1.71±0.33^b	1.84±0.42^b	2.12±0.25^b	1.61±0.19^b

注:a,与对照组比较,$P<0.05$;b,与治疗前比较,$P<0.05$。

2.3 两组睡眠及疼痛情况比较

两组治疗前睡眠评分及 NRS 评分无统计学意义（$P > 0.05$）；观察组治疗后睡眠评分高于对照组，NRS 评分低于对照组（$P < 0.05$），见表 3。

表 3　两组睡眠及疼痛情况比较（分，$\bar{x} \pm s$）

组别	例数	睡眠评分		NRS 评分	
		治疗前	治疗后	治疗前	治疗后
观察组	46	5.32 ± 1.28	7.63 ± 1.28	7.58 ± 1.12	2.52 ± 1.24
对照组	46	4.67 ± 1.43	5.56 ± 1.67	7.36 ± 1.19	6.49 ± 1.21
t	—	1.017	7.201	1.617	8.294
P	—	0.098	0.003	0.854	0.000

3　讨论

痔疮的患病位置为肛门处，可发病于任何年龄段，随着年龄的增加，痔疮的发病率逐渐提高，20～40 岁为高发年龄段。[13] 以往痔疮患者常采用中药治疗，随着时代的发展以及微创技术不断完善，西医治疗也取得了良好的治疗效果。[14-15] 近年来，自动痔疮套扎术联合肛泰软膏在痔疮患者中得到应用，效果理想。本文的研究中，观察组治疗后便血、外痔突出、尿潴留、肛门疼痛或下腹痛、肛缘水肿的症状积分均显著低于对照组（$P < 0.05$），说明自动痔疮套扎术联合肛泰软膏治疗能改善患者的临床症状，促进恢复进程。自动套扎术是通过传统的中医学结扎疗法发展而来，该种方式是一种简单、微创、耗时短、安全性较高等优点的治疗方法，绝大多数患者恢复良好，但是部分患者可能会出现创面水肿等情况或是手术导致炎性反应的发生，严重影响到患者的恢复，延长了住院时间。[16] 术后，给予患者肛泰软膏治疗，能够明显改善患者的水肿等情况，该药膏中含有地榆炭、五倍子、冰片等成分具有燥湿敛疮，消除水肿、止血凉血的作用，有助于缓解患者的疼痛而且使用肛泰软膏直接接触创面，能够在短时间内发挥药效，快速缓解症状，保证患者的睡眠时间，利于患者恢复。[17] 本研究中，观察组治疗后睡眠评分高于对照组，NRS 评分低于对照组（$P < 0.05$），说明自动痔疮套扎术联合肛泰软膏能够减轻患者的疼痛，提高睡眠质量。

既往研究表明[18]，采用自动痔疮套扎术治疗，术后常常出现便血、肛缘水肿等症状，明显增加患者的痛苦，增加了家庭经济负担。术后肛缘肿胀、肛门疼痛或下腹痛主要是局部炎症反应所引起，当患者进行自动痔疮套扎术治疗时，将会导致肝脏分泌大量的急性时相蛋白即 hs-CRP；炎症发生时，机体将会分泌 TNF-a，能够刺激 IL-6 因子水平的释放，因此，患者的炎症因子水平显著升高，进而导致肿胀、疼痛等。[19] 肛泰软膏的成分包含麝香、黄连、冰片、地榆炭等，地榆炭、黄连等具有凉血、止血、清热泻火、解毒敛创的作用，具有抗感染、预防感染的作用，可促使皮肤、黏膜等细胞蛋白凝固，起到收敛作用，同时，对链球菌、金黄色葡萄球菌等多种细菌起到灭杀作用，消炎止痛，促进组织新生，加快创面愈合，减轻炎症反应，两者联合治疗在痔疮患者中应用，效果显著。[20] 本文的研究中，观察组治疗后白细胞介素-6、肿瘤坏死因子-a 及超敏 C 反应蛋白的水平均低于对照组（$P < 0.05$），说明自动痔疮套扎术联合肛泰软膏有助于降低各炎症因子的水平。

综上所述，自动痔疮套扎术联合肛泰软膏在痔疮患者中应用效果显著，能够明显改善患者的临床症状，降低炎症因子的水平，减轻疼痛程度，保证患者充足的睡眠，促进创面愈合，值得推广应用。

参考文献：

[1] 邓兵，徐永强，李海军，等. 自动痔疮套扎术治疗 Ⅲ Ⅳ期混合痔的近期效果及安全性分析[J]. 河北医学，2018，24(5)：834-837.

[2] 殷毅，吴桂喜，王伟杰，等. 自动痔疮套扎术治疗 Ⅲ～Ⅳ 度混合痔患者的有效性分析[J]. 医学综述，2019，25(18)：3724-3727.

[3] 洪琛，刘伟，杨鹏，等. 自动痔疮套扎术与外剥内扎术治疗妊娠合并痔疮的临床疗效和安全性对比[J]. 中国妇幼保健，2018，33(15)：3575-3577.

[4] 徐磊，陈浩，林刚，等. 经肛痔脱动脉术与开放痔切除术治疗痔疮的 meta 分析[J]. 医学，2018，20(12)：1-9.

［5］刘洁,史志涛,陈丙学.自动痔疮套扎和传统内扎外切术治疗中重度混合痔患者的临床疗效比较[J].医学综述,2018,24(23):207-210.

［6］冯轩.痔疮自动套扎术治疗内痔30例临床疗效报告[J].山西医药杂志,2019,48(5):68-69.

［7］林海超,何庆林,邵文杰,等.部分缝合痔固定术与环周缝合痔固定术治疗脱垂性痔的疗效比较:一项随机、非效性试验[J].结肠直肠疾病,2018,62(2):1.

［8］张红涛.痔疮自动套扎术联合地奥司明对混合性痔疮的治疗效果及对炎性因子水平的影响[J].中华保健医学杂志,2018,20(6):64-66.

［9］马勇,吴伟强,杨建栋,等.RPH联合外痔切除术治疗Ⅲ－Ⅳ期混合痔的临床分析[J].西北国防医学杂志,2019,40(1):29-34.

［10］Holtsche M M, Goletz S, Beek N V, et al. Prospective study in bullous pemphigoid: Association of high serum anti-BP180 IgG levels with increased mortality and reduced Karnofsky score [J]. British Journal of Dermatology,2018,179(4):172-172.

［11］王静,黄峰.复方荆芥熏洗剂联合肛泰软膏治疗痔疮的疗效观察[J].现代药物与临床,2018,33(2):355-358.

［12］张波,杨晓蓓,李华山.自动痔套扎联合消痔灵硬化剂注射术治疗重度混合痔的临床疗效观察[J].结直肠肛门外科,2018,24(5):509-511.

［13］薛雾松,刘薇,余文,等.肛泰软膏用于肛周脓肿患者术后排便功能影响[J].贵州医药,2018,42(4):451-452.

［14］林春艳,黄永涛,陈鹏程,等.血清4-三辛基酚水平与心血管危险因素及颈动脉内膜－中膜厚度的关系[J].环境污染,2019,246(3):107-113.

［15］程芳,臧峰.行气散结解毒方合马应龙痔疮膏用于环状混合痔术后患者疗效观察[J].现代中西医结合杂志,2019,28(7):767-770.

［16］杨志涛,张继民,王登秀.中医内外合治痔疮疗效及对血清IL-17,IL-6,TNF-α水平的影响[J].中华中医药学刊,2018,36(8):1933-1935.

［17］Davis B R, Lee-Kong S A, Migaly J, et al. The American society of colon and rectal surgeons clinical practice guidelines for the management of hemorrhoids[J]. Diseases of the Colon & Rectum, 2018,61(3):284-292.

［18］廉少英.快速康复外科理念在痔疮患者围手术期护理应用的影响[J].中国药物与临床,2019,19(7):181-182.

［19］邓开智,冷明敏,唐建.马应龙麝香痔疮膏联合地奥司明片对混合痔术后创面水肿的防治效果[J].世界中医药,2019,14(4):946-949.

［20］宋晓阳,何爱萍,韩彬,等.氨酚羟考酮片用于混合痔术后的镇痛效果及对患者血流动力学的影响[J].医学临床研究,2018,35(12):2471-2473.

作者简介:范军伟 青岛市黄岛区中心医院,副主任医师,肛肠科主任

联系方式:dfjw78@126.com

慢阻肺呼吸体操对老年慢阻肺患者肺功能及康复护理效果的影响分析

张　辉

摘要：为观察并探讨老年慢阻肺患者实施呼吸体操对肺功能康复效果的影响，笔者将 2022 年 1 月至 2023 年 1 月就诊于我院的 116 例老年慢阻肺患者作为研究对象，随机设为参照组（$n=58$）、实验组（$n=58$），其中参照组进行常规护理，实验组进行呼吸体操护理。结果显示，实验组呼吸锻炼依从性、6 min 步行距离、用力肺活量以及患者对临床服务的满意率均高于参照组（$P<0.05$）。综上可知，呼吸体操可以改善老年慢阻肺患者运动耐力，增强肺功能，值得推荐。

关键词：老年慢阻肺；呼吸体操；依从性；6 min 步行距离；用力肺活量

慢阻肺是因为支气管病理性改变，以至于肺泡萎缩，肺部无法正常进行气体交换所致[1]，是一种好发于高龄人群的呼吸系统疾病，如果不及时控制，将会随着病情发展而渐进性加重，引起患者呼吸困难，甚至因为呼吸功能衰竭而死亡。[2]因此，遵从医嘱指导并积极配合临床进行呼吸锻炼，以纠正呼吸状态，改善肺功能，促进预后质量提升，显得很有必要。既往临床实施的常规护理比较注重病情控制，缺少对呼吸功能锻炼的重视，而呼吸体操能够激发人体内在潜能，达到增强肺功能的目的。[3]笔者将 2022 年 1 月至 2023 年 1 月就诊于我院的 116 例老年慢阻肺患者作为临床研究对象，观察并探讨了呼吸体操干预价值，以供参考。

1　一般资料与方法

1.1　一般资料

笔者将 2022 年 1 月至 2023 年 1 月就诊于我院的 116 例老年慢阻肺患者作为研究对象，运用随机数字表法，将之随机纳入参照组（$n=58$）、实验组（$n=58$），参照组 33 例男性、25 例女性，年龄 62～87 岁，均龄（74.56±7.49）岁。实验组 31 例男性、27 例女性，年龄 61～88 岁，均龄（75.63±7.55）岁。两组基础资料匹配度较高，可比性充分，检验结果 $P>0.05$。

1.2　方法

参照组 58 例进行常规护理，遵医嘱要求指导患者吸氧，用药止咳，积极预防感染，口头强调运动饮食事宜；用手机下载教学视频，讲解呼吸锻炼流程，嘱咐患者按照教学视频要求完成每天的锻炼任务；出院之前再一次强调说明，出院后通过电话督促患者每天按时完成 1 h 的康复锻炼任务，包括弯腰、腰部左右旋转、下蹲以及两手交叉运动、向上举、左右摆动等。

实验组 58 例进行常规护理同时加入呼吸体操。首先，向老年患者耐心科普呼吸操对病情控制、肺功能的改善作用，引起患者重视；每天下午2—3 点进行呼吸锻炼教学，护理人员面向患者，亲身示范，教会患者掌握呼吸体操要领，现场纠正患者不规范的动作，患者之间相互督促，确保患者完全掌握呼吸体操技巧。其次，创建微信交流群，让患者及其家属扫描入群，方便管理员日后随访、监督。患者出院后，群主定期向群内推送疾病最新知识，引导群内成员良好互动。患者居家休养期间，群主联合家属督促患者每天按时完成 1 h 的呼吸体操，并且在线上开展答疑解惑，以消除患者疑虑、担忧。每个月上门随访一次，现场指导患者呼吸体操。

1.3　观察指标

①呼吸锻炼依从性。每天按照医嘱要求坚持呼吸锻炼，视为完全依从；否则视为不依从。②记录每位患者在 6 min 之内的步行距离；同时利用肺功能检测仪器测定用力肺活量。③满意度。由老年患者自行评分，评分范围 1～10 分，如果对临床服务十分满意则给予 7～10 分，若相对满意则给予

4~6分,若不太满意则给予 1~3 分,其中十分满意和相对满意例数占总例数比率,即为总满意率。

1.4 数据统计处理

本文的研究所涉及的临床资料均采取 SPSS 22.0 版本的统计学软件进行分析处理,满足正态分布,其中 6 min 步行距离、用力肺活量等计量资料进行 t 检验,表示为均数加减标准差($\overline{x}\pm s$);呼吸锻炼依从性、满意度等计数资料进行 x^2 检验,表示为例(n)、百分率(%),测定结果以 P 值表示,当 $P<0.05$ 时,说明检验结果有差异。

2 结果

2.1 观察比较实验组与参照组呼吸锻炼依从性(表 1)

表 1　实验组与参照组呼吸锻炼依从性对比

小组	病例数	依从	不依从
实验组	58	55(94.83%)	3(5.17%)
参照组	58	44(75.86%)	14(24.14%)
x^2	—		9.265
P	—		<0.05

2.2 观察比较实验组与参照组 6 min 步行距离、用力肺活量(表 2)

表 2　实验组与参照组 6 min 步行距离、用力肺活量对比

小组	病例数	6min 步行距离/m		用力肺活量/L	
		干预前	干预后	干预前	干预后
实验组	58	336.78±12.55	381.49±15.22	59.54±4.33	80.22±4.96
参照组	58	338.91±11.76	365.41±13.78	59.71±4.97	68.75±4.32
t	—	0.878	8.950	0.642	7.013
P	—	>0.05	<0.05	>0.05	<0.05

2.3 观察比较实验组与参照组患者对临床服务满意率(表 3)

表 3　实验组与参照组患者对临床服务满意率对比

小组	病例数	十分满意	相对满意	不太满意	总满意率
实验组	58	46(79.31%)	11(18.97%)	1(1.72%)	57(98.28%)
参照组	58	40(68.97%)	9(15.52%)	9(15.52%)	49(84.48%)
x^2	—		9.186		
P	—		<0.05		

3 讨论

老年慢阻肺病程迁延,治疗周期较长,如果不及时进行呼吸锻炼,将会严重损害肺功能,降低运动耐力,加重呼吸困难症状,影响生活质量。[4] 故而本文的研究特此开展了慢阻肺呼吸体操,结果实验组呼吸锻炼依从性、6 min 步行距离、用力肺活量以及患者对临床服务的满意率均高于参照组($P<0.05$)。说明慢阻肺呼吸体操有助于老年患者改善预后,提高呼吸功能。究其原因:呼吸体操能够改善气道压力,减轻对气道的压迫,减缓气流压力降低速度,从而促排残余气量,改善肺部气体交换功能,纠正呼吸状态。[5] 呼吸体操还可以减少呼吸做功,协调呼吸,减轻呼吸困难症状。腰部旋转、两手上举等运动可以舒展四肢,加强四肢力量,有助于患者增强运动耐力,增加肺部通气量。下蹲可以改善膈肌,提高呼吸肌力,优化肺部功能。[6] 另外,出院后微信随访,督促患者每天按时完成呼吸体操,可以纠正患者遵医行为,提高其依从性,有助于疾病早日转归,加快康复进程。

综上所述,对于老年慢阻肺患者而言,呼吸体

操具有确切的干预价值,值得推荐,能够显著改善运动耐力,增强肺功能。

参考文献:

[1] 赵旭,李浩文,李云鹏,等.运动和呼吸训练对慢性阻塞性肺疾病患者康复治疗效果与肺功能的影响[J].中国现代医生,2021,59(26):52-54+58.

[2] 黄民强,何光辉,蔡立长,等.呼吸康复对稳定期慢阻肺患者的氧化应激状态和炎症因子水平影响分析[J].广州医科大学学报,2021,49(2):45-48.

[3] 罗艳慧,唐映莲,罗巧娟,等.集体呼吸操对慢阻肺稳定期患者的执行率影响研究[J].广州医药,2021,52(1):77-80+99.

[4] 孔苗苗,杨娟,朱慕云.激励式呼吸肌功能训练对稳定期老年慢阻肺患者肺功能及生活能力的影响[J].中国现代医药杂志,2020,22(11):89-91.

[5] 龚海峰.肺呼吸康复治疗在慢阻肺缓解期患者中的应用疗效分析[J].中国社区医师,2020,36(18):88+90.

[6] 李亚,薛翠,吴亚波,等.缩唇腹式呼吸联合呼吸操对慢阻肺患者运动耐力及呼吸困难症状的影响[J].护理实践与研究,2020,17(12):63-64.

作者简介:张辉,青岛市西海岸新区第三人民医院主管护师

联系方式:qq18300215772@126.com